交通运输地理学

牟瑞芳 编著

西南交通大学出版社
·成都·

图书在版编目（CIP）数据

交通运输地理学 / 牟瑞芳编著. —成都：西南交通大学出版社，2020.8
ISBN 978-7-5643-7565-2

Ⅰ. ①交… Ⅱ. ①牟… Ⅲ. ①交通运输地理学 Ⅳ. ①F511.99

中国版本图书馆 CIP 数据核字（2020）第 156771 号

Jiaotong Yunshu Dilixue
交通运输地理学

牟瑞芳　编著

责 任 编 辑	周　杨
封 面 设 计	GT 工作室
出 版 发 行	西南交通大学出版社 （四川省成都市金牛区二环路北一段 111 号 西南交通大学创新大厦 21 楼）
发行部电话	028-87600564　028-87600533
邮 政 编 码	610031
网　　　址	http://www.xnjdcbs.com
印　　　刷	成都蜀通印务有限责任公司
成 品 尺 寸	170 mm × 230 mm
印　　　张	22.25
字　　　数	376 千
版　　　次	2020 年 8 月第 1 版
印　　　次	2020 年 8 月第 1 次
书　　　号	ISBN 978-7-5643-7565-2
定　　　价	118.00 元

图书如有印装质量问题　本社负责退换
版权所有　盗版必究　举报电话：028-87600562

前言

地理学是一门既古老而又年轻的学科。交通运输地理学起源于20世纪30年代，到了50年代由于实践的需要以及地理学的分化，交通运输地理学逐渐发展成为一门独立的地理学分支，研究内容也由早期单一的研究运输与生产力格局和配置发展到交通运输网络分析、交通运输规划、流量分析、枢纽场站分析、国际运输、交通运输政策、环境和安全等方面。由此可见，交通运输地理学在经济分析、交通运输规划与管理、交通运输环境、资源、安全等领域具有十分重要的地位。

我国的交通运输地理学始于20世纪50年代，其发展过程经历了两个时期：初创和取得一定成就的时期（1950—1980），发展、充实、取得明显成就的时期（1980—1990）。前一时期的研究内容主要有大宗货物货流分析，交通建设自然条件的评价与区划，运输与生产布局，产销区划，区域规划中的交通网布局规划等；后一时期的研究内容主要有综合交通网布局与规划，运输化问题，客、货流与空间运输联系，区域、港口的发展布局与地域组合，港口与城市、城市交通规划和能源产销区划等。20世纪90年代以来，我国交通运输地理学无论在研究广度还是深度都进一步得到发展，进入了第三个发展阶段。

国内外已有大量的交通运输地理学专著出版。尤其是20世纪50年代到21世纪初，欧美国家出版了大量高水平的交通运输地理学专著以及高水平的学术论文。国内也相继出版了一些具有特色的交通运输地理学专著，如杨吾扬等（1986）《交通运输地理学》和陈航等（2000）《中国交通地理》。这些专著在建立交通运输地理学理论的基础上，大多以部门交通运输地理学为主线。本书在参阅大量交通运输地理学专著、教材和论文的基础上，以地理学理论为基础，重点分析了交通运输网络、交通运输枢纽（场站）、交通运输空间结构、城市交通运输、交通运输环境与安全以及交通运输政策与规划等。

交通运输地理学的主要内容可分为理论交通运输地理学、部门交通运输地理学、区域交通运输地理学和城市交通运输地理学四部分。理论交通运输地理包括：交通运输网的组成和各种交通类型在其中的地位，交通运输在生产力布局中的作用，客货流的地域动态分析，合理运输与货流规划的理论和方法，交通运输与产销区划的关系，吸引范围的理论与方法，交通线网和站场布局的类型和模式等。部门交通运输地理主要分铁路、水运、公路、航空和管道五种运输方式，从自然、技术、经济的联系中把握它们各自的特点，这方面的研究既是交通运输地理基本理论的具体化，又是交通运输区域研究的先导。区域交通运输地理可以从全世界、全国，也可按经济区域进行交通线网和客货流的分析。它不单是国家或区域交通运输情况的记载描述，还应通过研究揭示区域内经济结构的空间联系和区际物质联系的内在规律。城市交通运输地理则是城镇内部道路交通网、客货和交通流以及城市对外交通线和站、港空间组合的研究。这是极其复杂、综合的交通运输系统，因而对它的调查和分析可以直接为城市规划服务。

在地理学体系内，交通运输地理学是作为经济地理学的一个分支发展起来的，正在成为一门独立的学科。经济地理学研究人类经济活动的地域组织，核心问题是生产力的地域组合，它为国家、区域、城镇和工业区的生产力布局提供理论和规划依据。生产力地域组合包括区内经济结构和区际经济联系两个方面，二者的实现都离不开交通运输这个环节。所以，交通运输的地理研究，历来是经济地理学必不可少的内容。

除了独立的交通运输地理研究外，在理论经济地理学、农业地理学、工业地理学、城市地理学和区域经济地理的著述中，也含有大量交通运输地理学的素材和论述。

本书可以作为从事交通运输规划、城市规划、区域经济分析等相关领域的规划、设计和管理人员的参考，同时也可以作为高等学校交通运输规划专业高年级本科生和研究生的教材。

本书的出版得到了国家重点研发计划重点专项基于大数据和云计算的交通基础设施网络风险防范与应急保障技术（编号：2016YFC0802209）资助。本书在编写过程中，同时得到吴燕、王列妮、刘界佚等老师和学生的支持与帮助，在此一并表示感谢。

编 者

2020 年 5 月

目录 Contents

第1章 概论 ... 1
- 1.1 交通运输地理学的基本概念 ... 2
- 1.2 交通运输的发展历史 ... 8
- 1.3 运输与地理空间 ... 13
- 1.4 交通运输地理学的主要方法 ... 18
- 1.5 交通运输地理信息系统（GIS-T） ... 20

第2章 交通运输模式 ... 24
- 2.1 运输模式的分类 ... 25
- 2.2 道路运输 ... 30
- 2.3 铁路运输 ... 35
- 2.4 海上运输 ... 40
- 2.5 航空运输 ... 49
- 2.6 管道运输 ... 57
- 2.7 多式联运 ... 58
- 2.8 多式联运技术性能指标 ... 66

第3章 交通运输网络 ... 67
- 3.1 交通运输网络 ... 68
- 3.2 图 ... 73
- 3.3 可达性 ... 79

3.4 路径选择 ·············· 85
3.5 交通量分配 ·············· 86
3.6 运输问题 ·············· 90
3.7 网络数据模型 ·············· 94

第4章 交通运输枢纽 ·············· 99

4.1 交通枢纽功能 ·············· 100
4.2 枢纽和选址 ·············· 104
4.3 港口枢纽 ·············· 110
4.4 铁路枢纽 ·············· 115
4.5 航空枢纽 ·············· 118
4.6 枢纽和安全 ·············· 122
4.7 枢纽的布局规划 ·············· 125
4.8 基尼系数在枢纽中的应用 ·············· 128
4.9 枢纽的专业化指数 ·············· 132
4.10 枢纽的布局系数 ·············· 134

第5章 国际与区域运输 ·············· 136

5.1 国际运输战略空间 ·············· 137
5.2 交通运输、全球化和国际贸易 ·············· 144
5.3 商品链和货运 ·············· 150
5.4 物流和货物配送 ·············· 158
5.5 国际石油运输 ·············· 164
5.6 冷链 ·············· 171
5.7 国际旅游与运输 ·············· 175

第6章 交通运输与经济和空间结构 ·············· 178

6.1 运输供给和需求 ·············· 179
6.2 运输成本 ·············· 183

6.3 运输与经济发展 …… 188
6.4 运输与空间组织 …… 196
6.5 运输与区位 …… 201
6.6 运输与商业地理 …… 205
6.7 客货流及其空间不均衡性 …… 208
6.8 市场区域分析 …… 210
6.9 德尔菲预测 …… 214
6.10 空间互动性研究 …… 215
6.11 重力模型 …… 219

第7章 城市交通运输 …… 223

7.1 交通运输和城市形态 …… 224
7.2 城市流动性 …… 231
7.3 城市交通问题 …… 237
7.4 城市土地利用与交通运输 …… 243
7.5 交通运输/土地利用建模 …… 247
7.6 劳瑞模型 …… 251
7.7 城市交通运输质量评价 …… 254
7.8 运输活动的测量 …… 262
7.9 土地利用可达性 …… 267
7.10 远程办公和办公空间 …… 271

第8章 交通运输环境影响与安全风险 …… 273

8.1 运输与环境问题 …… 274
8.2 运输与能源 …… 278
8.3 交通污染和环境外部性 …… 285
8.4 交通运输、土地利用与环境 …… 290
8.5 运输系统产生的空气污染物 …… 293
8.6 运输系统产生的水污染物 …… 299
8.7 交通运输系统产生的噪声污染 …… 301

8.8 绿色物流 ································· 303
8.9 风险评估 ································· 308

第9章 交通运输规划与政策 ················· 314

9.1 交通运输政策的性质 ······················ 315
9.2 交通运输政策的制定与实施 ················ 320
9.3 交通运输规划 ···························· 324
9.4 交通运输的可持续 ························ 331
9.5 规划工具：成本效益分析 ·················· 336
9.6 规划工具：交通量统计和交通调查 ·········· 339
9.7 运输的度量与规划 ························ 342

参考文献 ·································· 344

第1章

概 论

交通运输地理学是经济地理学的一个重要分支，它研究交通运输在人类社会经济活动中的作用、客货流的形成与经济地理关系、交通运输网络和枢纽以及运输的外部环境影响。随着社会经济的发展，人类对更高水平流动性和可达性的追求已经成为当前时代发展的重要特征。这种趋势的产生可以追溯到工业革命时期，但直到20世纪下半叶，它才伴随着贸易自由化、跨国集团以及全球劳动力与资源比较优势有效利用的过程呈现出加快态势。由于经济模式、社会生活方式的改变，人类出行、商品货物运输、能源供给也变得越来越依赖于交通运输系统。交通运输的发展不仅受到技术发展的影响，还受限于地理空间自然环境的制约，它对交通运输的发展起到了阻碍作用，尤其是地理环境复杂恶劣的地区。因此，弄清楚交通运输与地理环境的关系，不仅有助于研究运输网络与枢纽的形成与布局，还有助于研究生产力的布局与地域组合。近年来，针对交通运输地理学的研究方法和工具不断涌现和发展，特别是交通运输地理信息系统（GIS-T，这是集信息输入、存储、处理、分析和报告于一体的信息系统）的出现为学科的深入研究提供了有力支持。

1.1 交通运输地理学的基本概念

1.1.1 运输的目的

1. 时空角度

理想的运输模式应该是即时、随意且能力无限的,但这并不现实,因为它会导致空间失去存在的意义。在现实世界中,空间是运输网络构造的最基本约束条件之一。此外,运输的另一个重要特征表现为时间性,使其表现出具有经济活动的性质,即运输通过时间交易空间并由此产生效益。从时空角度来看,交通运输的目的就是克服各种自然与人为所形成的空间约束。这些约束会共同对各种运动形成阻力,产生距离摩擦。这种距离摩擦具有一定的局限性,由此引起的成本会随着多种因素而改变,包括运输的距离以及运输物品的特性等。

2. 地理角度

由于空间是运输的最基本要素,因此运输与地理相辅相成、互不可缺。运输的过程总是伴随着物质空间位置的变化,因此从这一角度来看,运输的目的就是实现货物、旅客或信息从出发地到目的地地理位置的改变。

3. 流动性角度

运输需求产生于对旅客、货物和信息位置改变的需求,因此从流动性角度来讲运输的目的就上升为满足流动性的需求。这是因为运输是需求衍生的产物。

4. 社会经济角度

城市化、跨国企业、贸易全球化及劳动力国际分工的发展也离不开交通运输的发展。交通运输的发展加速了城市化的进程,尤其是长距离交通运输的发展与运输成本的降低更是促进了跨国企业国际市场的布局、贸易从区域化走向全球化以及劳动力比较优势的充分利用。因此,从社会经济角度来看,运输的目的就是满足社会经济发展,其中最主要是满足区域经贸流通。从贸易市场与运输发展的阶段性来看,19世纪以铁路和海运为主要运输模式的背景下,贸易市场主要表现为集中于国内和区域市场并向外扩展。到了 20 世纪,随着航空、公路等各种运输技术的发展和运输网络扩展和优化,贸易市场不断扩大,由此贸易和生产表现为全球化。21 世纪,运输必须依靠时间效率和成本效率来应对全球范围内上升的经济系统,但这仍然存在着一些局部性问题,例如网络堵塞和容量限制。

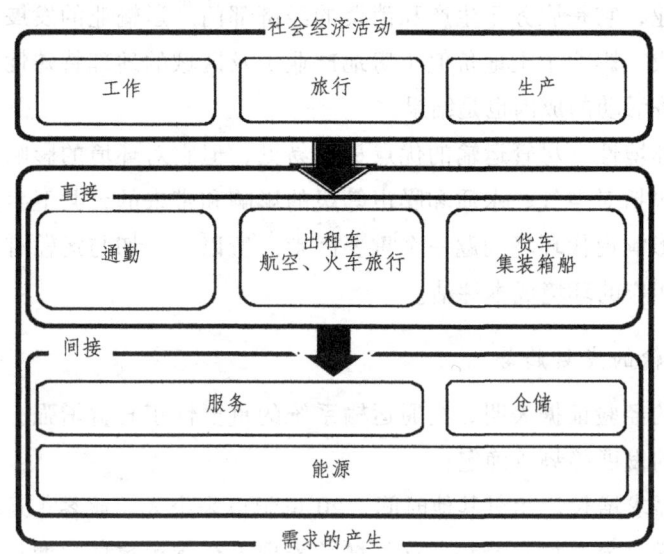

图 1.1　运输需求的产生

1.1.2　运输的重要性

1. 运输的重要性

运输是人类重要的活动之一,是经济发展不可或缺的一部分,它在地理区位的空间关系中扮演了重要的角色。运输创造了地区与经济活动,构建了世界各个区域的价值纽带,它是一个具有多重属性的活动,其主要有:

(1) 历史性。各种运输模式在文明的崛起(埃及、罗马和中国)、社会的发展(社会结构的产生)和国家的防御(罗马帝国,美国道路网)中扮演了许多不同的历史性角色。

(2) 社会性。各种运输模式促进了医疗保障、福利、文化或艺术事业的产生,从而体现了社会服务功能。运输通过支持和抑制人类的流动促成了社会交流的形成,并由此支撑和形成了社会结构。

（3）政治性。政府作为投资者和管理者在交通运输系统中扮演了决定性的角色。由于政府通常会对运输系统进行投资补贴（如高铁、公共运输等），因此运输具有的政治性不可否认。虽然大多数运输需求是与经济需要相关，然而一些交通廊道的建立则是源于政治目的，比如国家内不同区域的连通。

（4）经济性。运输的革新往往伴随着经济的发展。在当今，运输已经成为一种行业，它是服务于生产和消费的经济部门。运输业的发展促进了规模经济的形成，影响了土地价值（房地产业）及区域的地理特殊性。可以说运输既是经济活动的成因也是结果。

（5）环境性。尽管运输的优点显而易见，但它对环境的影响同样也十分突出，这包括对空气、水质和噪声等级的影响和带来的公共卫生问题。运输已经成为影响现代环境问题一个重要因素。所以，一切与运输有关的决策都需要进行相应的环境成本评估。

2. 运输的发展趋势

大量的经验证据表明，交通运输系统的重要性正日益增强。这个问题可以从当代的发展趋势所确定：

（1）需求增长。相对其他时间，20世纪以来个人（旅客）运输需求与货物运输需求呈显著增长趋势。这种增长表现为客货运数量的增长和运输距离的增长。最近的趋势强调现在迁移率增长的过程，导致了包括多种运输服务模式的旅行数量的增加。

（2）成本降低。尽管一些运输方式的运营费用很高（长距离船运及空运），但最近几十年来单位运输成本已明显降低。这就使得战胜长距离运输成为可能并且能够进一步开发空间的相对优势。虽然成本得到了降低，但是在时间经济中运输活动的份额还是相对恒定的（见图1.2）。

（3）设施的扩展。以上两点趋势已明显地从质量和数量上增大了对运输基础设施的需求。道路、港口、机场、通信设备和管道都进行了相当大的扩充以应对新区域的服务并增加现有的网络能力。由此可看出运输基础设施是土地利用的一个重要成分，特别是在发达国家。

交通运输是一个战略基础，它深入个体、机构、企业的社会经济生活，虽然对消费者来说经常不为所见，但始终是所有经济与社会功能中的一部分。

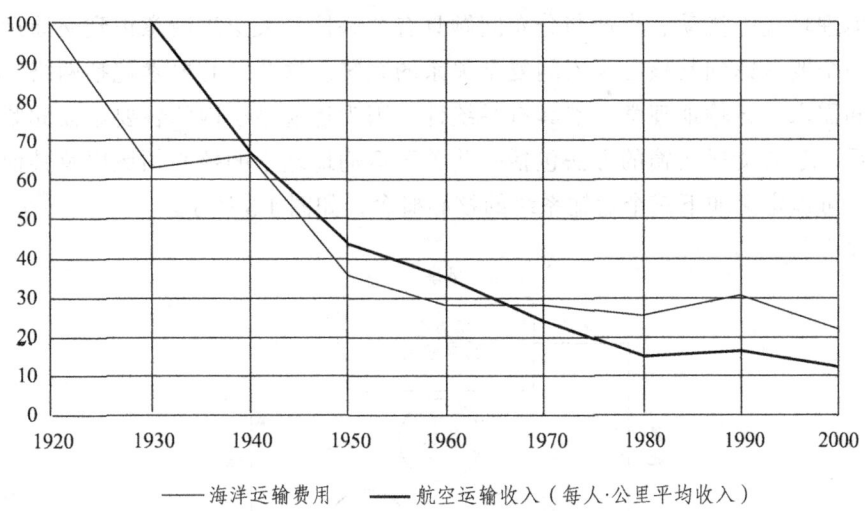

——海洋运输费用　——航空运输收入（每人·公里平均收入）

图 1.2　1920—2000 年运输与通信成本指数

1.1.3　交通运输地理学的概念及范围

1. 交通运输地理学的基本概念

地理学家对交通运输主要感兴趣于两个方面：一是运输设施、枢纽、网络在空间中占据的重要位置，以及其构成的复杂空间系统；二是空间关系和网络，因为网络是上面那些方面相互作用的主要支撑。因此，可以说交通运输地理学是地理学的一个关于货物、旅客和信息移动的补充学科。它寻求将空间约束与属性通过移动的起点、终点、范围、性质及目的联系起来。

2. 交通运输地理学与其他学科的关系

20 世纪下半叶，运输地理学作为一门学科形成于经济地理学。习惯上认为，交通运输曾经是地理空间经济表现的一个重要因素。日益增长的旅客与货物流动证明了运输地理学需要作为一门专业进行研究。20 世纪 60 年代，运输成本被看作是区位论的关键因素。然而从 20 世纪 70 年代开始，全球化从地理及地方性发展研究方面对运输的核心问题发起了挑战。以至于在 20 世纪 70、80 年代，尽管在贸易生产全球化之后旅客货物的研究和低运输成本都可看作为重要因素，但交通运输在经济地理学中的代表性却逐渐在减弱。

自从 20 世纪 90 年代起，运输地理学重新得到关注，主要是因为在复杂的地理环境中流动、生产与分布问题具有关联性。大家逐渐意识到交通运输是一个要考虑到其核心要素间复杂关系的系统。这些核心要素包括网络、节点和需求。运输地理学必然具有系统性，因为运输系统内的各要素彼此紧密联系。学习交通运输的方法包括一些关于运输地理学的核心领域以及其他学科。可以定义如下三个运输系统的核心概念，如图1.3所示。

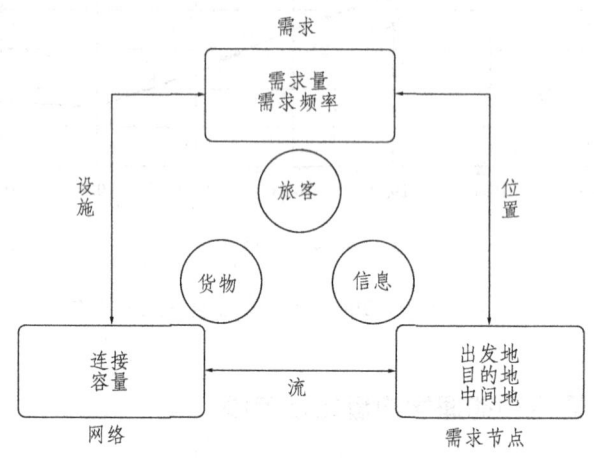

图1.3 交通运输系统

（1）运输节点。交通运输主要与位置有关，通常定义为节点。其作用是作为分配系统或者运输网络中转/中间位置的接入点。这些节点通常是流量生成，终止或者中转换乘的运输枢纽。交通运输地理学应当考虑流量汇集和中转位置的研究。

（2）运输网络。主要考虑运输基础设施和枢纽的空间结构及组织构造。运输地理学有必要研究运输基础设施的发展和形成。

（3）运输需求。主要考虑对运输服务的需求以及支持运输所采取的运输模式。这种需求一旦实现，它就在运输网络中形成流。运输地理学应当对影响初始需求的因素进行评价。

对以上概念的分析通常依赖于在其他理论比如经济学、数学、规划学和统计学基础上发展的方法论。每一种理论都为运输地理学提供了不同的应用范围（见图1.4）。比如可以通过图表法分析运输网络的空间结构，图表法最初应用于数学。此外，还有很多用于分析流动的模型得到了发展，比如重力（引力）模型。多学科组合是运输地理学一个重要属性。

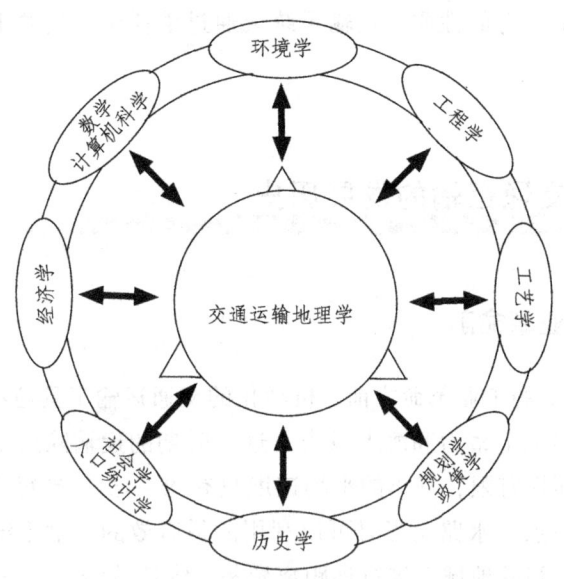

图 1.4 运输地理学学科范围

3. 交通运输地理学的地理要素

交通运输地理学的角色就是充当理解运输系统产生的空间关系的工具。对空间关系的进一步理解有助于帮助运输中的个人或公共参与者解决运输问题，比如运输系统的运输能力、换乘、可靠性和集成性。下面介绍三个基本的关于交通运输地理学的地理要素：

（1）选址。由于所有的活动都会被定位在某处，每个区位对资源、产品、服务或劳动力的潜在供给和/或需求都有其独自的特点。选址将会决定运输的性质、起点、终点、距离甚至是可行性。比如，某个城市在多种活动部门中提供就业，除此之外还会消耗资源。

（2）互补性。区位因素引起商品、旅客及信息的交换与流动，这意味着一部分区域将出现剩余，而其余区域将出现不足。达到平衡的唯一方法就是在剩余的位置和有需求的位置间进行运输，例如商店（商品供给）和顾客（商品需求）间的互补性。

（3）规模。互补性引起的运动通常有不同规模，各活动的特性还有待研究。规模说明了交通运输系统是如何跨越地区、区域和全球地理而建立的。比如，跨国公司的分配网络大多都覆盖了全球的多数地区，而类似"居所到工作场所"的出行则通常仅具有本地或区域规模。

因此，基于自身的性质，运输系统会通过消耗土地资源来实现地区间的各种联系。

1.2 交通运输的发展历史

1.2.1 工业革命前

在 18 世纪末的工业革命之前，机动化的交通运输工具还没有出现，运输技术也仅限于陆地上畜力和海上风力。这一时期的运输除运量小以外，客货运输的速度也同样有限，马车的平均速度只有 8~15 千米每小时，海运速度也就仅仅稍高一点。水路是当时可以利用的最有效的运输系统，对于沿河城市来说可以在广阔的地域上进行远距离贸易，维持政治、经济和文化的统一。因此，最早的文明通常都起源于江河流域。

与此同时，陆地运输系统效率非常低下，因此局限于当地范围内的贸易占据了绝对优势。从区域经济组织的观点来看，城市对于易腐农产品提供的最大辐射范围也仅局限于 50 千米。城市的大小在一定时间内受到限制。每天的交流空间可能局限于半径 2.5 千米以内或 20 平方千米以内。工业革命前最大的城市，比如罗马、北京、君士坦丁堡和威尼斯等城市的面积也从没超过 20 平方千米。在这种情况下，虽然在非常有限的贸易下拥有一套相对自给的经济系统，但很难称之为城市系统。这一时期的古代中国和古罗马，在建立运输网络中取得了非常大的成就，因此在很长时间内统治了广阔的领土。在古中国，通过建造许多人工运河使其相连构成重要的河流运输网络，形成了运河系统，其中很多部分至今仍在使用。在古罗马，复杂的沿海船运及道路网被建设，这些道路网支撑了地中海盆地周围一系列大城市的发展，方便了同时与中国和印度的贸易往来。

经济的重要性和运输地理政治学在很早就得到了人们的认识，尤其是工业革命前的海上运输，大型商业帝国的建立都与海上运输有关。最初，船只都是通过船桨来驱动，直到公元前 2500 年左右，船帆才作为一种推动的补充形式出现。在中世纪，广阔的海上贸易网络犹如当时的高速公路，通过河流、运河和沿海流域而建立。到 14 世纪，速度快、船员需求少的轻快帆船和大型帆船取代了单层甲板帆船。在哥伦布发现了美洲大陆和达·伽马发现了通过好望角通往印度洋的海上线路后,欧洲的殖民浪潮迅速被掀起,西班牙、葡萄牙、英国、法国和荷兰等国利用对海洋贸易的控制迅速成为海洋强国,占领和开拓了大量殖民地,并通过殖民体系向欧洲输入和提供了大量财富和市场。

1.2.2 第一、二次工业革命时期

第一次工业革命期间,运输系统的巨大变革经历了两个主要阶段。一是运河系统的发展,另一个是铁路系统的发展。这个时期的重要标志是蒸汽机的发明,它将热能转换为机械能,为利用海洋运输系统和铁路运输系统进行领土扩张起到重要作用。1769年,第一台自推式蒸汽车辆被发明,并造成了世界首例交通事故。1790年,美国特拉华河进行了机械动力船的最早试验。这标志着陆地和海上运输系统进入了机动化新时期。

从陆地运输的角度来看,由于内陆运输分配不能承受原材料及成品的大量增长,造成了工业革命早期的发展瓶颈。虽然17世纪早期对道路运输系统做出了很多改进,但仍不能满足日益增长的货物运输需求。从18世纪60年代开始,在工业核心区开始缓慢建立了一系列货物航运运河,如英国的布里奇沃特运河和美国的伊利运河。它们通过一系列船闸克服了高程的改变,从而将河运系统的不同部分连接起来形成了完整的水路系统,驳船在一定规模和成本下逐渐被用来运输货物。在英国,运河从1830年的2000英里增长到1850年的4250英里。但是,19世纪下半叶出现的新的运输模式使得内陆运输系统发生了巨大的变革,并结束了短暂的运河辉煌期。

蒸汽技术用于铁路最早出现于1814年。之后,许多发达国家开始铺设铁路,最早的商用铁路线出现于曼彻斯特和利物浦之间。到了19世纪50年代,铁路沿线市镇形成,铁路为在广阔领域内获得资源和市场提供了途径。因此,铁路成为了当时空间范围内灵活性强且承担重载运输的一种内陆运输系统。在最初的发展阶段,铁路线路由独立的不同企业在主要城市间以点对点的形式一条一条建造。从19世纪60年代开始,集成的铁路系统开始以统一的轨距和旅客货物服务标准来统一服务于整个国家,很多城市的联系由此变得更为紧密。之后,横跨美国、加拿大东西海岸的铁路形成,从而体现了铁路对领土整合的显著成就。

从国际运输来看,一是19世纪建成了最早的连接世界港口的海上线路,尤

其是连接欧洲和北美的北大西洋路线；另一个显著的改善是航海图精确度的提高，在航海中就可以更好地利用季风和洋流。1820年，"萨凡纳"号成为第一艘横跨大西洋的汽轮，1838年汽轮正式服务于横跨大西洋旅客运输。此后，利用钢铁支架对造船进行了改革，避免了木质和铁质支架在船只尺寸上导致的结构限制，从而使船舶重量下降30%~40%，而载重能力却提高15%。可以说工业革命对交通运输最大的贡献是促进了运输服务的专业化和建立了广大的原材料和能源分配网络。

到19世纪晚期，国际运输经历了一个新的成长时期，尤其是牵引推动技术的改进和19世纪70年代石油的逐渐使用。石油的使用加快了海上运输的速度及运输能力，同时与煤炭相比使船舶的能源消耗减少了90%。相同尺寸的石油动力船比煤炭动力船运输能力更大、操作成本更低、使用范围更广。苏伊士运河和巴拿马运河的建设，更是明显地推动了全球海上运输循环体系，拉近了各大洲的距离。

由于综合了加工及运输活动，海港就变为一个集中使用重工原材料的工业综合体。从19世纪80年代起，班轮业务连接了世界范围内的主要港口，提供了最初的正式国际旅客运输服务，直到20纪50年代航空运输变为主要运输方式。该段时期是铁路运输系统发展的黄金时期，铁路网络迅猛发展，成为旅客及货物运输的主要陆路运输方式。随着机车速度、动力的提高和市场的扩展，铁路服务在致力于服务旅客和货物运输方面更加专业化。铁路系统到达了一个成熟的发展时期。

该时期另一个显著的技术改变即城市交通。城市人口的显著增长促成了早期公共城市交通系统的建立。19世纪80年代电力被广泛应用，有轨电车的引入更是在很大程度上改变了城市交通系统，特别是在西欧和美国。它实现了工作地与居住地的分离，形成了最早的城市扩张形式，促进了经济功能专业化。1863年，最早的地铁开始在伦敦人口密集地建造。

1.2.3 第三次工业革命之后

1903年怀特兄弟建造了最早的飞机，从而开辟了航空运输的新时代。1919年最早的商业航空运输出现并服务于英国和法国之间，但是航空运输仍然受其能力与使用范围的限制。20世纪20、30年代区域和国内航空运输服务在欧美地区迅速发展。随着飞机飞行范围、能力和速度的提升以及旅客平均收入的增加，越来越多的人能够承担得起航空运输所提供的快捷和舒适的服务。1952年，喷气式飞机开始用于商业服务；1958年，最早成功用于商用喷气式飞机的波音707彻底革新了国际旅客运输。20世纪60年代以后，航空和铁路运输都实现了显著的飞跃。飞机的运输能力大幅提升，其规模经济和向普通旅客开放国际航空运输在很大程度上减少了航空费用。在区域层面，高速铁路网的出现提供了快捷高效的服务，如日本新干线、法国TGV和中国的动车组，其速度最高可达350千米/小时以上。

这一时期，一个重要的改变是汽车使用的大量增加，尤其是自20世纪50年代起汽车开始成为一个真正的大众消费品，最早的公路系统开始修建，如美国州际公路。没有其他任何一种运输方式可以如此大地改变城市的生活方式和结构形态，特别是对发达国家来说，它导致了市郊化，极大地扩大了城市面积。在制造业密集区，交通运输网络还使城市系统结构和联系变得更加紧密，可以说汽车将城市变成了一个大的城市地区，即大都市。虽然汽车使城市的流动性变得增强，但也导致了拥堵及能源浪费出现。在21世纪初期，发达国家汽车就占了石油消费总量的80%。

20世纪70年代起，国际运输受到贸易全球化、更高效的配置体系和航空运输的发展影响。分布式生产、国际劳动部门的构律与"即时"生产的理念，使地区和国际水平内的货物的数量得到增长，相应的物流学得到快速发展。作为现代国际运输系统主体，集装箱通过减少中转成本和时间延误，大大增加了货物运输的灵活性。集装箱化之前，货船在港口装卸所花费的时间与海上运输的时间几乎相当。随后，在各种运输模式的联运发展基础上，集装箱化的真实潜力则开始变得更加显著，尤其是在海运、铁路和陆路运输之间。

1.2.4 未来的交通运输

1. 交通运输的创新

机械化运输以来的两百多年来，运输系统的能力、速度、效率及地理覆盖范围都得到了显著的改进和提升。

（1）由于本身的地理和技术特性，每种运输方式都会被不同的技术和不同的创新速度所定性。当新技术发展使现存模式更高效更有竞争力时，运输的革新就可以看作具有额外的竞争力。通过模式的转换，一门新技术应用时会使现有模式遭到废弃或终止，因此可以说运输革新具有破坏力。

（2）技术的创新往往与更快捷、更高效的运输系统紧密联系。这个过程意味着时空的收敛，即用较少的时间实现更多的空间。因此空间的相对优势能够被更有效地利用。

（3）运输部门的创新与世界经济的发展阶段有关，运输与经济发展是相辅相成的。

2. 未来交通运输的主要技术

自从20世纪60年代末，商用喷气飞机及高速铁路网络的引进后，旅客及货物运输系统中再没有重要的技术更新。21世纪早期是汽车及卡车的时代，其限制了其他运输方式的发展，且技术革新大多数目的在于确保石油作为能源的主要优势。然而随着石油储量的减少，内燃机统治时代的结束也即将来临。石油产量的下降，必然会导致能源价格的飙升，这将引起交通运输行业做出从汽车向其他方式的重要的技术转变。其中最有前途的技术是：

（1）磁悬浮。由于磁力的支撑和没有运转部件，磁悬浮系统拥有零摩擦的优势，能够达到运行速度500~600千米每小时。它可为在75千米~1000千米范围内旅客及货物陆路运输提供选择。磁悬浮发展于现有的高速铁路技术，事实上，磁悬浮列车是自工业革命以来铁路运输最重大的创新。最早的商业磁悬浮系统已于2003年在上海开通运营，运输速度大约为440千米每小时。

（2）自动化运输系统。依靠全部或部分的车辆、中转和控制自动化等一系列可选择的技术来提高速度、效率及运动的安全可靠性。这些系统包括现存模式的改进，如自动化公路系统。也可以为公共运输和货物运输创造新的模式和中转系统。这些行为的目的主要是有效地利用现有的基础设施。

（3）混合技术。通常包括内燃机和电动机的使用。简而言之，利用制动对电池充电，从而可以利用电动机的能量。虽然看起来汽油是最普遍的燃料选择，但柴油由于可以从煤炭或有机燃料中提取，所以柴油也具有很大的潜力。因此柴油可以看作是一种石油依赖较低的能源战略组成。混合引擎技术通常被看作是一种应对高能源价格的过渡技术。

（4）燃料电池。发电机是利用氢氧催化转化的一种装置。所产生的电流可以用在很多用途，如支持电动机。根据技术的发展，高效输出的燃料电池越来越成为可能，原先只能应用在轻型汽车上，或者更小的动力系统，现在逐渐应用于大型车辆上，如公共汽车。同时，在可供选择的能源中，燃料电池对环境影响也更小。但燃料电池的使用也具有额外的挑战，一是氢气的储存（特别是在车体中），二是如何建立电力补充体系来供给消费者持续使用。

未来运输系统中如货运和客运的基本组成部分必须提供更强的灵活性和适应性。这些不能提前计划安排，因此对于特殊方式和技术的规章制度缺失及传统方式的偏向性往往会阻碍新技术的发展。这使得未来运输系统的产生都由个人先开始。历史证明市场会不停尝试着寻找并适应最高效的运输方式。

  运输与地理空间

1.3.1 自然约束

运输地理学涉及空间运动，从使用模式、服务范围、成本和能力的角度，空间的物理性质对运输系统施加了较多约束。可以定义以下三个关于地球空间的约束：

（1）地形。地形地貌比如山丘、山谷等会很大程度影响到网络结构、运输项目的成本及可行性。大多数陆地运输设施通常建立在有较少自然障碍的地区，比如平原地区、沿着山谷或通过山口；水路运输会受水深及障碍（比如暗礁）位置影响，海岸线会对港口的选址产生影响；机场需要有足够的面积规模来满足飞机的起落。地形可以使路线自然地汇集，形成一定的集中度，并促使其成为集散中心。地形也可能会加大运输业发展的难度，从而延缓、阻碍其发展速度。对于运输来说自然的约束基本上表现为对运动的绝对阻碍和相对阻碍，如图 1.5 所示。地形会显著影响陆路运输网络，其对公路和铁路的影响程度分别高于 3% 和 1%。在这种情况下，在有限的地形空间中进行更高密度的规划成为陆路运输的发展趋势。

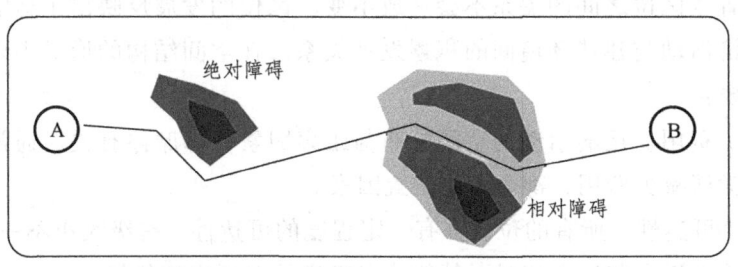

图 1.5　绝对障碍与相对障碍

（2）水文。水的属性、分布和循环在运输业中扮演了非常重要的角色。江河、湖泊和浅海的可利用航道会很大程度影响海上运输。密西西比河、劳伦斯河、莱茵河、湄公河、长江等河道，都是陆地核心重要的可通航线路，由于充分利用运输时机中的优势，这些区域在历史上就成了人类活动的中心。港口的位置受所处地方自然属性的影响非常明显，在那里自然风貌（海湾、沙丘、峡湾）可以起到保护港口设施的作用。正是因为在这些设施内实现了交通转运，因此港口的位置就成为海上运输网络结构中的一个主导要素。当遇有狭窄水道、湍流险滩、地峡等障碍存在时，水路运输只能采取开辟运河或者疏浚的方式来实现。相反水路作为陆路运输的阻碍，则需要建设桥梁、隧道等构筑物。

（3）气候。气候包括气温、风力和降水等。它们对于运输方式及基础设施的影响范围从可以忽略不计到十分剧烈。在危险条件下，货物和旅客运输可能会严重缩减，比如降雪、强降雨、路面结冰或大雾天气。高空急流也是国际航空承运人需要考虑的主要的自然因素，风速会影响飞机的飞行成本。在洲际航班中，当风向推动飞机驶向目的地时，会减少好几个小时的飞行时间。由于气候会影响运输方式建造和维修成本，因此它也是影响运输网络的重要因素。

从几何学的观点来看，由于地球是球体，因此它决定了最佳圆周距离（最佳圆周距离计算），即球面上两点间的最短距离。该性质解释了主要洲际海运和航运路线的选择问题。

1.3.2 运输与空间结构

1. 影响运输空间结构形成的因素

所有的位置都是相互联系的，由于运输发展水平会改变可达性的水平，因此位置或区位之间的关系不会一成不变。区位的发展反映出了运输基础设施，经济活动与建造环境间的积累发展关系。在空间结构的形成中以下因素尤为重要：

（1）费用。运输活动的空间分布与距离因素，即摩擦有关。通常在运输中为了尝试减少费用，都会考虑位置因素。

（2）可达性。所有的位置都有一定程度的可达性，等级大小不一。因此，对于运输来说有些地点相对于其他地点来说具有更高的价值。

（3）聚集。现在的运输活动趋向于聚集来利用某些特殊位置的价值。区位的价值越高，就越容易在该区域出现集聚。当地，区域和全球性等级的聚集性和可达性间的关系致使运输活动的组织在本质上有等级划分。

2. 运输网络空间结构的惯性

现代一些运输网络都是沿袭过去，特别是运输基础设施。甚至在过去两百年，新技术从速度、能力及效率方面对运输进行改革以来，很多网络的空间结构基本没有发生改变。这种运输网络空间结构的惯性可以从以下两个主要方面进行解释：

（1）自然属性。虽然现代能通过改造自然属性来适应人类使用需要，但对于陆路运输来说，一些阻碍限制仍然难以逾越。因此，不难发现大多数的网络都是沿着最易实现的路径（最低的费用）而建，如一般都是沿着河流及平原。那些影响几百年前道路结构的考虑因素在今天仍需考虑，尽管这些因素已经更容易克服。

（2）历史原因。新的基础设施通常都会强化与历史传统模式的融合，特别是在区域层面上。比如，法国现有的公路网主要遵循20世纪早期建立的国家道路网模式，该网络是建立于皇家道路基础上，主要是沿用罗马人建立的道路。在城市层面，城市街道的模式通常都是继承于传统原有的模式，而且通常都会被现存的农村结构所影响。

3. 运输对地理的影响

由于自然和历史原因的作用，新运输技术的引进或新运输设施的产生都会导致现有网络结构的变化。最新的运输系统发展，比如集装箱航运，巨型运输机和信息技术在运输管理中的广泛运用创造了一个新的运输环境和空间结构。这些运输基础设施加强了全球交流并改变了各个地点的相对位置关系。在这种高动态的背景下，有两种过程会在同一时间发生：

（1）专业化。相联系的地理实体能够在商品制造和贸易方面更能实现专业化分工。因此，高效的交通运输系统一般都存在于具有更高专业化分工水平的区域间。生产的全球化明确表明只要生产节约的成本高于额外运输成本，专业化的分工就会出现。

（2）两极化。相联系的地理实体可能遇到一方加强，而其他方削弱的情况，特别是在规模经济条件下。这个结果经常与旨在为同一区域内提供同一可达性水平的地区发展方针相矛盾。

运输技术的连续革新对空间结构的影响未必会产生预期效果，这主要有两种动力起作用：集中和扩散。人们普遍认为，交通只具有使空间活动分散的动力。然而实际情况并非如此。在多数例子中，运输是集中的动力，特别是在经济活动中。由于交通运输基础设施造价通常较高，因此它会首先为最重要的场所提供服务。虽然汽车是起扩散作用的一个重要力量，但在某些特殊场合或在大的空间范围中，它也是促进众多活动集中化的力量。购物中心就是在扩散环境中形成中心地带过程的一个相关例子。

1.3.3 空间/时间关系

运输中最基本的关系指在给定的时间内能覆盖多大的空间。在相同时间内，运输模式的速度越快，所跨越的距离就越远。正是运输系统的改进，才改变了时间和空间的关系。当地区间的运输更容易、更快捷、更便宜时，我们就称之为空间/时间的收敛，因为空间限制是能同时间一样被克服的，如图1.6所示。18到19世纪，随着国家及洲际间铁路系统及海上船运的发展，地区和大陆间运输取得了重大发展，这种发展的过程一直持续到20世纪航空及公路运输系统发展。由于在运输系统效率上的不同影响，在发达国家和发展中国家中空间/时间关系中的结果有显著差异。

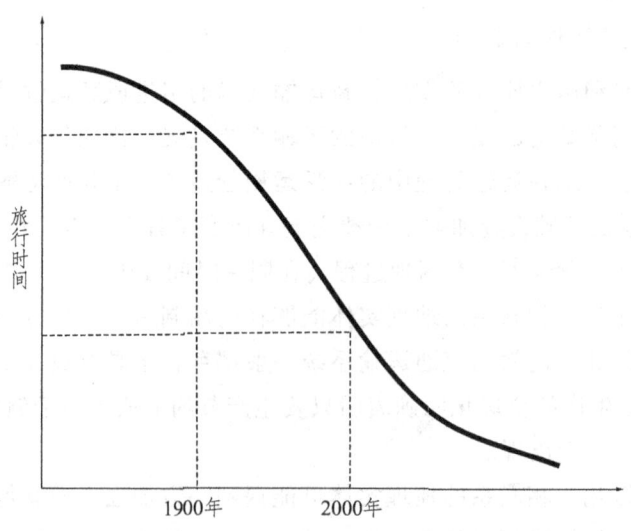

图1.6 时空收敛

在国际中，运输技术的变革推动了全球化进程的发展。两百多年的技术发展导致全球空间/时间均衡的巨大改变，尤其是区域内和大陆间的运输过程。这就使得全球市场化的优势得到了进一步开发利用，特别是在资源和劳动力方面，顺带着运输和交通成本也显著减少。因此在区域全球贸易整合中存在着空间/时间崩溃比例的关系。在这个过程中存在五个主要的相关因素：

（1）速度。提高运输方式的速度是20世纪上半叶所普遍追求的。近来，由于各种运输方式的速度并没有得到较大提升，因此速度在各种运输方式中发挥的作用相对减少。比如，今天汽车的运行速度与60年前的差不多，商用喷气飞机的速度也和30年前一样。

（2）规模经济。以较低成本运输更多的货物与旅客在相当大的程度上促进了运输系统能力和效率的发展。

（3）运输基础设施的扩展。运输基础设施已经发展到足够服务以前服务不到或者不够的地区。与该点性质矛盾的地方在于，虽然运输基础设施的扩展能够促进分配系统的发展，但它同时也会增加旅客及货物运输的平均距离。

（4）运输枢纽的效率。枢纽，比如港口或机场，都展现了其不断增长的及时处理大量货物的能力。因此，尽管一些运输模式的速度没有增加，更多高效的运输枢纽也能够帮助减少运输时间。

（5）电子通信代替运输。电子通信能使众多经济活动以非常显著的方式来逾越空间的约束。一旦建立好支持设备，不需要物理方式（外界的电子或光子）就可以传递信息，电子邮件就是一个例子。尽管这种取代存在明显的限制，但由于其能带来众多节省，很多企业都愿意试着利用电子通信的这种优势。

然而，在特殊的环境下空间/时间收敛性可能会反向发展，这意味着空间/时间过程会发生分离。比如，很多大都市地区的拥堵情况日益增加，意味着一些活动会因此延误，比如通勤。一旦都市地区出现拥堵，那么交通速度与一百年前马车的速度没什么两样。尽管空中运输对于空间/时间收敛具有卓越的贡献，但仍然存在发展滞后现象。很多地区之间的飞行时间较长，主要是由于起飞、降落以及出入关口的延迟。出于对堵塞影响的考虑，航空公司邮寄包裹一般都需要更多的飞行次数。一个快递包裹从华盛顿空运到波士顿差不多需要一个小时（包括由于机场堵塞引起的起飞和降落延时），但从洛根机场到波士顿城区会额外增加一个小时，虽然只有短短2英里的距离。此外，更加严格的机场安检措施也会引起附加延时，尤其对于短途飞行影响更大。

因此，旅途的"最后的一英里"就成了耗时最长的运输区段。

 1.4 交通运输地理学的主要方法

　　运输是一门调查应用的学问。由于运输是一个行为驱动的结果，且这种结果可测，可以说运输是建立在一系列方法论的基础上的。交通运输规划分析具有跨学科性质，涉及土木工程师、经济学家、城市规划师和地理学家。相应的每个学科都从各自研究的领域发展了各种方法。忽略学科归属，交通运输研究的两个基本特性包括从简单的描述性度量到更加复杂的模型结构，都很大程度依赖于对经验数据和数据分析技术的广泛使用。

　　在某些方面，交通运输地理在人文地理的很多其他方面具有更显著的优势，比如特性及定量分析功能。事实上，在20世纪60年代，交通运输地理是有助于重新定义地理学的定量革命的主要力量之一。尽管当代交通运输地理有着多元化的方法，但定量方面仍然在本学科中扮演了重要的角色。

　　因此，除了对货物、旅客和信息运动的分析提供概念性的背景外，交通运输地理学更是一门应用性学科。该方法的主要宗旨在于通过确定空间限制来改善运输的效率。因此，交通运输地理学可用来确定相关的战略方针，并就其可能的结果提供一些方案。以下是基于二阶分类方案的交通运输地理学中常用的方法。

　　1. 左上单元格方法

　　左上角单元格所标示的是常用于运输地理学的方法。其中，网络分析法（或称为图论）用于研究在时间的推移下，运输网络的形成和结构。例如，利用网络分析法对北美航空服务辐射的布局演化进行研究。

　　（1）运输地理学同样在土地使用与运输的相关性分析中扮演了重要的角色。许多模型被相继开发，而且随着时间的推移，模型变得越来越复杂。

　　（2）运输地理学对流量和位置分配模型也很感兴趣，可用于确定学区范围或新零售店选址等。这些技术属于优化过程，而不是对现有运输系统的描述与理解。

表 1.1　基于二阶分类方案的运输地理学常用方法

方法	常规使用	常规使用
主要用于 地理研究	• 网络分析法（图论） • 土地使用与运输相关性分析 • 流量/选址模型	• 地图 • 地理信息系统 • 描述性统计，例如基尼系数
主要用于 交通运输研究	• 城市运输四阶段规划模型 • 旅游/交通调查	• 问卷调查、访问 • 图形和图表 • 统计推断 • 环境影响评价 • 风险评估 • 政策分析

2. 右上单元格方法

右上单元所列的方法主要应用于地理学科，但并不局限于对运输系统的研究。

（1）地图绘制是一种典型的地理技术。事实上，这里的地图包括了各种类型的地图，包括土地利用现状图、运输基础设施描绘图、运输成本的等值线图与运输活动模式原理图等多种地图。

（2）地理信息系统（GIS），是数字制图的一个产物，为存储、检索、分析和显示现实世界的空间数据提供了一系列的工具。GIS 技术已应用于一些大范围交通规划和工程应用中。然而很多时候 GIS 只是规定性的应用于小规模的问题，比如为公共汽车、货车或应急车辆绘制最优路线图。

（3）地理学家已开发或修正了多种统计资料来描绘城市经济系统。包括基尼系数、专业化指数等。

3. 左下单元格方法

左下角单元格包含常用于运输研究的各种方法。

（1）在城市运输四阶段规划模型中使用了多样化的技术，目的是了解并预测城市地区的出行空间模式。

（2）通过交通调查来搜集交通流动的实证资料。

4. 右下单元格方法

右下角单元格包括了在各种不同应用中采用的多种方法，包括在交通运输分析。交通运输分析师并不局限于使用那些已经成型的运输技术。事实上很多最初开发用于解决其他问题的方法已经广泛应用于交通运输研究中。

（1）一些方法用来收集原始数据，比如问卷调查和访问，而其他方法用于分析数据。一些分析方法只是简单用于实现和解释，其中图表（比如分布图，距离衰减曲线）和表格（比如起讫分布矩阵，即 OD 矩阵）就是两个例子。还有一些更加复杂的方法，例如统计推论，像 T 检验，方差分析，回归分析和卡方检验。

（2）运输研究越来越关注其影响与公共政策问题。各种影响都列入了考虑，包括经济（如社区发展）、社会（如享受基本服务公正性）、环境（如空气和水污染）和健康（如道路交通事故）。环境影响评估、危险评估和政策分析等广泛领域都与这些问题有关。

1.5 交通运输地理信息系统（GIS-T）

1.5.1 简 介

在广义意义上，地理信息系统是一个专门从事于地理（空间相关）信息输入、存储、处理、分析和报告生产的信息系统。GIS 存在广泛的潜在应用范围，并在交通运输问题方面给予了大量的关注。GIS 在交通运输问题中的应用已经出现了特定分支，通常标记为 GIS-T。

交通运输地理信息系统（GIS-T），将地理信息技术应用到交通运输问题中，并以此来研究其原理与应用。

GIS-T 研究可以从两个不同却又互补的方向进行。某些 GIS-T 研究关注的是如何进一步发展和加强 GIS 来满足交通运输应用的要求，其他 GIS-T 研究探讨的是如何利用 GIS 来促进和改善对交通运输问题的研究。一般来说，与 GIS-T 研究相关的主题通常可以分为三类：

（1）数据表示。运输系统中的各组成部分如何在 GIS-T 中表示。

（2）分析建模。运输方法在 GIS-T 中如何运用。

（3）应用范围。何种类型的应用适用于 GIS-T。

1.5.2 GIS-T 数据表示

数据表示是 GIS 的核心研究课题。在 GIS 可以用于解决现实问题之前，数据必须在数字计算环境中正确地表示。GIS 一个独特的特点就是能够整合空间和非空间数据，以支持显示和分析的需要。GIS 中开发了多种数据模型，其中两个基本方法是基于对象的数据模型和基于范围的数据模型。

（1）基于对象的数据模型，是将地理空间看作离散和可识别物体的组成，通常用点、线和/或多边形表示其特征。

（2）基于范围的数据模型，是将地理空间看作由空间不断变化的现实世界特征的组成，可以用规则细分（如栅格网格）或不规则细分（如不规则三角网，即 TIN）来表示其特征。

GIS-T 研究通常同时采用基于对象和基于范围的数据模型来表示相关地理数据。一些运输问题往往更适用于 GIS 数据模型中的某一种。例如，基于图论的网络分析法就是一系列节点与连接相互关联的典型代表。因此对于这种运输网络代表，基于对象的 GIS 数据模型就是一个很好的选择。同样存在需要对一般 GIS 数据模型进行扩充的其他运输数据类型。一个典型的例子即线性参照数据（比如公路里程标）。交通部门通常沿着交通网络链接来测量地区的属性及事故（例如，在某个公路 52.3 里程标处发生了一起交通事故）。这样的一维线性参照系统（即公路部门沿路的线性测量涉及预先指定公路出发点）不能用 GIS 数据模型中常用的二维笛卡尔坐标系统妥善处理。因此，动态分段数据模型被开发用来应对 GIS-T 团队的特殊需求。出发地-目的地（O-D）流量数据是交通研究中常用的另一种类型数据。这些数据习惯上以矩阵形式（即数字计算机中的二维数组）进行分析。然而，大多数商业 GIS 软件中广泛采用的关系数据模型并没有提供足够的支持来处理矩阵数据。某些 GIS-T 软件厂商因此开发出额外的功能，以供使用者能够在一个集成的 GIS 环境中与矩阵数据交互工作。以上例子说明了为满足交通运输应用的需求，传统的 GIS 方法是如何进一步扩展和加强的。

近年来，企业和多维 GIS-T 数据模型开始出现并发展。在企业层面中，GIS 开展的成功需要对诸如应用和数据需求的多样性进行额外考虑。设计企业 GIS-T 数据模型来满足"每个应用组都能满足既定的需求，同时使得企业内部能够集成和共享数据"。综合一维、二维、三维的需求，以及多种运输应用的时间都需要多维运输位置参照系统的实现。

总之，GIS-T 中一个决定因素就是如何最好的表示 GIS 环境中运输相关数据，以促进和整合各种运输应用的需求。现有的 GIS 数据模型为支持许多 GIS-T 应用提供了良好的基础。然而，由于交通运输数据中一些独特的性质，开发更好的 GIS 数据模型所面临的挑战，对我们在现有的不同类型的交通运输研究基础上所进行的工作将会是提高而不是限制。

1.5.3　GIS-T 分析和建模

GIS-T 应用已经受益于许多标准的 GIS 功能（查询、地理编码、缓冲区、叠加等），以支持数据管理、分析和可视化需求。像许多其他领域一样，交通运输已经形成了自己独特的分析方法和模型。这样的例子有最短路径算法（如旅行商问题、车辆路径问题）、空间相互作用模型（如重力场模型）、网络流问题（如用户最佳平衡点、系统最佳平衡、动态平衡）、设施选址问题（p-中位问题、集合覆盖问题、最大覆盖问题、p-中心问题）、运输需求模型（如四阶段出行生成、出行分布、方式划分和交通分配模型）及土地使用与运输相关性分析模型。

虽然在大多数商业 GIS 软件中可以找到基本交通运输分析程序（如最短路径搜寻），但是有一些交通分析程序和模型（如设备定位问题）只出现在某些商业软件包中。幸运的是，软件工业中组件式 GIS 设计的发展方向，就是提供一个更好的环境让经验丰富的 GIS-T 用户来发展其自身习惯的分析程序和模式。

对于 GIS-T 的从业者和研究者来说，透彻地了解交通分析方法和模型极其重要。一方面，这些知识能够帮助 GIS-T 从业者评估不同 GIS 软件产品，从中选择最能满足其需求的一款，还可以帮助他们在 GIS 软件包中选择利用合适的分析功能，并正确地解释分析结果。另一方面，GIS-T 研究者可以运用他们的知识来帮助改善 GIS-T 的设计和分析能力。

1.5.4　GIS-T 应用

GIS-T 是领先的 GIS 应用领域之一。在过去的二十年，GIS-T 的许多应用已经在各交通运输机构中实现。它们涵盖了交通运输的大部分内容，如基础设施的规划—设计—管理、运输安全性分析、旅行需求分析、交通监视与控制、公共交通规划与运营、环境影响评估、减灾和智能交通系统（ITS）。每个应用都拥有其特定的数据和分析要求。例如，代表街道网络的中心线及主要路口就能满足交通运输规划应用需求，但是在交通工程中的应用中，就可能需要对个人行车路线进行详细的表示。交通路口的转向运动在交通工程研究中可能是至关重要的，但是在区域范围的旅行需求研究中则不尽然。这些不同的应用需求与 GIS-T 数据表示和之前提到的 GIS-T 分析建模问题直接相关。当需要在研究范围内用不同的尺度来代表运输网络时，哪种合适的 GIS-T 设计能支持各种应用的分析和建模需求？在这种情况下，最好是有一个 GIS-T 数据模型，能对同一个运输网络进行多种几何表示。关于企业 GIS-T 数据模型和多维的研究，之前讨论的多模态 GIS-T 数据模型目的即更好地整合各种 GIS-T 应用来解决这些重要问题。

随着近年来互联网和无线通信的快速增长，基于互联网和无线的 GIS-T 应用越来越多，并在 ITS 和地理位置服务（LBS）中得到了普遍应用。由于很多企业存在各地分散经营（如供应商网站、配送中心/仓库、零售商店、客户网站），GIS-T 可以作为各种应用物流的有力工具。同样，这些物流应用也都是基于 GIS-T 分析建模程序，如路径选择和设施选址问题。

GIS-T 在本质上是属于跨学科的，因此它有很多潜在应用。有相当地理和交通背景的交通运输地理学家，完全有能力从事 GIS-T 的研究。

第 2 章

交通运输模式

　　运输模式是交通运输系统重要的组成部分，是支持流动性存在的手段。现代化的交通运输工具包括铁路、公路、水运、航空和管道等五种基本运输模式，从运输工具承载媒介来说，可以分为陆地运输、水路运输和空中运输。这些运输模式从其运载工具、线路设备和运营方式以及技术经济特征方面各有自身的要求和特点，用于满足服务不同货物和旅客运输的特定需求。因此，从世界范围内来看，由于经济水平、地理环境等方面差异的存在，各种运输模式在不同国家和地区的发展也差异显著。从交通运输的发展历史来看，不同模式的产生、发展和应用在历史不同阶段各有侧重，但随着人类对出行、商品货物流通效率、质量等要求的进一步提高，一种更能综合运输效率的运输方式诞生，即多式联运或联合运输。它通过将各种运输模式整合起来，进行一体化运作，有效地减少了运输成本、缩短了运输时间、提高了运输效率。

2.1 运输模式的分类

2.1.1 各种运输模式的特征

运输模式是指旅客和货物运输的方式，从运输工具经过的地理环境来看，大致可以分为三类：陆地（道路、铁路和管道），水上（海运）和空中（航空）。这些运输模式中，每种模式都有一系列特有的技术、运营和商业特性。

（1）道路运输。道路基础设施是在运输模式中自然约束水平最低的空间消耗者，但是环境约束对道路建设的影响却非常重要。道路运输拥有中等水平的运营灵活性，车辆可以服务于很多对象。道路交通运输系统在车辆和基础设施维护方面费用较高。它们主要与轻工业相连接，通常都是一些小批量货物的快速运输。

（2）铁路运输。铁路由轨道和轨道上行驶的车辆组成。它们受到中等水平的自然条件约束，这种约束主要受到机车类型和坡度的影响。尽管集装箱化已经促进和改善了铁路运输与道路运输和海上运输连接的灵活性，但重工业与铁路运输系统还是有着传统的连接。铁路是目前能提供最高运输能力的陆路交通模式。

（3）水上运输。由于水赋予的浮力和有限摩擦的物理性质，水上运输成为运输大宗货物最有效的模式。主要的水路航线由远洋、沿海、湖泊、河流和运河航线组成。然而，海上运输主要发生在海域空间的特定部分，特别是北大西洋和北太平洋。航道、船闸和疏浚工程的建设目的在于提高水上运输的连续性。完整的内河系统包括西欧水系、伏尔加河/顿河水系、圣劳伦斯河/五大湖水系、密西西比河及其支流、亚马孙河、巴拿马运河区/巴拉圭河以及中国内河水系。水上运输具有很高的终端枢纽费用，因为港口基础设施的建立、维护和改进耗资巨大。此外，高库存成本也是水上运输特点之一。水上运输通常与重工业相连，例如钢铁和石化工厂一般都与港口毗邻。

（4）航空运输。空中航线实际上是无限的，但它们在北大西洋、北美和欧洲内陆和北太平洋上非常密集。航空运输有许多方面的限制，包括选址、气候、雾和气流。空中活动关系到第三产业（服务业）和第四产业（信息知识产业）相关部门，特别是金融和旅游业，它们都会引起旅客流动的产生。航空运输不断适应高价值货物量的增长，并在全球物流中正发挥着越来越重要的作用。

表 2.1 不同交通工具的性能对比

交通工具	运输能力	相当于货车数量
半拖挂货车	26 吨	1
铁路货运漏斗车	100 吨	3.8
驳船	1500 吨	57.7
巴拿马型集装箱船	5000 标准箱	2116
巨型油轮	3 000 000 吨	9330
波音 747-400F	124 吨	5

（5）管道运输。实际上管道运输是没有限制的。目前，世界最长的天然气管道是连接中国新疆霍尔果斯到中国香港的天然气管道，总长 8704 千米。最长的石油管道是跨西伯利亚管道，从东西伯利亚的俄罗斯北极油田出发一直延伸到西欧，长度超过 9344 千米。管道建设费用会根据管道直径而改变，并与距离和流体黏度（从天然气到石油）成比例增加。

2.1.2 运输模式之间的竞争

运输模式的一般分析表明，每种模式都具有独自的运营、商业优势和属性。然而受综合运输系统的影响，当代运输需求要求具有最大的灵活性。因此，不同模式在不同程度和层面上都存在彼此的竞争。模式之间可以在成本、速度、可达性、频率、安全性和舒适性等方面相互竞争或优势互补。虽然联运开拓了模式间很多互补的机遇，但运输企业在运输链中对多种模式的争夺与竞争仍然非常激烈。模式竞争主要发生在以下三个方面（见图 2.1）：

（1）模式的选择。竞争涉及选择特定或组合模式的相对优势。距离仍然是旅客运输中决定所使用模式的一个基本因素。然而，类似于距离因素、成本、速度和舒适性也都可以成为影响模式选择的因素。

（2）基础设施的使用。由于货物和旅客运输同时出现在连接相同节点的相同行程中，因此导致了货运和客运对设施使用的竞争。

（3）市场领域。为了布局新空间或捕捉新的市场，运输终端和枢纽间的竞争也不断上演。

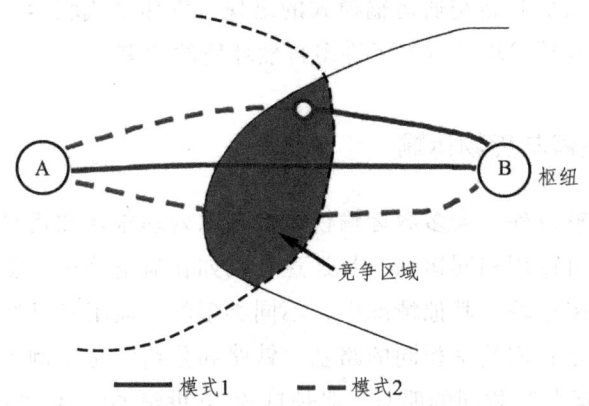

　　　　　图 2.1　不同模式的竞争形式

　　模式的竞争也可能受公共政策的影响，这种政策在某种模式上的影响可能会超过其他模式，尤其在资金和管理问题上。例如，美国联邦政府承担公路项目资金的 80%，剩余的 20% 由州政府负担。对于公共交通，这个比例是 50%，而对于铁路客运联邦政府将不会提供任何资助。

　　由于运输需求是一种从个人、团体和工业所派生的需求，因此它可以被分割成一系列的需求偏好，这些需求偏好会通过运输技术、车辆和基础设施与需求改变的适应和演进而得到满足。此外，日益增长的与技术改变有关的经济和社会复杂性也会迫使运输行业发生持续的变化。这就导致了日益增加的拥堵、运输安全性的降低、运输基础设施的退化以及对环境影响关注的增加。

　　运输行业技术演进的目的是使运输基础设施适应不断增长的需求和要求。当在同一路线或市场上一种运输模式比另一模式更有优势时，就可能会出现模式转换。模式的转换可能意味着一种运输模式需求的增长将以另一种模式的衰落为代价，还可能意味着所涉及的几种模式需求都呈现绝对性的增长。一个模式转换后的相对优势可能存在于成本、便利性、速度和可靠性方面。对于乘客来说，这意味着随着收入的增加，模式偏好也会发生转变，例如从大众型运输模式向个体化运输模式的变化。对于货物来说，这意味着在可接受的和价格合理的情况下，这种转换将朝更快、更灵活的模式进行，即货车和空中运输。

　　运输基础设施和网络的地理分布差异很大。一些地区表现为多种运输模式的共存，而在其他地区只有一个模式可以提供交通服务。交通运输的发展涉及基础设施和车辆两个方面。交通运输部门的技术改革已经允许现有运输模式的性能的增加和新交通运输模式的出现，例如多式联运。交通运输的历史表明所有运输模式均已克服了许多自然环境的约束。

2.1.3 旅客与货物运输

除管道运输以外，大多数运输模式都可以处理旅客和货物运输。在一些情况中，它们可以用相同运输工具运送，例如在航空公司，货物可以通过客运飞机的货仓来运输。其他情况中，不同类型的交通工具已经发展为货物和旅客运输，但是它们共享相同的路基，铁路和公路就是个例子。在水上运输中，客运和货运共享相同的船只，但是自从20世纪50年代产生专业化以来，除了渡轮和滚装船服务，这两者是截然不同的。

货运和客运对于同种模式的分享并不是没有困难，事实上还是会发生一些问题，两者都在寻求如何共存。例如，城市地区的货车就被客运交通参与者看作是产生滋扰和拥堵的罪魁祸首。一些模式的表现不佳，如铁路，被看作是货运和客运共享线路的结果。这就提出了货运和客运是否能共容的问题。

1. 共享运营的优点

（1）高昂的投资费用可以通过多样化的收入来源（铁路、航线、渡轮）实现更容易地收回。

（2）维护成本可以被广泛分摊到各个层面（铁路、航线）。

（3）货运和客运可使用相同的牵引源，特别是铁路。

2. 共享运营的缺点

（1）需求位置很少能够匹配。货物的O-D分布与客运的空间的分布通常完全不同。

（2）需求频率不同。对于客运需要高频率的服务，而对于货运需求频率通常不高。

（3）服务时间。客运服务需求在一天中具有特定的高峰时段，而对于货运的需求在一天中往往更为均匀。

（4）交通流平衡。日常基本客流往往趋于平衡，而对货运，市场的不平衡会产生空流。

（5）可靠性。货物运输越来越需要高品质服务，而旅客运输则对延误不可接受。

（6）线路共享更偏向于旅客运输。旅客列车给予更多优先权，货车可能会在一天的特定时段内在某区域禁止通行。

（7）运营速度不同。客运需要更快捷的运输服务。

（8）旅客和货物的安全检查措施需要采用完全不同的程序。

2.1.4　客货运输的分离

由于影响不同的交通运输市场，客运和货运已经逐渐成为分离的活动。在一些运输模式中和许多区域内，旅客和货物运输已正被拆分。

（1）船运。先前已经提到了在海运部门中客运服务如何从货运业务中脱离。渡轮服务是一个例外，对高频率服务的滚装船的使用适应了市场的需求。目前，深海旅客旅行以没有货运处理能力的邮轮为主，散装货和一般货船很少有兴趣或有能力来承担旅客运输。

（2）铁路。大多数铁路系统仍然在运作客运和货运业务。在维持这两个部门的地区，铁路都会向乘客提供优先权，这是因为铁路在印度、中国和许多发展中国家的城际运输中仍占据主导地位。在欧洲国家铁路系统和各级政府已经将旅客服务作为一种抑制汽车增长的方法来优先安排，汽车数量的增长导致了交通拥堵的发生和环境的退化。目前，在改善列车舒适性和铁路客运站方面已经投入了大量资金，但最显著的还是在对轨道和设备的升级，以达到更高的运行速度。由于重点放在了旅客运输，货物运输往往就比较吃亏。由于运行速度较低，货运列车经常被排除在日间时段以外，因为在这段时间内需求最大的是客运列车。通宵的行程并不能满足货运客户的需求。由于大多数铁路系统仍然同时运营货物和旅客业务，这种不兼容就成了货运业务损失的一大因素。在欧洲，有迹象显示这两个市场正在逐渐分离。首先，是在管理层面。欧盟委员会推动的铁路系统自由化正导致客运和货运业务的分离。其次，高速铁路客运服务发展趋势使得高速列车建设独立的运行路线成为必要。客运列车服务逐渐从现有轨道中移除，从而为货运列车开辟更多的日间时段。北美地区的铁路客货业务分离已经基本完成。私营铁路公司无法在旅客运输方面与汽车和航空相抗衡，因此于20世纪70年代退出了客运业务。现在它们只经营货运系统，并已普遍获得成功，特别是多式联运引进之后。客运业务已由公共机构接管，如美国国家铁路客运公司（美铁），加拿大的VIA铁路。但一个主要的问题是他们必须向货物铁路系统租用轨道，因此速度较慢的货物列车具有优先权。

（3）道路。货物和旅客车辆仍然在共享道路。货运交通的增长致使道路拥堵的增加，并引起了很多城市对货车存在的关注。在城市的某些地方已经开始限制货车的尺寸和载重，并且有越来越多的压力迫使限制卡车在非白天的时段进城，特定的公路禁止货车驶入。这些例子说明了今后可能的发展趋势，即货车和客运车辆交通的分离。

（4）航空。航空运输是货物和乘客结合性最好的模式。不过两者的分离仍然需要注意。全货运航线和货运专用飞机的增长被一些主要航空公司控制，如新加坡航空公司，这些都预示着某种趋势。货主的兴趣主要包括装运的时间和目的地，有时候比客机服务的更好。包租和低成本的运输公司的增长重要性加剧了乘客和货物间的分离。他们对于货运的兴趣非常有限，特别是当他们的业务是面向旅游时，因为旅游目的地往往是依赖于货物产生地。

2.2 道路运输

2.2.1 道路运输的发展

陆地运输系统主要由道路和铁路运输模式组成。其中，道路是最先建立的模式，到18世纪工业革命中期铁路技术才开始使用。现代道路往往延续了之前道路建立的结构，例如现代欧洲道路网络（尤其是在意大利、法国和英国），它们遵循了几个世纪前的罗马道路网建立的结构。

最早的地面道路起源于用于猎区间移动的小径。随着最早民族国家的形成，小径随着贸易扩大开始被用于商业目的，有些成了道路。后来，轮式车辆的使用带动了更好的道路建设。然而，道路运输系统需要大量的劳动组织和管理控制，这些只能由政府监督对贸易线路提供军事保护的形式来提供。到公元前3000年，最早的道路系统出现在美索不达米亚，最早将沥青来铺设道路是在公元前625年的巴比伦。波斯帝国在公元前5世纪拥有了2300千米的道路。然而，最早的主要道路系统是由罗马帝国于公元前300年及以后建立的，主要用于经济、军事和行政原因。道路依赖于可靠的道路工程方法，包括铺设地基和桥梁建设。这也与泛大陆贸易线路的建立相关，例如丝绸之路，它在公元前100年就连接了欧洲和亚洲。

随着公元5世纪罗马帝国的衰落，道路运输整合被搁置，因为大多数道路都由本地建造和维护。由于许多路段缺乏维修，陆路运输成了一个非常危险的活动。直到17世纪现代民族国家的建立才使得国家道路运输体系正式建立。通过中央政府的努力，法国建立了跨越24 000千米的皇家道路系统，除此之外还建立了用驿马车来运载乘客和邮件的公共运输服务。通过私人的主要努力，英国建立了一个32 000千米的收费道路系统。19世纪和20世纪早期，美国也发起了一个类似的行动，一个300万千米的道路网（大多未铺砌）开始运作。1794年标志着现代公路运输的开端，最早的邮件马车按照运营时刻表开始在伦敦和布里斯托尔之间提供服务。

同样具有重大意义的是道路工程中的技术创新，它使得建设更为可靠、低成本的硬路面建设成为现实。这样的成就来自苏格兰工程师McAdam，他发明了利用水或沥青将水泥碎石黏结在一起来制成坚硬的防水路面的工序（后来称之为柏油碎石路）。它提供的这个廉价、耐用、平坦和防滑的路面，大大提高了道路可靠性和路面行驶速度。很多道路都可以全年使用。

20世纪上半叶道路加速发展。20世纪20年代，第一条全天候的横贯大陆的公路——林肯公路诞生，它连接纽约和旧金山跨越了5300千米。然而，第一条现代的公路（高速公路）却由德国人于1932年建设，这条公路在出入口控制、立交桥和道路分离方面有着严格的规范。第二次世界大战之后道路运输网络在世界范围内快速发展。最显著的成就毫无疑问属于1956年启动建设的美国州际公路，其战略意义在于通过国家道路体系来服务美国经济，同时还能支持军队调动，在紧急情况下还起到飞机跑道的作用。从20世纪50年代到70年代间大约修建了56 000千米，但由于建筑成本的日益增长和收益的减少，1975—1998年系统只增加了9000千米。总体而言，大约建设了70 000千米的四车道和六车道的公路，从东海岸到西海岸连接了所有美国的主要城市。到20世纪70年代，每个现代国家都建立了国家公路系统，在西欧还形成了泛欧体系。目前，这种趋势在许多处于工业化进程的国家中显现。例如，中国的国家高速公路系统在2012年年底实现通车9.6万千米，超过美国成为世界最大的高速公路系统。图2.2所示为1955—2012年美国和中国公路里程情况。

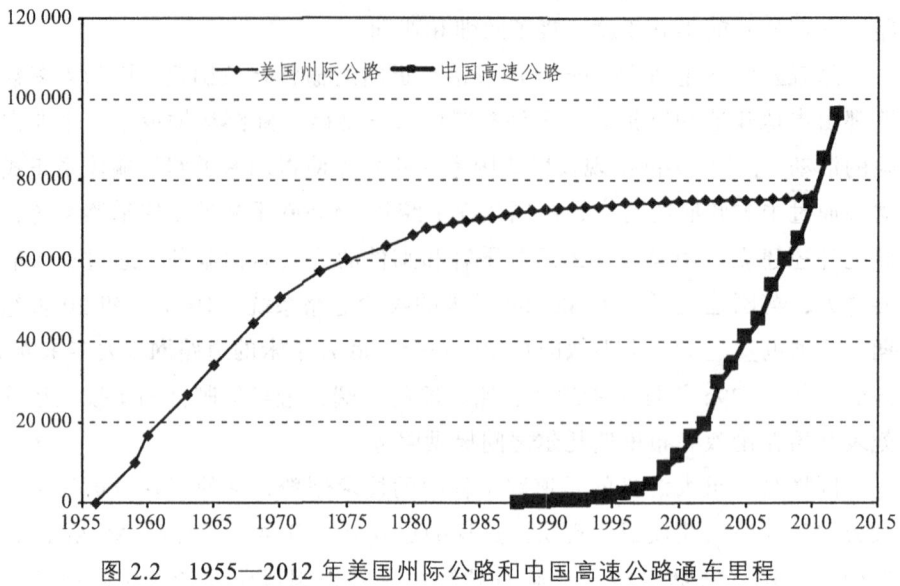

图 2.2　1955—2012 年美国州际公路和中国高速公路通车里程

2.2.2　道路运输空间经济学

道路运输是在过去 50 年来旅客和货物运输扩张最大的运输模式。图 2.3 所示为 1965—2010 年世界汽车的年生产量和注册量。贸易自由化推动了道路货物运输的增长，如美国和北美自由贸易协定伙伴之间的贸易份额形式。这是车辆载运能力增加、货运车辆（如易腐货物、燃料、建筑材料等）适应性增强或旅客（如校车）对速度、自主性和灵活性需求的结果。但是，燃料消耗的显著增长、环境外部效应的日益增加、交通拥堵和交通事故的倍增等新问题不断涌现。

所有的道路运输模式实现规模经济的潜力被限制。这主要来源于各国政府对车辆尺寸和重量的限制、能源技术和经济限制。在大多数管辖区域，出于安全因素考虑，货车和公共汽车都有明确的重量和长度限制。此外，轿车、公共汽车和货车在牵引能力上也有所限制，因为车重的增加伴随能源消耗的大量增加。基于这些原因，个别道路车辆的装载能力受到限制。

道路基础设施的供给费用适度，但是从碎石路到多车道城市快速道路费用还是有很大差别。因为车辆有办法爬上适度的坡度，所以自然障碍相对于其他一些陆地模式来说并不是很重要。大部分道路属于政府提供的公共品，而绝大多数车辆却都属于私人物品。因此，资金成本被分摊，且并不以某一个来源为重,其他模式也是一样。然而在很多情况下,政府一直都是道路基础设施不称职的管理员。因此,出现了越来越多的私有化道路和专门从事道路管理的公司,特别是在欧洲和北美。唯一可能拥有重要和稳定的交通只有干线道路。不同于政府,私有企业考虑到其既得利益,要求他们管理的路段必须很好的维护和改善,因为高质量的道路直接与收益创收。大多数收费公路是连接大城市的公路或作为交通衔接汇合的桥梁和隧道。大部分道路没有经济盈利,但是需要承担社会责任,因为它们对服务大众是必要的。

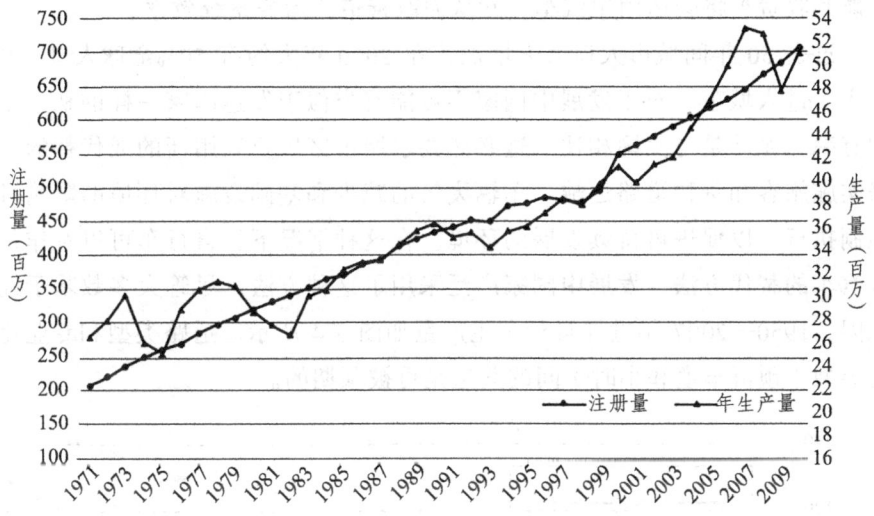

图 2.3　1971—2010 年世界汽车年生产量和注册量

政府可以征用必要的土地用于道路建设,而私有企业没有政府的支持很难征用。道路另一个重要方面是其规模经济和不可分割性,它强调了当系统扩张时,道路的建设和维护在有限的范围内将会更低。

然而,道路运输比其他模式具有显著的优势。车辆的资金成本相对很小。这就产生了道路运输的几个关键性质。低车辆成本使得新用户相对容易进入,比如有助于确保货运业有很强的竞争力。低资金成本也能确保创新和新技术能在行业中快速扩散。道路运输的另一个优势是车辆的相对速度较高,主要的制约因素是政府强制的车速限制。一旦道路网络被提供,其最重要属性之一就是线路选择的灵活性。道路运输是能够向旅客和货物提供门对门服务的唯一方式。这些多重的优势使得轿车和货车成为大量出行的选择方式,并导致汽车成为短距离旅行的市场主导。

道路运输根据地理差异在运输量上有各自的特点。20%的道路网络支持60%~80%的运输量并不常见。这一观察是由事实扩展而来，发达国家和发展中国家在道路运输基础设施的密度、容量和质量方面有着重大的差异。货物极大的地域差异也因此成为标准。

自从制造出第一代汽车，道路运输车辆的技术不断进步。由于道路运输广泛依赖于内燃机，因此基本技术非常相似。新材料（陶瓷、塑料、铝、复合材料等）、新燃料（电力、氢气、天然气等）和计算机化（车辆控制、定位、导航和收费）将会运用于汽车，并从而改善道路运输系统效率。

过去50年间城市人口大大增加，在2000年大约有50%全球人口（约3亿人）进入城市。对于发展中国家不可能有类似于发达国家一样的私人车辆拥有率，尤其是与美国相比。这必然要求城市区域要采用新的或代替的方法来实施旅客和货物道路运输。车辆废气的减少和基础设施对环境的影响可以强制执行，以促进可持续发展的环境。在这种情况下，自行车可以看作是城区汽车的替代方法，发展中国家广泛采用了这种方法，尽管大多数基于经济原因，1950—2007年世界自行车生产量如图2.4所示。道路类型和专业化交通类型（预留车道和小时）间的共生是可被预期的。

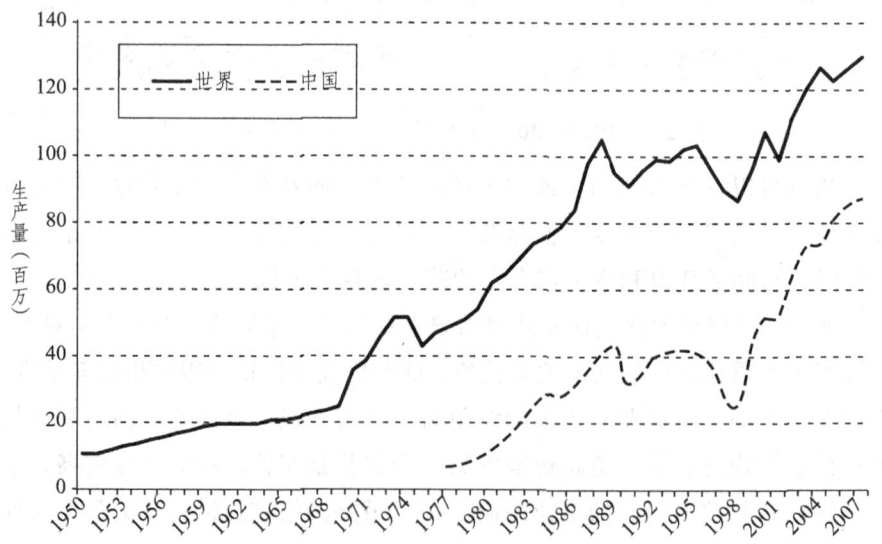

图2.4　1950—2007年世界自行车生产量

2.3 铁路运输

2.3.1 铁路运输的发展

虽然在17世纪就出现原始的铁路系统用来运输采石场和矿山的原料，但直到19世纪早期，第一个真正的铁路运输系统才诞生。铁路运输是工业时代的产物，在西欧、北美和日本经济发展中扮演了重要的角色。它象征了陆地运输技术的重大进步，是货物和旅客运输发生重大改变的开端。铁路运输系统极大地改善了旅行时间，并为经济活动计划提供了可靠的行程安排，例如生产和分配。经济活动和社会交流的一致性也因此大大提升。

随着1829年蒸汽机的出现，机械化陆路运输系统也首次开始使用。根据地理环境，且为了实现各种战略目标（如获取资源、服务区域经济和实现领土控制），建立了不同的铁路线路，如图2.5所示。最早的铁路公司主要采用点对点运行，公司通常以服务的目的地来命名。随着铁路系统的扩展，公司并购开始出现，150多年来大约有390条不同铁路线路合并而成。

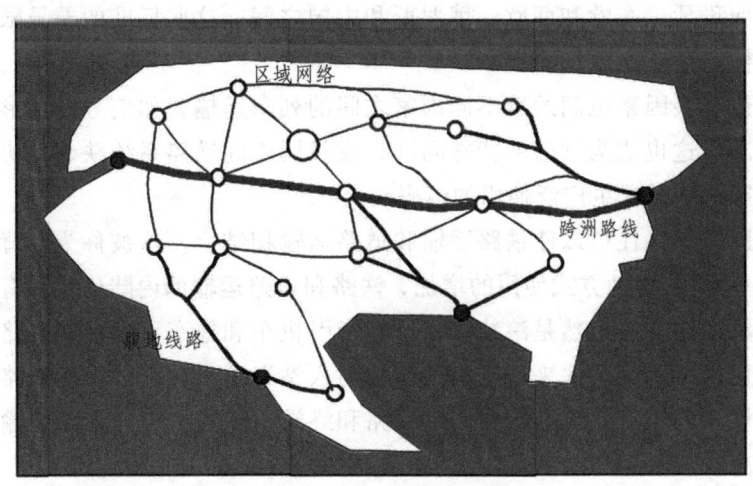

图2.5 铁路线路地理环境

铁路运输具有经济水平高和地域控制的特点，这是因为大多数铁路公司都处于垄断地位（如欧洲）或具有寡头垄断特点（如北美）。美国有七大铁路货运运营商，它们严格有计划地经营铁路系统。与道路运输一样，铁路运输与空间也有着重要关系，因为它们都是最受地貌限制的运输模式。这些限制主要是技术方面，包括以下方面：

（1）空间消耗。铁路运输拥有低水平的沿线空间消耗，但是其终端枢纽却是重要的空间消耗者，特别是在城市地区。这就大大增加了运营成本。

（2）坡度和弯道。铁路运输可以支持高达4%的坡度，但是货物列车限制坡度一般不超过1%。这意味着营运的货运铁路线路每行驶50千米最多只能攀爬500米的高度。对于弯道，最小曲率半径为100米，但当速度达到每小时150千米时，需要的半径为1千米，而速度每小时为300千米时，半径为4千米。

（3）车辆。铁路运输在车辆方面非常灵活，它们有多种车辆来满足不同目的需求。牵引动力技术包括了蒸汽、柴油（美国的主要货运）和电力（欧洲的主要客运）。货物车辆不断呈现专业化，如漏斗车（谷物、钾肥和化肥）、三厢漏斗车（沙、砾石、硫黄和煤炭）、平车（木材、农业设备、制造品、集装箱）、罐车（石化产品）、棚车（牲畜、纸张、制造品）、汽车专运车和客车。

（4）轨距。世界很多地区都采用1.4351米的标准轨距，例如北美、西欧大部分地区和中国。但在有些地区还采用其他标准，如1.520米的宽轨。由于货物和旅客都需要在不同铁路系统中转运，这使得铁路运输服务的整合非常困难。这对于正试图在各大洲和地区间扩大铁路服务是一个主要的障碍，如法国和西班牙、东欧和西欧、俄罗斯和中国之间。这些标准的差异限制了欧亚大陆桥的潜在能力。

其他一些因素也制约着不同国家之间的列车运输，如信号发射形式和电气化标准。这也成为欧盟的特殊问题，成员国之间铁路系统缺乏"协同性"成为限制铁路模式更广泛使用的障碍。

运用拖车往往可以使铁路运输和道路运输相结合。这被称为"背负式运输"，并且随着这种方式使用的增加，铁路和道路运输的内陆优势被有效地结合。最灵活的方法显然是滚装法，这样牵引机车和拖车可直接在铁路站台上装载。司机可用滚装法来进行出站运输与入站运输。总之，虽然铁路运输存在灵活性差的缺点，且必须在固定线路和终端上完成，但与道路运输相比其效率更高。

2.3.2 铁路运输的空间经济学

长距离拖运大量商品和旅客的能力是铁路运输模式的主要优势。一旦列车编组完成或乘客登上列车，列车可以在合理的速度内提供高容量的服务。

正是这个特性使得19世纪火车在开发内陆中具有卓越地位,其优势延续至今。在人口密集区域客运服务富有成效。货物运输主要是大宗货物运输,特别是农业和工业原料。铁路运输是一个"绿色"系统,其单位载重千米的能源消耗比道路运输要少得多。

  铁路的初始投资成本很高,因为铁路轨道建设和机车车辆价格昂贵。从历史上看,投资都是来自同一来源(要么是政府,要么是私营部门)。这些开支必须在实现任何收益之前付出,这意味着它的步入门槛很高,会限制运营商的数量。与道路运输相比它的创新相对滞后,因为铁路机车车辆的服务寿命至少有20年。这可能成为一个优势,因为机车车辆耐用性强,并能提供更好的摊销机会。平均而言,铁路公司每年大约需要投入它们运营收入的45%用于资金开支、基础设施及设备的维护。资金支出就占了收入的大约17%,而对于制造业这一比例仅在3%至4%。

  自20世纪50年代末以来,发达经济国家的铁路系统开始面临道路运输日益增长的竞争,竞争结果各不相同。在一些国家如中国、印度和日本,铁路运输承担了城市间的主要客运。在发达国家中,铁路运输的经济偏好也有地域差异。在欧洲,铁路运输仍然非常重要,这主要用于客运,但是在过去几十年有所下降。然而高速客运铁路项目提高了其普及程度。在北美,铁路运输严格上是与货物有关的,旅客运输只在主要城市走廊沿线扮演边缘角色。

  即使铁路运输的发展主要服务于国家经济,但全球化正对铁路货运系统产生重大影响。这些影响具有以下尺度特点:

  (1)在宏观尺度,新的长距离运输替代方式正以大陆桥的形式在北美、亚欧间形成。在北美,由于铁路的长距离运输效率和高容量流量,铁路在服务长途联运市场方面非常成功。

  (2)在中观尺度,铁路运输系统受到能源消费模式的影响。许多国家仍然完全依赖于国外燃料供应。各国还建立了主要的燃料运输通道。另一个重要趋势是铁路和海上运输系统的日益融合。铁路运输因此成为海运供应链的延伸。一个关键问题是在形成铁路走廊的集中投资。

  (3)在微观尺度,最近大都市显著的地区扩展趋势,使得轨道交通的专业化以及特定商品类型从铁路网络到河流和道路网络系统的转运现象出现。铁路对港口的服务越来越多地集中在集装箱运输。一方面,这种策略得到铁路运营者的允许。另一方面则是货物发送量的增长和基于多种运输模式货物分配的门对门服务模式的建立。

2.3.3 轨道交通的技术改变

铁路运输在技术创新和对商业变化的影响不断发生改变。电气化和自动化使用的增加也会提高铁路运输的效率，客运和货运也一样。一些新的铁路线路正在兴建，但主要是在发展中国家。铁路的速度记录不断提升。例如，中国的新一代高速动车组最高运行时速达到 486.1 千米,刷新了世界铁路运营试验最高速记录。此外，变轴距车轴技术可以使列车在不同轨距的铁道上运行。然而货运列车运行速度却仍然较低，只有 30~35 千米/小时。

更长更重的钢轨与重大的工程壮举一起实现了对自然障碍的逾越，加强了网络的连续性。日本本州岛和北海道间的青函隧道长 53.8 千米，法国和英国之间的海峡隧道也有 50.5 千米。有史以来最具技术挑战性的铁路——青藏铁路于 2006 年在中国完成。该路线全长 1142 千米连接青海格尔木到西藏拉萨，其中有 550 千米经过了常年冻土地区，最高海拔点达到 5072 米，它是世界最高的铁路路线。铁路运输在长距离特定路线运送重型货物具有相对优势。例如，一列 10 节的货运列车可以运送 600 多辆卡车的货物。考虑到铁路的安全性和可靠性，它还有利于在高峰时间实现郊区居民的快速通勤，它已成为支持大城市客运交通的重要运输模式。

目前，从全球尤其是北美来看，那些无效益的线路和站点将被逐步关闭和淘汰。过去 50 年，随着北美铁路运输的萎缩，交通量转移到其他模式，铁路公司开始放弃线路（或者将它们卖给当地铁路公司），移除多余的终端和仓储能力，并变卖了财产。铁路网络的合理化（管制解除）过程现在已经在一些国家完成，如美国。这意味着随着列车乘务员的减少，劳动力出现明显节省、工作时间更为灵活，对于建造和维修也可以采用分包商。除了高效的能源（机车燃料效率在 1980 年到 2000 年间增长了 68%）和更轻的设备，双层车辆的使用也彻底改革了铁路运输，燃料效率增加使得成本削减 40%。单列列车只装载某种商品类型，从而实现规模经济和批量货物运输效率，双层运输极大地发挥了铁路集装箱运输的优点。铁路运输作为一种通勤模式在很多城市得到复苏。

双层铁路技术是铁路运输系统的一个重大挑战，因为它对于远距离运输有效，额外的终端费用会由较低的运输成本给予补偿。美国在这个问题上比欧洲有着显著优势。此外，大多数在 20 世纪早期兴建的铁路，净空高度不足已经不适合双层列车的使用。尤其在隧道和桥梁中会出现这种情况。尽管提高净空是一个重大投资，但很多铁路公司，特别是北美，都在双层运输项目进行了大量投资。2005 年，美国和加拿大铁路运送了超过 1390 万的联运集装箱和拖车。经济和双层运输能力的改进证明了提升净空的投资价值，沿主要长距离铁路走廊的净空从 5.33 米提升至 8.1 米。欧洲在这一进程中比较落后，因为大多数铁路设施都是在 19 世纪中期建成的。净空因此成为大多数欧洲铁路走廊中限制双层运输使用的障碍。

高速铁路网络的出现和不断提高的铁路速度对旅客运输有着显著影响，特别是在欧洲、日本和中国。例如，中国的高速铁路运营速度最高达到 350 千米/小时。高速客运列车需要专门的线路，但也可以以较低的速度在既有线路行驶。在很多情况下，允许高速铁路客运和使用传统铁路网络的货运分离。客运和货物铁路网络的效率也因此得到明显提高。由于高速铁路列车需要一些时间来加速和减速，因此站间的平均距离大大增加，一些不太重要的中心因此越过。在平均距离上，它们已经被证明能够有效地与航空运输竞争。

2.3.4 高速铁路

1. 高速铁路网络的建设

高速铁路是指列车运行速度在 200 千米/小时以上的客运铁路系统。它们已经在日本、法国、德国、中国、西班牙和韩国得到发展。真正的高速铁路客运系统起源于日本衔接东京和大阪的东海道新干线，在 1964 年与东京奥运会一起开放。如今，这一运输方式被看作是一种应对高速公路和机场拥堵的有效替代选择。证据显示，随着高速铁路服务的开始，旅客旅行时间减少了约一半。目前，高速列车主要通过以下两个独立的技术来实现。

（1）传统铁路的改进。这种类型是在既有的传统铁路系统中进行，其速度的提升主要依靠机车性能和列车设计的改进。从本质来讲，它们可能并不能称为高速列车。大多数情况下列车可以达到约 200 千米/小时的最高速度，在意大利这一速度可达 250 千米/小时。使用该系统的主要缺点是它必须与定期货运服务一起共享既有线路。

（2）独立的高速网络。这种类型的高速列车是在其专有独立的轨道上运行。这种系统目前在法国、西班牙、德国、日本和中国运行。在日本，列车可以达到 240 千米/小时；在法国，TGV 东南线高速动车组（法国高速铁路系统）可以达到 270 千米/小时的速度，大西洋线高速动车组可以达到 300 千米/

小时的运行速度；在中国一些高速动车组的时速可达 350 千米/小时。这种系统的一个最大优势是旅客列车拥有独立的轨道，而铁路货物运输则由于可以几乎完全独立使用传统的铁路系统，因此铁路货运的效率也被显著提升。

高速列车网络的设置必须考虑以下限制因素：站间距、从其他铁路系统的分离、可用于枢纽和高速线路建设的土地。

2. 其他技术

自 20 世纪 70 年代末期以来，一种全新的技术在日本和德国开始发展。这项新技术被称为磁浮（磁悬浮），它依靠高效的电磁系统，利用电磁力来提升列车，在侧部推动列车前进。最早的商业磁悬浮铁路系统于 2003 年在中国上海建立。然而，磁悬浮系统在商业化发展进程中遇到了一定限制，例如难以与现有铁路整合，以及其高额的建造费用。

2.4 海上运输

2.4.1 海上运输的发展

从公元前 3200 年埃及沿海帆船出现开始，海上运输一直都主宰着全球贸易。随着 19 世纪中期蒸汽机的发展，它的角色重要性更是进一步得到加强，船只不再受制于风向模式的主导。这种长期属性已被国际贸易和海运贸易相互联系的最新趋势所加强。海上运输和其他运输一样都是一种衍生需求，它占据了全球所有货物船运的 80%。在运输货物重量方面，大约有 96% 的世界贸易是由海上运输完成。海上运输是所有权形式上的最具有全球化性质的产业之一。

海上运输与陆地和航空模式相似，都是在自己的空间运行，同时拥有其地理自然属性、控制策略和商业用法特性。地理因素在时间上往往是固定的，而策略特别是商业考虑则却更有动态性。水路运输的地形学是由两个主要元素组成，即河流和海洋。虽然它们是相连的，但每个都代表了特定的水运流通领域。海上运输的概念依赖于定期航线的存在，被称为海上航线。图 2.6 所示为海运线路的类型。

海上航线。为了避免陆地运输的不连续性，一个几千米宽的走廊将海陆接点的港口连接起来。海上航线具有通道约束点的功能，是具有自然约束（海岸、风、洋流、水深、暗礁、冰）和政治边界的战略要地。因此，海上航线是为了国际海上运输试图沿着大圆的距离而绘制的地表水面弧线。

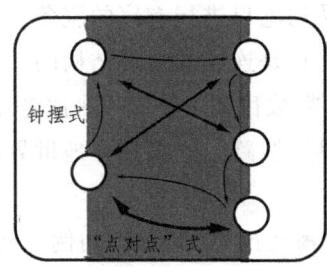 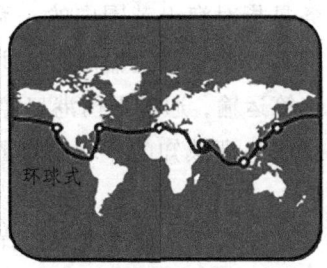

图2.6 海运线路的类型

最近影响水运的技术改造都集中在修改水渠（如疏通港口渠道至更深），增加船舶规模，船只的自动化和专业化（如集装箱船、油轮、散货船）。这些转换部分地解释了已经正在适应日益增长能源需求（主要是化石燃料）的海上交通的发展，原材料的输送和主要粮食市场的选址。这种长距离定期的大众化运输并不是不会产生后果，影响油轮的事故可能导致严重的生态灾害。

河流运输虽然慢且不灵活，但是提供了高容量的连续流。河流/陆地接口通常依赖于中转基础设施，因此对于从属活动的地点更加具有包容性。港口与河流运输相关程度较低，但是河流枢纽中心却经历了与海上和陆路运输的日益一体化，特别是集装箱的出现。河流运输一休化程度从完全独立的分配系统到良好的综合系统都不尽相同。在水文网络供应很好的地区，河流运输可以成为经济活动之间装运的优先模式。事实上很多工业区都是沿着主要河流轴而出现。最近，河海航行通过建立河流和海洋系统的直接接口提供了一个河流运输的新层面。

发生在沿岸和三大洲地带的大部分海上流通限制了河流贸易，如非洲、澳洲和亚洲。除了北美拥有巨大的河流水路运输系统，欧洲和中国也同样都有重要的河流水路系统，例如中国的长江。长江尽管在特定的河流通道有定期的航运服务，但针对旅客运输水路的潜力仍然局限于河道观光。大多数海上基础设施通过维护或修改航道来建立更直接的线路（航道和运河）。然而这种策略的成本非常高，并且只在必要时进行。大量资金投入在了扩大港口中转能力方面，成本高另一方面也是因为港口对空间的大量消耗。

随着经济发展和技术改进，海上航线的重要性已经发生了改变。例如集装箱化的创新服务改变了货物航线的结构。在集装箱化之前，船只的装卸成本非常高且非常耗时，货船靠岸的时间通常比在海上花费的时间还多。随着转运成本的降低和运输速度的加快，钟摆航线在服务港口方面更具有高灵活性，并已经作为集装箱海上运输的最受欢迎的形式出现。

钟摆服务是指对海上范围内的一系列港口进行有序的服务，通常还包括另一范围内的港口的远洋运输服务，并且是连续的循环结构的一环。它们几乎只用于集装箱运输，通过平衡港口停靠数目和服务频率来服务市场。此外，最广泛的钟摆服务即熟知的"环游世界"线路，连续循环地世界的主要航海范围内服务。

河海船只能够直接从河流进入海洋海运网络，最显著的例子就是欧洲（地中海、北海和波罗的海）。但并不是每个地方都能直接进入海洋，比如内陆国家，它们很难进行海上贸易，因为它们不属于海上运输流通领域的一部分。然而，内陆地区并不一定意味着被国际贸易排除在外，它们可以与周边国家签订协议，通过公路、铁路线或河流到达港口设施。不过为此需要支付高昂的运输费用。

2.4.2　海上货运

1. 海上货运的发展动力

海上交通主要集中在货物运输。在洲际航空运输时代之前，横贯大陆的客运服务由班轮客船承担，如横北大西洋客运。但现在的旅客运输仅仅是作为一种休闲功能由游轮来服务。一些海洋渡轮服务也只是在较短距离范围内进行。海上货运的系统增长一直得益于：

（1）能源和矿产货物运输量的增加来自北美、欧洲和日本等发达经济体对煤炭等货物的需求增长。很多发展中国家，如中国，也越来越多的开始进口原料。

（2）全球化就生产国家化分工和贸易自由化提供了标准。

（3）船舶和海运终端的技术改进促进了货物的流动。

（4）规模经济使得海上运输保持着低成本的模式，集装箱化已加强了这个优势。

2. 海上货运类型与船只分类

海上交通量通常用总载重吨来衡量，它是指在不超过设计容量限制下的"空"船能够装载的货物量。这种限制通常可以载重线来确定，即是船舶的最大设计载质量。海上货运通常分为两类：

（1）散装货物。是指没有包装的干性或液体货物，如矿产（石油、煤炭、铁矿石）和谷物。它往往需要专门的船舶如油轮，以及专门的转运和储存的设施。按照惯例，这类货物有着单一的来源地、目的地和客户，通常具有规模经济特征。

（2）普通货物。是指用包装袋、箱子或桶等方式包装过的普通货物。这种货物往往具有不同的来源地、目的地和客户。在集装箱化之前，普通货物的装卸过程非常耗时耗力，很难达到规模经济。

世界各地使用的有四种船舶类型：

（1）客运船。客运船可以进一步划分为两类：客轮，可以在相对行程较短的水域内进行往返式服务；邮轮，用来为旅客提供各种时段的度假旅行，一般为几天。前者往往是小而快的船只，后者通常是设施齐全的大容量船只。2005年，大约有1100万旅客享受了邮轮旅行，这意味着这是一个很有增长潜力的产业。

（2）散装船。散货船是设计用来运载特定商品的船舶，分为液体和干散货船。世界最大的船只就属于此类。最大的油轮——超大型油船（ULCC）达到50万载重吨（dwt），而一般典型的船只在25万至35万载重吨之间；最大的干散货船大约为35万载重吨，一般典型船只的为10万至15万载重吨。液化天然气技术的出现使得使用专门的船舶运输天然气成为现实。

（3）普通货船。普通货船是设计用来运载非散装货物的船只。因为装卸货物速度非常缓慢，传统的船舶均小于1万载重吨。近年来这些船只已经逐渐被集装箱船所取代，因为它们加载效率更高，容量也更大。

（4）滚装船。滚装船是一种能够让轿车、货车和火车能够直接驶入的船只。这种模式最初出现在渡轮上，这些船只用于深海贸易并且比典型的渡轮大得多。最大的滚装船是汽车运输滚装船，它将汽车从工厂直接运输到主要市场所在港口。

船只种类可以由它们参与的不同服务种类来区分。散货船往往是在两港口间通过定期时刻表或航行原则来运营。在后一种情况中，船舶可能根据需求在不同的港口间拖运货物。一般货船都用于班轮服务，即船只受聘于在固定港口停靠间的定期航班服务；另外还有一些不定期航船，这些船只没有时刻表，根据自身的可用性在港口间移动。

2.4.3 海运船只

海洋船运以散装货物为主，但是由于集装箱运输的发展，普通货物的比重正在稳步增加。海运历来面临着两个缺点。一是速度慢,海上平均速度为15节(26千米/小时)。二是货物装卸常在港口遭遇延迟。当涉及普通货物时,这种延迟可能经历好几天。这些缺点特别限制了短距离货物运输或需要快速投递的服务。但是,技术的进步模糊了散货和普通货物的区别,两者都可以在运货板进行成套运输,也可以使用集装箱来统一运输。例如,可以用一个集装箱来运送粮食和油这两种散货,而且这种现象已经越来越普遍。因此,集装箱货运的数量发生了大幅增加,由1980年所有货物的23%上升到2000年的70%。

地理上,海上交通在过去几十年也有了相当大的发展,特别是横渡太平洋贸易的增长。通过建立各大洲之间的商业联系,海上运输支持了相当大的运输量,占到了洲际货物运输需求的90%。海上运输的优点是其能力及交通连续性。铁路和公路运输根本无法支持这种地理范围和强度的交通。使用大宗原材料的重工业活动通常都毗邻港口,因而可以从装载间断中受益。

海上运输在改进船舶性能和港口设施使用方面已经取得了一些主要技术创新,特别是在20世纪。它们包括:

(1)尺寸。20世纪见证了船舶数量及平均尺寸的增长,如图2.7所示。尺寸是船舶的一个通用指标,既可以表示类型也可以表示容量。船舶的规模每增加一倍,其容量会以立方增长。虽然成本有效的批量处理的最小尺寸为1000载重吨左右,而规模经济已经推动发展用更大尺寸的船舶来服务运输需求。对于船主,使用大型船舶意味着减少船员、燃料、停靠、保险和维修费用。最大的油轮(ULCC)约为50万载重吨(主流尺寸为25万~35万载重吨),而最大的干散货船大约为35万载重吨(主流尺寸为10万~15万载重吨)。现在对于船舶尺寸的唯一存在的限制是港口、港湾和运河对其的适应能力。

(2)速度。船舶的平均速度约为15节(1节=1海里=1853米),即每小时28千米。在这种情况下,一艘船每天可以航行575千米。较新的船舶可以达到25~30节(每小时45~55千米)的速度。为了应付速度的需求,动力和发动机技术已经经历从帆船到蒸汽、柴油、气体涡轮机和核电(只用于军舰,民用尝试在20世纪80年代初放弃)的发展阶段。自从发明螺旋技术以来,动力系统有了显著的改善,特别是双螺旋的使用,在20世纪70年代达到了顶峰。获取更高的海运速度仍然是一个挑战,因为克服障碍的成本太高。因此,可以预见商业航运速度的改进是有限的。

(3)船舶专业化。规模经济通常与专业化有关,这两大进程已大大改进了海上运输。船舶变得越来越专业化,目前包括普通杂货船、油轮、谷物船、驳船、矿运船、散货船、液化天然气（LNG）船、滚装船（车辆上下）和集装箱船等。

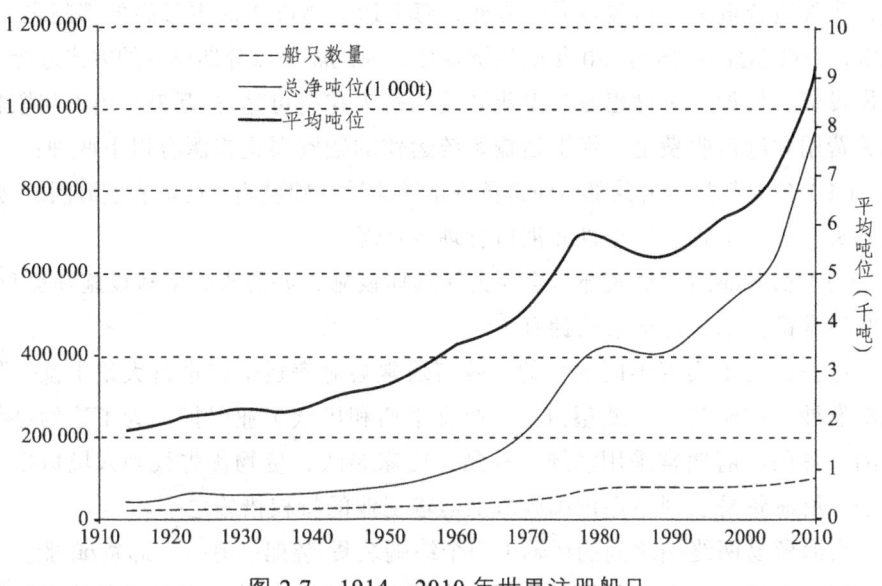

图2.7　1914—2010年世界注册船只

（4）船舶设计。船舶设计已经发生了显著改善，从木质船体到钢铁支架的木质船体，再到钢船体（最早是战舰）和钢铝合金材料船体。当今船舶的船体是努力实现能源消耗、建设成本最小化和提高安全性而改进的船体。根据其复杂性，建造一艘船一般花4个月（集装箱和原油运输船）到1年（邮轮）。

（5）自动化。不同的自动化技术可能包括自卸船舶、计算机辅助导航（船员需求减少，安全性增加）和全球定位系统。自动化总的结果就是由更少的船员来操作更大的船只。

2.4.4　海上经济

航运经济的一个重要特性是其资金成本较高。船舶具有大量的资本支出。邮轮是船只中最昂贵的类型，这些船只每年的服务费用是运营开支中最大的项目，一般占到年经营成本的一半以上。集装箱航运需要通过调度来实现正常的服务（典型的远东—欧洲服务有14艘船），这对新加入的成员是一个严重的制约。另一方面，较老的二手船只可能采购的费用要低些，有时候购买价格甚至不会超过几次成功的航行费用。因此，在某些方面航运业是相当开放的，历史已经为企业家积累大量财富提供了机会。很多大的船队都在私人手中，它们被个人或家族控制。

海上运输最明显的优势是规模经济，这使其成为单位成本最低的运输模式，非常适合重工业运输。另一方面，海上运输是准入成本最高的部门之一。通常，一艘船拥有 15 至 20 年的经济寿命，因此需要以分期付款的方式进行大规模投资。例如，一艘巴拿马型集装箱船每天花费可达 5 万美元用于与燃料相关费用和港口收费上。海上运输系统运作的融资渠道来源有以下两种：

（1）公共部门。公共部门通常负责指导建设基础设施（灯塔和航海图）、公共码头、疏浚工程、安全性和港口管理等情况。

（2）私人部门。私人部门主要关注具体设施，如码头、中转设施和船只，这些通常都由私人海运公司拥有。

过去，为了实现不同的目的，政府通常会对海运部门进行大量干预，如经济发展、国防建设、威望树立、收支平衡和民族工业保护。为了达到这些目的，各国政府通常采用法规、补贴、国家船队、货物优先权和入境口岸等方法。沿海贸易法规是保护民族海上运输工业的特权措施之一。

沿海贸易两终端之间的运输（一个终端装货/装船，另一个卸货/卸船）坐落在同一个国家，与所提供的注册服务无关。沿海贸易通常都要服从于限制和规定。在这种情况下，每个国家都会保留其国家运输的权利来运送国内货物或旅客通行。

许多沿海贸易相关法律相继实施。如 1886 年的客运服务法，就对美国的海上旅客运输施加了沿海贸易限制；在同一航线上，1920 年的商船（琼斯）法对货物的沿海贸易进行了规定。航运业有着非常国际化的特性，特别反映在船只所有权和旗帜悬挂方面。船舶的所有权非常广阔。某船只可能归某希腊家庭或美国公司所有，但却悬挂另一国家旗帜。方便旗的使用是一种方法，船东可以实现较低的登记费用、较低的经营成本和更少的限制。

2.4.5 海运服务和网络

1. 海上运输的服务类型

海洋航运业提供了两种主要的服务类型，如表 2.2 所示。

（1）包租服务（也被称为不定期船运服务）。在这种服务形式中，海运公司会为了特定目的租赁船只，在出发地和目的地的港口之间进行服务。这种类型的航运服务通常用于大宗货物，如石油、铁矿石、谷物或煤炭，通常需要选用特殊货物船。

表 2.2　海洋航运的两种主要服务类型

	不定期航线	定期航线
运输需求		
托运人	少	多
数量	大	小
密度	高（重量）	低（量）
单位价值	低	高
规律性	低	高
运输供给		
合同	船只	货物（提货单）
船只	液体和散货	普通货物
频率	低	高
内容		
货物	液体和主要散货商品	少量散货和普通货物（集装箱化）
服务	供需规则	需求之前
货运弹性	低	低
市场	发展和发达国家	发展和发达国家
货运比例		
吨	70%	30%
价值	20%	80%

（2）班轮运输服务。指的是定期航运服务，通常会沿着钟摆航线停靠在多个港口。超巴拿马型集装箱船的出现迎合了钟摆服务的特性，因为巴拿马海上大陆桥无法使得这种新型船只驶入。为了确保可靠性、频率和特定的服务水平（在港口停靠方面），很多船只可以采取不同的形态分配到某一单一航线。例如，为了确保每周港口停靠，欧洲和亚太地区之间的钟摆服务必须分配 8 艘船，而跨大西洋服务大约在 5 艘船。这些海上航运服务可以提供给任何货物进出口，这意味着货物可以被具有不同利益关系的任何船只运载。越来越多的班轮服务开始集装箱化。

海洋班轮运输的一个重要历史特性是"会议"的运作。这些就是在特定贸易线路上公司间签订的正式协议。它们确定了个别航线的征收费率，例如北欧和北美东海岸之间，北亚和北美西海岸之间。在过去的几年间，已经安排了超过 100 个此类会议。然而由于可能会被视为反竞争，会议制度一直在避免国家反垄断机构的起诉。因为被视为稳定的行业费率机制，随着船舶能力和市场需求供应的显著变化，其本质上是不稳定的。通过固定费率，出口商从价格波动中受到了保护，并且保证了服务提供的正常水平。企业间的竞争建立在了服务提供基础上，而不是价格上。

2. 海上运输网络的形成

自从 20 世纪 90 年代中期以来，集装箱航运业已经出现了一个企业间组织的新形式。因为向更多市场提供船舶能力的成本已经超出了许多运营商的收入，许多大的船运公司已经与昔日的竞争对手联合起来形成战略联盟。它们共同使用船只在主要商业线路提供联营服务。这样每个公司都能只用较少的船只来完成特定的线路服务，这样就能部署额外的船只在其他线路上以维持联盟外的发展。联盟服务销售是分离的，但是会选择停靠港口进行密切合作并建立时刻表。联盟的结构导致了线路定线和集装箱航运规模经济的显著发展。后果是所有权的集中，特别是集装箱航运。关于这种海运网络如何成型有三个主要决定因素。

（1）服务频率。频率与服务的及时性有关，因为同一港口的停靠将会更为频繁。每周一次的停靠被认为是最低的服务水平，但是因为日益增长的生产份额具有时间依赖性，因此来自客户的压力要求其具有更高的服务频率。频率和服务能力之间的权衡是最常见的。这种权衡通常是减轻服务重要市场的线路，因为大型的船舶能够用于规模经济的利益。

（2）船队和船只的大小。由于基本的海洋经济，大型船舶如超巴拿马集装箱型船，在长距离上有着显著优势。航运公司显然会试着将这种优势利用在长距离线路上，将较小的船只用于支线服务。此外，足够多的船只必须用来分配以保证良好的服务频率。为了保持行动的一致性，承运商也尽量沿着它们长距离钟摆航线使用相似大小的船舶。但这并不是一件简单的事，因为规模经济有力地推动了越来越大船舶的引进，考虑到大量资金的需求和造船公司的造船能力它们不能一次性地增加。因此，每当在定期航线上引进一种更大的船舶时，分配系统必须在能力上适应这种变化。

（3）港口停靠次数。港口停靠少的线路可能除了需要较少的船舶数量外，还具有较短的平均中转时间。相反，对于港口停靠少的线路，将货物从远程服务港口运送到内陆目的地可能存在困难，这就意味着额外的延迟和潜在的客户损失。海上门面沿线选择适当的停靠港口将有助于确保所载货物安全顺利地通向巨大的商业腹地。

2.5 航空运输

2.5.1 航空运输的发展

航空运输在 1903 年怀特兄弟在基蒂霍克有了重大突破后才开始缓慢发展，十多年过后，经过第一次步履维艰的努力，才推出定期客运服务。1914 年 1 月 1 日，世界首个付费旅客飞行定期航班在横跨佛罗里达坦帕和圣彼得斯堡海湾中运营，票价最终定为每人往返 10 美元（2006 年约为 200 美元）。相比之下，西南航空公司使用的低成本运输工具（LCC）可搭载乘客从坦帕到西雅图然后返回，航程比过去多一百倍远，费用在 2007 年才超过 200 美元。

在坦帕首次飞行数月后爆发的第一次世界大战，随着空中力量开始被使用，更好的飞机被设计制造，第一次真正刺激了商业航空的发展。战争遗留了成千上万的失业飞行员和闲置的飞机，除此之外还有这一新技术对未来意义的升值。然而，航空运输仍然受到了能力和范围方面的限制。1919 年英国和法国间的飞行标志着首次国际商业航空运输服务的开始。在下一阶段的航空史上政府发挥了至关重要的作用。在欧洲，各国政府建立了新的客运航空公司，在大西洋的另一端美国政府大量补贴了航空邮政。航空邮政是航空运输最早与商业相关的方式，因为它有助于加速货币供给速度以及更好地将遥远的企业结合在一起，促进了大陆和洲际企业的出现。美国航空邮政还资助了第一大美国客运航空公司的出现。

到了第二次世界大战前夕，由于技术的重大进步，航空旅行已经得到显著发展。尤其重要的是道格拉斯 DC-3，它是最早能够不用政府补贴（航空邮路）飞行盈利的客机。21 个座位的 DC-3 在当时属于远程飞机，能够飞越美国仅停靠三次。到 1941 年，80%的美国商业飞机都是 DC-3s。DC-3 是陆上飞机，但是对于远距离国际航线，水上飞机在二次世界大战中仍然很普遍使用。水上飞机，如双层波音 314，是波音 747 出现前最大的商用飞机。它们能够飞行很长的距离,但是缓慢的速度削弱了它们的盈利能力。长途旅游市场非常小,部分原因是成本非常高。很多长途航空服务主要用于服务殖民地和附属地。

战争再次激励了航空运输的快速增长。事实上,只有第二次世界大战以后航空运输才成为发达国家长途旅客运输的主导模式。1956 年,美国在城际线路上搭乘飞机比软卧车厢(卧铺)和头等舱列车的人更多。1958 年,跨大西洋的航空线路运输的旅客数量首次超过了远洋客轮。更重要的是在 1958 年 10 月,波音 707 首次进行了商业飞行。707 不是第一架喷气客机,但它是第一个成功的。707 和其他早期喷气式飞机,尤其是道格拉斯 DC-8,将航空运输速度提高了一倍,并从根本上增加了航空公司的生产力,这些共同导致了票价的下降,如图 2.8 所示。在 707 首次亮相的短短几年后,喷气式客机已经扩展到大多数主要的世界市场。

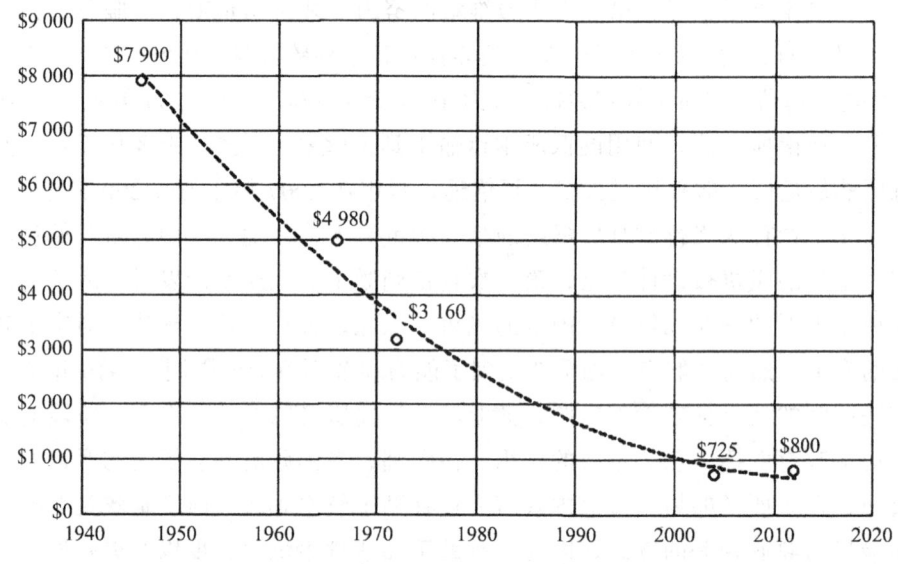

图 2.8　1946—2012 年纽约至伦敦平均航空费用(2012 年美元价格)

在喷气机时代开始的前几年里,商用飞机在能力和范围上有着显著优势。波音 707 登场仅仅 12 年后,747 就进行了其首次飞行。并非巧合,它的首演也是从纽约开始的跨大西洋航线。在大量 747 进入市场的时间里,阿拉伯石油禁运触发世界范围内的经济衰退,导致了早期热衷于大型喷气式飞机的公司如泛美航空公司赤字的爆发;但是在长期的影响下,它推动了现实票价的不断下降,因此民主化航空超越了所谓的"喷气机旅行界"。747,尤其是 20 世纪 80 年代末引进的长途 747-400 型,被命名为"太平洋航空",因为它在拉近亚洲与世界各地距离上意义非凡,且亚太航空航线已经成为747的主要客户。

充分的证据显示,喷气机运输方便了人地之间联系的扩展。一个典型的例子是美国棒球大联盟。在20年代50年代中期,所有大联赛球队都坐落于制造业地区,所在的位置与其他队的距离不会超过一通宵的火车旅程,目的是让彼此时间安排更紧密。航空运输的速度和更低的费用使得球队可以转移到尚未开发的阳光地带市场。因此到了60年代中期,有6支球队已经坐落在了从南到西的地区。

具有相同能力航空运输大大降低了距离成本(摩擦),当然也有助于促进经济全球化,虽然是以极其不均匀的方式。制造商,特别是那些生产高价值微电子的制造商,都严重依赖于航空运输来将空间分离的业务结合在一起。例如英特尔,世界一流的电脑芯片制造商,公司的客运和货运都严重依赖航空运输来实现其紧密结合的全球生产网络。该公司在菲律宾的业务,原材料输入和产品的出口几乎完全依靠航空。

相对便宜的航空运输对于旅游业的增长也至关重要。例如5个主要的迪斯尼主题公园都紧靠着世界前30名繁忙的航空港,这并不是巧合:迪斯尼世界挨着奥兰多国际机场,迪斯尼乐园挨着洛杉矶国际机场,欧洲迪斯尼挨着巴黎戴高乐机场,东京迪斯尼乐园挨着东京羽田机场,香港迪斯尼乐园也是靠着香港国际机场。

微电子和旅客只是多种空中运载物的两种。随着喷气时代的来临,航空运输已经上升到惊人的高度。它在横跨大陆和洲际旅行中具有压倒性优势,在更短行程中也越来越有竞争力。例如在美国,航空旅行已经是单程里程大于1100千米的最重要的旅行模式。在发展中国家中也是,低成本航空公司的激增使得机票价格下降,并将空中交通推向更高峰。

在喷气机时代中,无论是客运还是货运周转量都有了快速增长,如图2.9所示。这两种类型的增长都超过了更广泛的全球经济的增长。到2003年,世界范围内大约有90万人在任意时刻乘坐航班,怀特兄弟首飞成功一百年内有16亿旅客通过航空运输旅行,相当于全球人口的25%。然而,不同国家和地区对飞行的偏好却高度不平衡。

同时,专用货机和客机腹舱占全球贸易运输的份额越来越大。航空运输占世界商品贸易的份额在重量上只有4%,但是价值上却超过了40%。高效可负担的航空货运对饮食改变做出了贡献,由此人们可以享受到新农产品或反季节农产品;此外,还有助于改变零售业和相应的制造业。例如南半球生长的鲜活农产品在北半球的冬天也能享用；网上购物后通过航空运输即时装运；电脑制造商依靠对各种零部件的全球运输来进行制造和装配工序。基于时间的竞争的日益增长确保了航空货运业未来增长的好兆头。

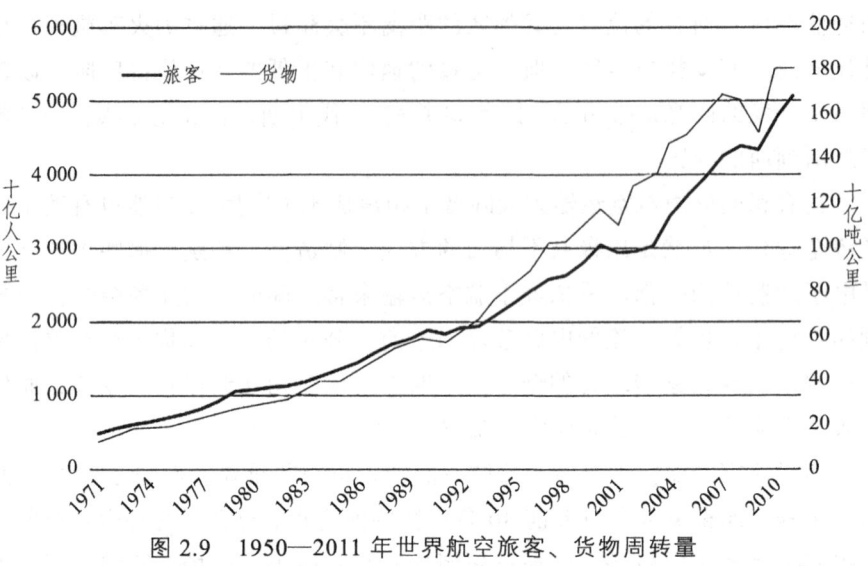

图 2.9　1950—2011 年世界航空旅客、货物周转量

2.5.2　航空网络

1. 航空管制

理论上来说，航空运输比其他交通工具享有更大的选线自由。尽管事实上这种模式比陆地运输在路权上限制更少，但是它仍然比想象中的限制要多。航空历史早期，例如落基山脉和北大西洋的巨大间隔等自然阻隔限制了航空运输网络的衔接。虽然这些阻隔已经减少，自然地理仍然会影响城际航空运输地理。例如，飞机试图利用（或避免）高层大气风场，尤其是急流，来提高速度和减少燃油消耗。

另外部分航空运输的限制是由人类创造的。首先，为了保证空中安全，空中走廊都是沿着特定通道，因此只有一小部分的天空被投入使用。以 554 号航空通道为例，它跨越密歇根州—印第安纳州航线飞往詹姆斯敦，纽约到安大略省南部线路的上空，可容纳从西部和中西部地区很多不同城市向东北方向的航线，这些直达城市航线有圣地亚哥—波士顿、芝加哥—奥尔巴尼、菲尼克斯—普罗维登斯及洛杉矶—哈特福德。

战略和政治因素也能影响线路选择。例如，在南非种族隔离时期，很多非洲国家不允许南非航空公司的航班飞越该国，古巴航空公司一般会被禁止在美国境内飞行。特别具有意义的是冷战结束后西伯利亚向西方航空公司开放了其领空。新的航空自由允许了更多的直达线路，不仅是在像伦敦和东京或纽约和香港这样的城市，也有横渡太平洋的城市组像温哥华—北京。

少数大片区域的领空根据政治因素仍然禁止运营商通行。然而国家对航空网络的干预仍然很普遍。从起步阶段开始，航空运输就被看作是一个需要加以规范和保护的公共服务产业。在世界很多地方，政府对于行业的干涉都表现为国有航空公司的形式。加拿大航空公司、法国航空公司、英国航空公司、日本航空公司，澳洲航空公司以及世界其他国家的大多航空公司都是国有公司。在美国，政府不拥有任何航空公司，但是通过管理费用、空中服务、航线合并等手段极大地影响了行业的发展。

20世纪70年代开始，航空业和国家之间的关系发生了改变，虽然自由化时期（指解除管制和私有化的时期）和其范围只是在世界主要市场中改变了。全球范围内，一些航空公司已经开始部分私有化，很多航空市场也解除了管制。在美国，1978年的航空管制解除法令打开了该行业的竞争。从当前来看其结果是非常显著的。曾经著名的公司，如环球航空公司、泛美航空公司和布兰尼夫国际航空公司都陷入破产（尽管泛美航空公司已经作为大西洋沿岸更小的公司重组），同时涌现出许多新的竞争者。它们大多数只持续了很短的时间，但有些很有远见，对航空运输行业产生了持久的影响。地理上，对航空公司管制解除的一个重要结果就是以机场为枢纽的辐射型网络出现（见图2.10），在机场中通常只有一个运营公司占据主导。在管制解除前已经有不同程度的网络存在，但是民用航空局妨碍了航空公司的扩张和网络优化。例如美国联合航空公司在1961至1978年间仅被允许新增了一个服务城市。

2. 低成本运输

解除管制后，大多数尚存的运输公司倾向于建造国家范围的拥有几个枢纽的辐射式网络，方便不同国家地区间的旅行。通过像亚特兰大这样枢纽的交通使得达美和其他枢纽航空公司能够在更高负载因素下提供更高频率的服务，从而降低了单位旅客千米成本。当全国的枢纽辐射网络连接上电脑机票预定系统和飞行常客计划时，大型航空公司的优势得到了进一步深化。然而到了20世纪90年代后期，类似达美航空的大型航运公司开始运营。低成本航空公司，特别是西南航空公司，重新切分了传统运营商的市场份额。低成本的航空公司具有以下共同特征：

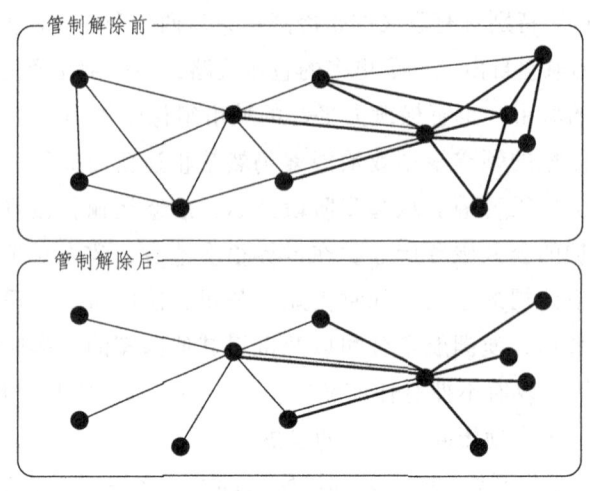

图 2.10 航空公司管制解除和枢纽辐射型网络

（1）机队简单。传统航空公司运营着不同的机队，因为它们服务于不同种类的线路，从长途到支线。而低成本航空公司重点是相对短途的航线。

（2）快速的周转时间。低成本航空公司以其网络运营的模式，来保持它们与传统航空公司相比有更多时间在空中来挣钱的优势。例如，最小化机舱内服务，减少清洁时间和饮食服务。

（3）增长快速。这不仅是低成本航空公司成功的表现，也是其成功的因素。快速增长使得低成本航空公司能够持续平稳地增加飞机和员工，以保持平均机群寿命和平均雇员年限，两者都有助于保持低成本运营。

（4）重视二级机场。二级机场，如休斯敦霍比机场取代了休斯敦乔治布什洲际机场，对于航空公司来说降低了降落及停靠费，吸引了更多的投资进入航空服务。不管怎样，低成本航空公司对主要航空港的传统运营商形成了直接的挑战。

（5）降低了枢纽的重要性。大多数低成本航空公司都拥有枢纽，对于一些运营公司枢纽的重要性相对于传统航空公司要更低。例如西南航空公司的空中交通更均匀地分布在其网络中的 10 个或者更多个城市，而不是任何传统的枢纽辐射型航线。

（6）积极使用互联网。网上订票已经部分削弱了传统航空公司的一次性优势，传统航空公司习惯于使用专有的电脑订票系统。可以说互联网是又一个降低成本的手段。

虽然西南航空公司普遍被视为是低成本航空公司的先驱，也是全球20家最大的航空公司中唯一的低成本航空公司，但这种发展现象已经在欧洲出现端倪，在世界其他地区也有所扩展。在一般情况下，旅游的热情很大程度上与收入相关，但是低成本航空公司在富裕人口相对较少的较远航空运输市场的扩展非常重要。西南航空公司是一个例外，因为其网络基本只是在国内（国际航班运营过于复杂，并会削弱航空公司的周转时间）。大多数大中型航空公司至少都有几条国际航线。然而，大约90%的航空交通量都来自像美国、加拿大、俄罗斯、日本、巴西和澳大利亚这些国家。仅美国就占了全球国内航空交通量的70%。

3. 航行自由权

在短途枢纽市场低成本航空公司的威胁下，传统航空公司正变得越来越依赖于长途国际市场。国际市场同样也已经放松了管制，虽然没有达到美国国内市场相同的程度。1944年芝加哥公约建立了国际航空业务的基本地缘政治准则，也就是后来熟知的航行自由权。第一和第二自主权几乎可以在国家间自动交换。第二次世界大战产生的世界最强的航空业国——美国，希望也能够自由交换第三和第四自主权。相反，这些权利一直是数百个详细的双边航空服务协定（ASAs）谈判的主题。在航空服务协定中，每一方都可以指定哪个航空公司能够在哪些城市以什么规模的设备和以什么频率进行服务。航空服务协定通常包括了规范收费和服务某一特定国际航线收入分配的条例。

4. 航空联盟

国际航空网络的一个重要方面是航空公司联盟。联盟自愿协议提高了伙伴的竞争地位，特别是在双边民用航空运输协定协议的存在使得航空公司很难扩大自身。成员在更大规模经济、更低的交易成本和风险分担中受益，同时保持商业独立。第一个主要联盟建立于1989年荷兰皇家航空公司和西北航空公司之间。1993年德国汉莎航空公司和联合航空公司组成的星空联盟。1996年英国航空公司和美国航空公司组成了寰宇一家联盟。航空公司联盟的成员在行程安排、飞行常客奖励计划、设备维修和形成一体化方面进行合作。最重要的是，它们允许运营商开拓之前无法到达的市场。事实上，每个主要的联盟都包围了全球范围内的几乎每个重要市场，虽然每个都由美国和欧洲运营商占主导地位。

5. 航空客货运的分离

传统上，货物都是装载在客机的腹舱，并为航空公司提供额外收入。但由于乘客在飞机超载时享有优先权，所以这种空中货运服务往往不可靠。此外，线路上运营的飞机考虑的是乘客，不能吸引太多的货物。大约有一半的空运货物是通过专用货机运载，即货物在飞机主体和腹舱运载。每个航空公司都在全世界部署了其飞机。然而许多货机的飞行都是由所谓的组合运营商执行，如西北航空公司，同时运输旅客和货物。西北航空公司将其货机主要部署在跨太平洋的航线，但其过小的腹舱容量难以适应美国和亚洲之间快速增长的贸易量。其中一个主要的货运枢纽——安克雷奇，该城市客机现在会定期在太平洋和极地线路飞行（欧洲和亚洲之间）；但是由于货机比客机飞行距离更短，而且在中间站停靠加油相比客机影响较小，很多货机都在阿拉斯加加油以最大限度地发挥有效载荷。

2.5.3 航空的未来

虽然过去的一个多世纪见证了航空运输的急剧增长，但其未来面临着更大的挑战与威胁。

首先，航空业可能没有足够稳健的财政来支付过去有益于航空运输持续增长的商业发展。即使扣除通货膨胀调整，新客机的开发成本是前所未有的，部分是因为最新一代的客机整合了很多的接口系统（如飞机座位的娱乐控制台）。与此同时，低成本航空公司的崛起对传统运营商施加了很大压力，航空业整体还没有盈利。由于大的运营商在过去发起了新客机订单，所以行业的财政问题对航空运输的未来具有深远影响。相比之下，由于低成本航空公司专注于少数相对规模较小的飞机，这就限制了它们在推进航空技术突破时起到的催化作用。

其次是燃油价格和供应。波音和空客公司都承诺他们最新的喷气式飞机将提供无可比拟的燃油效率。对于航空运输寻找石油基础燃料的替代品比地面交通困难得多，因为航空的经济可行性依赖于对浓缩型爆发性能源的使用。尽管如此，航空运输燃油效率在近几十年来有了很大提高。

2.6 管道运输

管道运输是一种极其重要和广泛的陆路运输模式,虽然很少受到公众的关注和认识,主要是因为它们埋藏于地下(或海底下,如从北非到欧洲的天然气管道)。例如在美国有 409 000 英里的管道,承担了所有货物运输的 17%。石油和天然气两个主要的产品在管道运输中占主导地位,虽然当地管道主要用于运输水,在一些罕有的情况中会运输干散货商品,如煤浆。

管道几乎都只是为了特定的目的而设计,将商品从某个位置运送到另一个位置。它们大多由私人资本建设,因为系统必须要在取得收益前建立,这意味着要在资本上有所承担。在没有其他可行的运输方式(通常是水运)可以使用的条件下,它们能够有效运输大量产品。在石油运输中,管道线路往往是将偏远的生产区和主要的提炼和制造中心连接在一起,而天然气运输主要连接主要的人口密集区。

管道选线与地形关系不大,尽管环境问题经常会拖延项目建设的批准。在敏感地区,特别是寒带/亚寒带地区,管道由于冻土的原因并不能被掩埋,这可能会对野生动物迁徙产生严重影响,这些足以否定项目批准,例如 20 世纪 70 年代所提议的加拿大麦肯山谷管道就是这种情况。1300 千米长的跨阿拉斯加管道就是在很困难的条件下建立,其中很大部分铺设于地面之上。地理政治因素在跨国际边界的管道路径选择中发挥了重要的作用。从中东到地中海已铺设的管道避免了经过以色列,连接中亚和地中海的新管道也正在针对政教合一的高加索地区共和国来选线。

管道建设费用会根据管道直径而变化,并随着距离和液体黏度(泵站需要)成比例增加。但是,正如前面提到的,管道运输运营成本很低,因此管道运输在运输液态和气态产品上是一种重要的运输方式。管道运输的位置固定性和不灵活性是其主要的缺点。一旦建成(通常费用很大),需求的扩大并不容易调整。此外,管道承载能力有具体的限制。相反地,供应或需求的减少会引起收入的降低,从而影响系统的生存能力。地理上的改变会对生产或消费产生进一步限制,从一个位置到另一地点建立的管道可能不能轻易地适应变化。例如，由于圣劳伦斯河水结冰，加拿大蒙的特利尔的精炼厂由缅因州的波特兰的管道服务获得全年运输量。20世纪80年代，当国际供应价格逐渐上升时，加拿大西部建设了管道来在一段时间内供应国内原油。从那时起，波兰管道就被闲置了。

2.7 多式联运

2.7.1 多式联运的性质

传统上，运输模式之间的竞争往往会产生分隔的和非一体化的运输系统。每个模式都试图利用其自身成本、服务、可靠性和安全性来发掘其优势。运营商试图通过将其控制下的长途运输效益最大化来维持业务。所有模式都以怀疑和不信任的态度注视着其竞争对手。模式间整合的缺乏已经被公共政策所加强，通常是禁止拥有其他模式下的企业（如管制解除之前的美国）和在国家直接垄断控制下的费率实施或模式安置（如欧洲）等方式。因此，从模式的角度对运输的认识是持续的，即使许多运输公司都以市场角度来代替模式角度来看待交通运输。

1. 联合运输的模式

从20世纪60年代开始，一直致力于通过联合运输来整合各自分离的运输系统。这意味着，通过多式联运链的起终点的运输中，至少要包括两种不同的运输模式。多式联运通过利用各模式的最大生产效率来强化了运输链的经济表现。因此，铁路长途运输经济性通过长距离运输被挖掘出来，货车也可以发挥其收发货的灵活性。这种运输模式最关键是整个行程被视为整体，而不是一系列的独立过程（每个都根据各自的相关文件和费率独立操作）。从功能和操作性的角度来看，联合运输中包括两部分（见图2.11）：

（1）多种模式联合运输。旅客或货物从一种运输模式转到另一个模式的运输，一般发生在专门设计的终端。

（2）单一模式联合运输。旅客或货物在同一运输模式方式中的运输。"纯粹"的单一模式运输很少存在，大多需要的是多模式联合运输（如船—码头一船），目的是保证网络内的连续性。

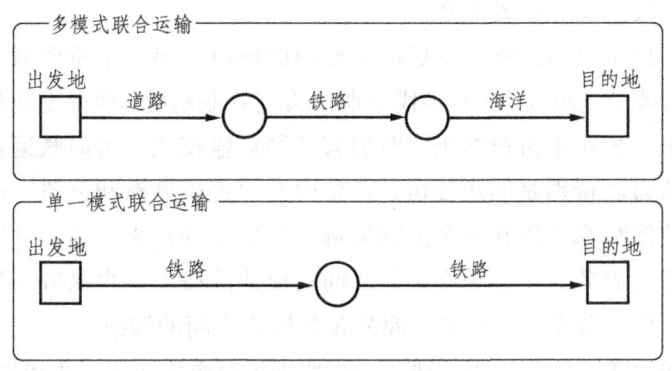

图 2.11　联合运输的组成

2. 多式联运网络和多式运输网络

根据交通运输系统的模式可以从两个不同的概念观点来考虑：

（1）多式联运网络。指的是由使用单一费率的两种或以上运输模式逻辑联合的系统。各种模式拥有共同的处理特性，允许货物（或人）在起始地和目的地间的运动中进行各种模式转换。

（2）多式运输网络。指的是在起始地和目的地之间提供一系列的运输模式。虽然联合运输的可能性是存在的，但并不一定会发生。

3. 多式联运的推动因素

多式联运的兴起部分是由于技术的推动，它需要货物的管理装置，如集装箱、可换车体、托盘或半拖挂车。过去，托盘是一个通用的管理装置，但由于它们尺寸相对较小，同时缺少保护框架使得它们在联运过程中需要密集的劳动力，很容易发生损坏或被盗窃。在 20 世纪 30 年代早期，在没有使用托盘的情况下，卸载 13 000 箱罐装品大约需要 3 天。使用托盘和叉车，类似的任务可在 4 小时内完成。更好的技术和管理装置货物模式中转推动了联合运输的转运。早期的例子包括背驮式（TOFC：平车拖车），其中货车拖车放置在铁路车上；以及 LASH（载驳货船），其中内河驳船直接放置在出海船甲板上。最重要的发展毫无疑问是集装箱，它使得模式系统间的货物装卸变得非常容易。集装箱运输在近几年发展迅猛，这种运输产品的专有方式被国际和国内市场广泛接受。运输模式集装箱化运输的扩散和适应是一个持续的过程。双层铁路集装箱（COFC：平车集装箱）以最小的增加成本加倍提高了铁路长途货运的能力，从而提高了铁路与长途船运的竞争地位。集装箱已经成为海铁联运最重要的组成部分。

当装卸技术对多式联运发展产生影响的同时，另一个重要因素也影响了公共政策的改变。20世纪80年代早期的美国管制解除，使得企业从政府控制中解放出来。公司不再被禁止同时拥有各种运输模式，为向联运合作发展提供了强劲动力。特别是船运公司，开始向客户提供铁路和公路一体化服务。每种模式的优势都可以在一个无缝运输系统中体现出来。客户可以购买"门对门"的船运服务，不必关心它们之间的模式障碍。客户拿着一张提货单可以享受全程统一费率，不必关心商品在各模式之间的转换。

多式联运最重要的特点是通过一张票据（对乘客）或一张提货单（货运）就可享受全部服务。这在机构改革和信息控制方面是非常必要的。现代多式联运的核心是数据处理、整理和分配系统，它们在确保安全、可靠和由各种模式运输的货运和客运的成本有效控制来说是必不可少的。电子数据交换（EDI）是一个不断发展的技术，来帮助公司和政府机构（海关文件）应付日益复杂的全球运输系统。

当今，多式联运正在改变中长途货运流量在世界各地日益增长的份额。大型综合运输承运人都提供"门对门"服务。多式联运的限制被类似空间、时间、形式、网络形态、节点和链接数量、车辆和终端类型特点等因素所强加。多式联运可以被设想为是从一种运输方式向另一种的过渡，并围绕以下概念所组织：所运商品的性质和数量、使用的交通运输模式、始发地和目的地、运输时间和费用、商品价值和装运频率。

2.7.2 多式联运与集装箱化

多式联运起源于海洋空间，随着20世纪60年代后期集装箱的发展，它开始向与其他运输模式集成的方向延伸。这就不奇怪海事部门会成为第一个追求集装箱化模式的部门。它是受装卸时间限制最大的模式。一个传统的零担货运船在港口花费的时间与海上旅行时间差不多长。集装箱化允许机械装卸不同种类和尺寸的货物，它们被放置在标准尺寸箱中。通过这种方式，本来可能要花费几天时间来装卸船只，现在可以在尽量短的时间内处理，因为现代的集装箱起重机可以在两分钟内完成一次装卸活动。

集装箱是一个标准尺寸的大型金属箱体，里面用于放置适合于船体（特别是配置出海的船舶）的包装好的货物。它被设计来用普通装卸设备移动，并使得在船舶、货运列车、货车拖车和驳船间使用最小劳动力来实现大规模经济的、高速的联合转运。因此，集装箱才是载货单元，而不是里面的货物，它是多式联运最重要的形式。集装箱的使用体现了货物运输模式之间的互补性，它提供了更高的运动流动性运输和装载的标准化。因此，对集装箱的相关认识，并不是它们属于什么（"简单"的盒子），而是它们能做什么（多式联运）。集装箱的参考尺寸为 20 英尺箱：20 英尺长、8 英尺或 6 英寸高、8 英尺宽，或者是一个 20 英尺标准单位（TEU）。

集装箱成功的重要因素之一是对它基本尺寸的一致性认同，以及在引进 10 年内其闭锁系统就通过了国际标准化组织（ISO）的认定。从这些规格，各种尺寸的集装箱被投入使用。然而最常见的集装箱尺寸是 40 英尺箱，其 2400 立方英尺的空间有能力携带 22 吨货物。在美国，53 英尺的集装箱也在国内大量使用。集装箱是由钢铁（最常用于海运集装箱）或铝（特别是用于国内）制成，其结构柔韧坚实。

1. 集装箱运输的主要优点

（1）标准运输产品。由于集装箱尺寸符合 ISO 标准，因此可以在世界任何地方进行操作。事实上，中转设施允许运输链的所有元素（车辆）能够相对容易地对它进行装卸。集装箱化的快速扩散得益于它的创始人马尔科姆麦克莱恩没有对他的发明申请专利。因此行业的所有部门和竞争者都能使用该标准。建设专门的船舶和起重设备成为必要，但是在有些情况下现有的运输模式可以被转换为集装箱运输。

（2）使用灵活性。它可以运输广泛的商品，范围从原料（煤炭，小麦）、工业品和汽车到冷冻品。有专门的集装箱来运输液体（石油和化工产品）和用冷藏集装箱来运输易腐食品类（成为"冷藏箱"，现在占了所有冷藏货物运输的 50%）。在很多发展中国家，废弃的集装箱通常用作仓库、住宅、办公及零售店。

（3）管理。作为不可分割的单元，集装箱拥有独特的识别号码和尺寸类型代码，使得运输管理不是以负载进行，而是以单位数的方式进行。计算机化管理能够大大减少等待时间，并能随时确定集装箱的位置（或集装箱批次）。它可以按照优先权、目的地和可用的运输能力来分配集装箱。运输公司在海洋和铁路运输中预订空位，然后就可以在其责任范围内分配集装箱了。

（4）成本。相对于散货来讲，集装箱运输大大减少了运输成本，大约比散装运输少 20 倍。而在集装箱化之前海上运输成本可以占到零售价格的 5% 至 10%，这一比例已减少到 1.5% 左右。成本减少背后的主要原因是集装箱化带来的速度和灵活性的改变。类似于其他运输方式，集装箱船运受益于使用大型集装箱船后的规模经济。一个 5000 标准箱的集装箱船比 2500 标箱船的运营成本每集装箱低了 50%。当运输量从 4000 标准箱上升到 12000 标准箱时，每个集装箱将会减少 20% 运营成本，所以考虑增加额外容积是非常有意义的。通过使用集装箱，全系统大约会削减 30% 的成本。

（5）速度。转运业务要少而迅速。一艘现代化集装箱船拥有传统货船 3 至 6 倍的月处理能力。这主要归功于转运时间的加快，因为起重机每小时可以处理大约 30 趟吊装（装货或卸货）。港口周转时间因此也由 3 个星期减少到大约 24 小时。卸载 1000 标准箱平均花费 10~20 小时，相比之下卸载同样数量的散货大约需要 70~100 小时。对于较大的集装箱船，可以分配更多的起重机来转运。5~6 台起重机可以服务 5000 标准箱集装箱船，这意味着更大型尺寸的船舶在装卸时间上没有很大的差别。一艘普通的货船可能将花费一半至三分之二的寿命在港口度过。随着在港口时间减少，集装箱船就可以花费更多的时间在海上，这对运营商更有利。此外，集装箱船比普通货船平均快 35%。

（6）仓储。集装箱限制了其运输货物的危险，因为它能抵抗冲击和气候条件。因此，货物的包装也更简单更便宜。此外，由于集装箱要集中放置，因此可以在船舶、火车（双层堆积）和地上堆放。在地上可以附加三个负载集装箱和六个空箱。集装箱也因此成为自己的仓库。

（7）安全。承运商并不知情集装箱里的物品，它只能在发货地、海关和目的地被开启。特别是对于价值高的商品，损坏和丢失现象因此大大减少。

2. 集装箱运输的主要弊端

（1）空间消耗。一个 25 000 吨的集装箱船最少需要 12 公顷的卸载空间，而卸载整个 7000 标准箱船将需要等同于 9 列双层列车的空间。传统的港口地区往往不足以用于放置集装箱转运设施。因此，为了安置主要的集装箱装卸设施，所在港口的地理环境被改变。

（2）基础设施成本。像龙门起重机、堆场设备、公路和铁路出入口这类的集装箱装卸设施，都是对港口当局和负载中心的重要投资。例如，现代化集装箱起重机的购置费用在 400 万美元左右。一些发展中国家由于负担不起这些基础设施,因此不能有效地参与到国际贸易中。

(3)堆叠。无论是在地面还是在运输工具(集装箱船和双层列车)上,集装箱的排放都是一个复杂的问题。此外,集装箱船必须以特定的方式进行装箱,要避免在众多港口进行集装箱装卸任务时集装箱的重新堆放。

(4)物流管理。集装箱的运营管理具有很强的信息密集性。这需要高水平的信息技术对处于装卸状态的集装箱进行记录、(重新)定位和预定。

(5)空箱运输。大约2500万标准箱的空箱在世界各地的堆场和仓库堆积,这使得空箱的移动和堆积成了问题。在全球范围内由于贸易波动,集装箱在出发地和目的地能保持均衡很少见。大多数集装箱贸易并不平衡,集装箱会"堆积"在一些地方,因此必须运回到集装箱亏空的地方(主要是具有强大出口功能的地方)。美国集装箱运输就属于这种特殊的情况。很多集装箱都是空箱运输。不管是满载还是空箱,一个集装箱在船舶或堆场都会占据相同的空间,以及相同的转运时间。因此,航运公司浪费了大量的时间和金钱在空箱复位上。集装箱航运公司运载的所有集装箱中大约有20%是空箱。

(6)非法贸易。由于其保密性质,集装箱成为一种常见的用于非法毒品和武器交易,以及非法移民的工具。集装箱被用于恐怖主义也被日益关注。电子扫描系统被实施用于远程检查主要通道的集装箱内物品。

多式联运和集装箱化的发展是相互包容的、自我加强的,它们都依赖一系列驱动力。

2.7.3 多式联运与其他模式

随着20世纪80年代开始的管制解除和私有化趋势,已经在海事部门建立的集装箱化开始在内陆蔓延。船运公司是美国解除管制后最先抓住多式联运机遇的部门。它们通过整合铁路服务和本地货车货物收发构成了无缝运输网络,实现了对顾客提供的"门对门"服务。为了达到这一目的,它们租用火车、管理铁路枢纽,并在某些情况下还收购货车公司。这样,可以通过遍布全世界的供应商提供"门对门"服务,来满足国内客户需求。内陆的运输也因此得到显著发展,尤其是铁路车辆双层集装箱的发展,这为多式联运铁路运输提供了重要的竞争优势。

世界其他地区铁路和航运的协同作用还没有发展到与北美相同的程度。然而,许多地区似乎也开始朝着更紧密一体化趋势发展。在欧洲,铁路联运服务正在主要港口之间不断完善，如鹿特丹和德国南部，以及汉堡和东欧之间。

虽然铁路联运在欧洲发展一直比较缓慢，但在驳船服务和海运之间已经有着广泛联系，特别是在莱茵河。驳船航运为内陆分布提供了一个低成本解决方案，通航水道可以直通内部市场。该方案正在北美进行试验，纽约港务局和新泽西正在对奥尔巴尼和其他几个目的地提供赞助驳船服务。显然，海运集装箱已经成为国际贸易的主要"劳动力"，其他类型的集装箱也出现在了一定的运输模式上，最主要的是航空业。高劳动力成本和缓慢的飞机装载速度需要快速周转，使得该行业很乐于接受标准尺寸载货单元。海运集装箱过于笨重，不适合飞机圆形的机身结构，因此需要一种特定的箱体来满足航空公司的需求。重大的突破来自20世纪70年代后期宽体飞机的出现。轻量铝合金箱可用来装载乘客行李箱、包裹和货物，并可在不需要任何人力的情况下用轨道将其装入机舱。

一种独特的联运单位模式已经在铁路行业中发展，尤其是在美国。公铁两用车辆实质上就是一个可以在铁路轨道上滚动的公路拖车。不像TOFC（背驮）系统那样需要将拖车置于轨道平车上。这里铁路转向架可能是拖车装置的一部分，或者连接到铁路站场上。道路单元变成了铁道车辆，反之亦然。它被美国一家主要的铁路公司——诺福克南方铁路公司广泛使用，该公司的"三皇冠"服务，向位于密歇根州的汽车零件制造商和位于格鲁吉亚、得克萨斯、墨西哥和加拿大的组装公司之间提供了实时发货的服务。

2.7.4 多式联运与生产系统

诺福克南方铁路公司的"三皇冠"服务就是一个运输链如何被集成到生产系统的例子。随着制造商在全世界不断地扩张生产设施和组装厂，并利用当地生产要素的优势时，交通运输则变成一个越来越重要的问题。综合运输链本身就被集成到生产和分销过程中。运输可以不再被看作一个只作为响应供应和需求条件的单独服务。它已被纳入整个供应链体系，从多源采购，到加工、装配和最终分销。

虽然很多制造企业可能拥有内部交通部门，但日益增长的复杂供应链需求正被外判给第三方外包给第三方。第三方物流供应商（3PL）已经从传统的中介机构中脱离出来，如货运代理商；或者从如联邦快递和马士基海陆等运输供应商中出现。由于后者本身属于运输商，因此它们被称为第四方物流供应商（4PL）。这两个群体都已经处于多式联运改革的最前线，这就呈现出了更复杂的组织结构形式和重要性。在提供"门对门"服务中，客户不必再留意和关心货物如何到达目的地。模式的使用和线路的选择不再受到密切的关注。这就只需要关注成本和服务水平。这产生了一个矛盾，即对于消费者来说联运服务的地理空间变得毫无意义，但是对于联运供应商，还要考虑路由、成本和服务频率。多式联运系统的有效性因此掩盖了交通运输对于其使用者的重要性。

2.7.5 多式联运运输成本

运输成本、距离和模式选择之间长期存在一种关系。它使得能够理解为什么道路运输通常用于短距离（500~750千米）、铁路运输用于平均距离和海上运输用于长距离（大于750千米）。模式选择的变化要根据观测到的地理环境情况而定，但最近的数字表明汽车货运正出现增长态势。然而，多式联运为综合模式提供了机会，找到了比单一模式方法成本更低的替代方案。因此，当代运输系统的效率使得在货运释放的能力高于转运能力，但是每个这些功能成本仍然必须降低。

多式联运运输成本意味着要考虑从发货地到目的地货物路由的各种运输成本，其中涉及各种装运、转运、仓储活动。它是根据运输链所组织的一种物流，在运输链中生产和消费系统都与运输系统相连。大量的技术进步，如河流/海洋船运和更好的公路铁路一体化已被建立来降低交换成本，但是集装箱化仍然是至今最重要的成就。规模经济的概念对于集装箱航运特别适用。但是，集装箱航运也会受到包括海上和内陆运输系统及转运的不经济的因素影响。而海上集装箱运输公司一直迫切需要大型船舶，转运和内陆分销系统也试图来应对日益增加的集装箱数量。因此，尽管海上运输成本有了大幅降低，但陆路运输成本仍然很大。陆路运输的标准箱运输成本占了标准箱总运输成本的一半到三分之二。

公共政策在道路运输在模式竞争中的统治地位，以及关注的拥挤、安全和环境恶化等问题上发挥着重要作用。在欧洲，已经制定政策来引导货运和客运从道路向其他更环保高效的模式的转变。多式联运被看作一个可以在某些情况下特殊问题的解决办法。例如在瑞士，法律规定所有通过该国境内的货物必须行走铁路，以减少对阿尔卑斯山谷地区的空气污染。欧盟正试图通过补贴铁路、航运基础设施，和增加道路使用收费来促进联运的发展。由于多式联运主要是个人主动寻求捕捉市场机遇的结果，什么程度的公共策略能够与灵活的、自由的全球多式联运系统协调发展仍有待于观察。

2.8 多式联运技术性能指标

多式联运网络取决于运输方式的组合成本和性能，或者与规模经济涉及的方面。例如，一个单一的集装箱以最低的成本进行远洋运输，从出发地到目的地可能经过公路—海路—铁路—公路这样的一个行程。货物托运人和承运人因此需要定量工具来进行决策，以比较各种运输模式和运输网络的性能。进行时间效率分析就成为私人和公共部门货运和客运活动中必须做的事情。

绩效指标被地理学家和经济学家广泛使用，用来评价不同运输模式的技术性能（不能与经济表现相混淆，因为两者之间可能存在间隔），换句话说就是它们运输货物或旅客的能力。因此，基本技术性能计算能够特别用于网络中全球性能分析，以及通过桥接网络的物理属性（长度、距离、配置等）和基于时间的属性（准时、规律、依赖等）来进行模式比较、分析和评估。目前，有些指标被广泛用于衡量货运和客运技术性能，如表2.3所示。

表2.3 技术性能指标

旅客或货物密度	人数·千米/总千米	吨数·千米/总千米	一个运输效率的衡量指标
平均行驶距离	人数·千米/总人数	吨·千米/总吨数	网络和其他运输方式地面覆盖能力的衡量
平均人均出行次数（乘客）平均人均输出吨数（货物）	人数/总人口	吨数/总人口	用于衡量运输模式的相对性能
平均占用系数	运输旅客数量/总装载能力（%）	实际装载量（吨）/总装载能力（吨）（%）	对于日益增加的货物集装箱物流复杂性（即空箱返回问题）特别有用。也可用于测量公交客流

注：人数·千米或吨数·千米是对出行人口数量与行程或输出吨量与运输距离的标准衡量单位。例如，300人数·千米可以表示10名旅客行驶30千米或30名旅客行驶10千米等。更具体地说，这些指标在对运输关联性和给定的运输模式进行跨时空分析时具有重要的作用。

第 3 章

交通运输网络

　　发展交通运输从其根本来讲是为了满足流动性需求,而流动性的满足不仅要得益于运输模式的实现,还要受运输网络的影响。图论作为研究网络的基础,是研究交通运输网络的重要工具,将图和网络的结构属性与交通运输系统研究相结合,可以更进一步地研究运输供需关系、位置属性和交通运输流的形成。通过运输网络,运输成本、容量、效率、可靠性和可达性等要素可以很清晰地表达出来,为路径选择、交通量分配、运输问题的解决提供了研究平台。

3.1 交通运输网络

3.1.1 运输网络

网络是指位置系统内的路径框架,是交通运输系统通常用来比拟其结构和流的形式,其中这些位置被定义为节点。路径是两节点之间的单一连接,是一个较大网络的一部分,诸如公路和铁路之类的有形线路,或如航空和海路等无形线路。

任何区域的地域结构都与其经济相关联的网络相对应,因此相应的网络结构也存在不同的形式,如最基本的中心集中型、分散集中型和分散型(见图 3.1)。然而,网络的形成很少是预先规划的,它是由环境的持续改善和条件的改变所产生的。这些都来源于各种战略的影响,如向某个地区提供通道和流动性,以及技术的发展。运输网络既表示固定轨线(如道路、铁路和运河),也表示定期服务(如航空、火车)。它可以扩展到覆盖发生流动的各点之间的各种类型的连接方式。

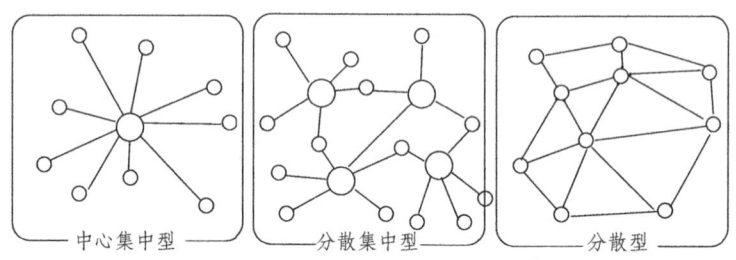

图 3.1 网络结构

近几十年,一种强大的中心集中型模式——交通枢纽(见图 3.2)出现,它是用于多种运输服务类型的专用网络结构,特别是航空运输。虽然辐射型的网络会提高网络效率,但它们在枢纽处会存在中断或延误脆弱性的缺陷,这是因为缺乏直接联系的结果。地点间的不平衡通常可以由节点之间的连接数量和交通流产生的相关收入来衡量。一个网络中有很多地方拥有更好的可达性和更高的机会。然而,经济一体化进程往往会改变地区之间的不平衡。反过来又会在贸易层面影响运输网络的结构和流(见图 3.3)。

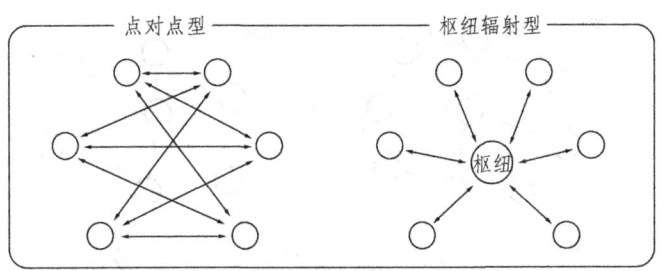

图 3.2 点对点型和枢纽辐射型网络

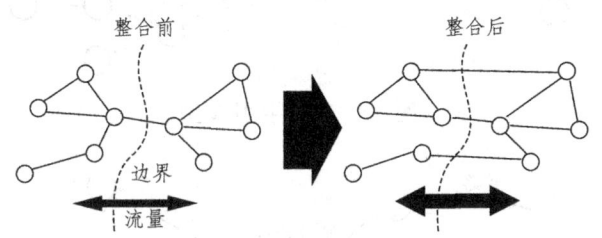

图 3.3 整合进程对网络与流的影响

可以通过图论法和网络分析法来测量网络效率。这些方法所基于的原理是，网络效率部分依赖于节点和连接的规划。显然有些网络结构具有更高的可达性，但是必须仔细考虑具体运输网络收入与成本间的基本关系。费用往往会受到交通运输网络和辐射型结构的影响，尤其是对运输成本有着显著的影响，即通过连接和枢纽的规模经济。

3.1.2 拓扑和网络拓扑

像许多网络一样，交通运输网络也表现出了一系列地点和连接这些地点的一系列连接。网络的排列和连接被称为它的拓扑结构。因此，每个运输网络都拥有一个确定的拓扑结构来表示其结构（见图 3.4）。这种结构最基本的要素是网络几何性和连通水平。根据对一系列拓扑属性的描述，运输网络可以被分为不同特定的类别。因此，根据地理环境、模态和结构特点，可以建立一个基本的运输网络拓扑结构。此外，从运输网络空间的确定性来看，运输网络可以分为明确的网络和模糊的网络（见图 3.5）：

（1）明确的网络。运输网络所占用的空间严格保留用于运输使用，可以在地图中确定。所有权也可以清楚地被确定。主要包括公路、运河和铁路网络。

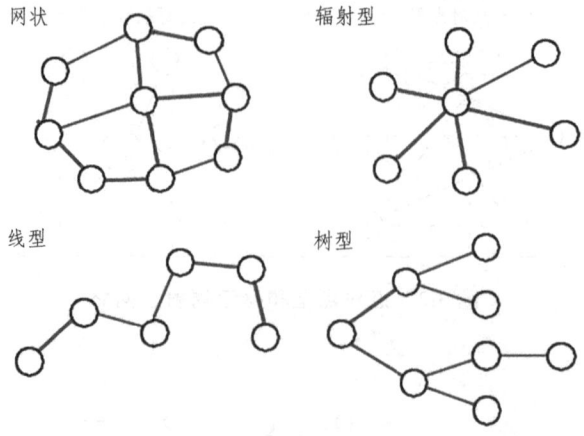

图 3.4　网络拓扑类型

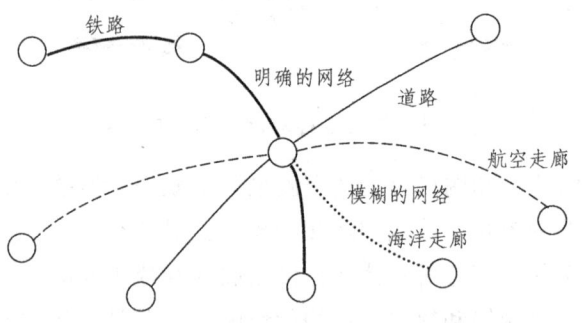

图 3.5　运输网络的区域覆盖模式

（2）模糊的网络。这些网络的空间可以与其他模式共享，并没有特定的所有权，只有通行权。例如航空和海上运输网络。

网络提供的运输服务水平与其成本有关。理想的网络应该是服务所有可能的地点，但却可能需要较高的资本和运营成本。为了克服不连续网络，建立了运输基础设施。因此，运营网络很少能够直接服务到地域内所有的部分。考虑到各种线路组合和服务水平，必须经常在一系列可选方案中寻找折中的办法。

3.1.3　网络和空间

交通网络说明了经济活动的地域组织和克服距离所带来的努力。这些努力可以通过绝对（距离）或相对（时间）条件来衡量，与所代表的网络效率和结构成正比。交通运输网络和空间的关系与它们所建立的连续性、地形空间和空间管制有关。根据所考虑的运输方式（大陆移动可以粗略地认为是一个二维空间，而航空运输则演变为一个三维空间），该区域是一个二维或三维的拓扑空间。然而，流和基础设施是线性的：由于在概念上来讲它们连接两个节点，因此具有一维空间。网络的建立就是用一个通过节点和链接形成的框架来服务区域的具有一维特征的逻辑结果。为了具有这样一个运输网络的空间连续性，必须具备三个条件：

（1）普遍性。指网络中从某些地点到达其他任何地点，并提供一般访问的可能性。拥有车辆所有权和购买某地到另一地方道路的市场招标，访问可以是一个简单的事情。

（2）零散性。指一名旅客或单位货物运输不通过团体运输的可能性。它变成了规模经济价格优势和专门服务便利性之间的平衡。

（3）瞬时性。指在需要或最方便的时刻进行运输的可能性。零散性和瞬时性之间有着直接的关系，因为运输系统越零散，越方便调节时间。

从来没有一些运输方式在这三种条件上都比其他运输方式表现出色。例如，汽车是旅客运输中最灵活最普遍的方式，但是其受低容量、空间和能源消耗高等因素制约。相比之下，公共交通服务的空间范围更有限，如批量运输（公交荷载，列车荷载等）和按照特定时刻表（瞬时性有限），但是成本和能源消耗更多。从只能在特定港口处理的大批量原材料（油和矿石）运输到高度灵活性的小包裹运输，货运也会在其空间连续性中发生改变。集装箱化是一个卓越的尝试，以解决普遍性问题（系统允许联合运输）、零散性问题（每个集装箱都是一个载货单元）和瞬时性问题（单位货物可以在一天中的任意时刻通过卡车进行装载，集装箱可以频繁地在港口停靠）。

造成运输不连续的一个重要原因与经济活动的空间分布有关，这些活动往往具有聚集性，特别是在工业和城市。拥堵也可能会改变这些条件。在大城市地区的拥堵可能会削弱普遍性，由于某些地方的可达性降低了，所以其到达难度加大。人们可能会考虑通过公共交通和拼车的形式一起出行，在这种情况下零散性可被降低。此外，由于乘客要面对日益增长的拥堵，很多旅行因此而被延迟或取消，这就减少了瞬时性。

交通网络向来都是一个控制和占领空间的工具。古罗马和古中国就是依赖于交通运输网络来控制它们各自的领土，主要是为了收税、运输商品和军队。在殖民时期，海上网络成为贸易、扩张和政治控制的主要工具，这些作用后来随着殖民地的现代交通运输网络的发展得到扩展。在19世纪，交通网络业成了一个国家建设和政治控制的工具。例如，铁路在美国内陆的延伸目的在于组织领土、扩大聚居点以及向新的市场分配资源。在20世纪，建立了道路和公路系统（如美国的州际公路系统和德国高速公路）来巩固这一目的。到了21世纪早期，电信网络已经变成空间凝聚和交流的手段。

3.1.4 网络扩展

1. 海空运输网络的扩展

随着运输网络的扩展，现有的交通基础设施也不断升级来应对空间的变化。机场和港口正在进行改造，扩建或搬迁。在航空运输领域，重点是将航空与成熟的多式联运系统相整合，建立一个将航空与铁路和公路运输相联系的网络。在海上运输中，随着关注度的增加，网络也发生变化，这些变化有：

（1）开发横跨北冰洋的海洋行程路线；
（2）扩建巴拿马和苏伊士运河；
（3）增加内陆对海上水路的交通；
（4）在半封闭或封闭的海域创建新的内地水路。

海上和陆地走廊之间日益激烈的竞争不仅降低了关税，鼓励了国际贸易，并促进了多国政府重新评估了它们的土地连接，并寻求更短的运输路线。

2. 陆地运输网络的扩展

随着陆地运输技术的不断成熟与进步，现有的陆地线路也正在进行扩张。一些通过极端恶劣地区的通道不断被投资建设，以实现创建全面成熟的路基洲际连接，特别是通过铁路。经济全球化和区域合作推动了这些土地网络的扩展，最终成为铁路、公路、管道和主干电信线路横贯大陆的走廊。但是世界贸易增长对陆地网络扩张的影响，特别是铁路运输网络是有明确规模的。铁路的扩张已经允许了下列形式的大陆内和大陆间的连接：

（1）大陆桥。横跨大洲的连接始发地和海外目的地的陆地运输通道。
（2）小型陆桥。涵盖连接一个大洲内两端点的运输。
（3）微型陆桥。涵盖了港口到内陆目的地或起点的运输。

在过去的二十年间，北美、欧亚大陆、拉丁美洲和非洲贸易线路中新的铁路线已经发展或正在被考虑建设。承运商通过这些新线路，增加它们的贸易范围，特别是如果保险费率、船租费用和运输风险上涨，会促使它们选择陆地线路来代替通过苏伊士或巴拿马运河的海上线路。这些关系到世界市场区域经济一体化的发展，是目前在世界各地广泛发生的铁路运输合理化和专业化进程的一部分。但是这些铁路网络扩建的成功取决于货柜运输的运动速度和货物的单元化。港口铁路服务越来越倾向于集中于集装箱运输。一些铁路部门遵循了这一策略，一方面可以增加货物的传送，另一方面可以通过商品在不同运输方式中更好地配送来建立一个门对门服务。

新干线连接构建和重塑了新的贸易渠道来支撑离港货物运输和货物配送。现在出现的一些沿海网关成了关键的物流服务中心，理顺分配制度来适应新的贸易格局，陆地网络的发展和贯穿世界的跨国通道有着深远的地理政治影响。

3.2 图

3.2.1 图的基本定义

图是对网络及其连接性的一种形象的表达。它意味着一个对现实的抽象，因此可以简化为一系列相互连接的节点。

图论是数学理论的一个分支，涉及如何编码网络及测试其性能。

在运输地理中，大多数网络都有一个明显的空间基础，包括道路、中转和铁路网，其定义方式往往更多的是依据它们之间的连接而不是它们的节点。当然，并不是所有交通运输网络都是这种情况。例如，海上和航空往往更多依据节点来定义其网络，这时因为连接往往都没有明确界定。电信系统也可以用一个网络来表示，然而其空间表示重要性有限，事实上也很难表示。移动电话网络或互联网，可能是所考虑的最复杂的图，它是一个很难抽象为结构网络的相关案例。然而，手机和天线可以用节点表示，而连接可能是个人的电话呼叫。互联网的核心——服务器也可以用图中的节点表示，而它们之间的物理基础设施即光缆，可以表示为连接。因此，所有的运输网络都可以用图论的一种或其他方式来表示。

以下是理解图论的基本要点：

（1）图。图 G 是一个由一组顶点（节点）和连接这些顶点的边（链接）组成的一种结构。因此可以记为 $G=(v, e)$（见图3.6）。

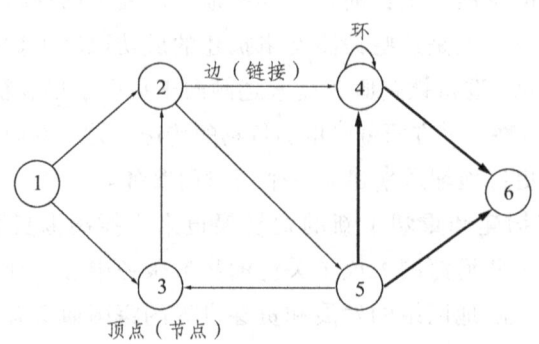

图 3.6　运输网络的基本图表示

（2）顶点（节点）。节点 V 是一个终点或图的交点。它是一个位置的抽象，例如城市、行政区域、道路交叉口或运输终端（站、终点站、港口和机场）。

（3）边（连接）。边 e 是两节点间的连接。连接 (i, j) 表示起点为 i，终点为 j。一个连接是对节点间支持流动的基础设施的抽象表示。方向通常用箭头表示，当没有使用箭头时，则假定该连线是双向的。

（4）子图。子图是图 G 的一个子集，p 是子图的个数。例如 $G'=(\{4,5,6\},\{(5,4),(4,6),(5,6)\})$ 就是图 G 的一个子图。一个城市道路交通网络是一个区域交通网络的子图，而区域交通网络本身就是一个国家交通网络的子图。

（5）环。由一节点出发并连接自身的边或连接。

（6）平面图。任何两边相交的点都是顶点。由于这个图位于平面内，因此其拓扑结构是二维的。

（7）非平面图。至少有两条边的相交处没有顶点。这就意味着在拓扑图中存在着三维，因为可能存在某个运动"越过"另一个运动，例如航空运输。非平面图表比平面图表存在更多潜在连接。

3.2.2　链接及其结构

一个交通运输网络可以沿链接产生人、货物或信息流。因此，图论必须提供描述这些联系运动的可能性，可以从几个方面考虑：

（1）连接。相互连接的对点集合。无论其方向，两节点之间的运动是可能实现的。通过对连接对的掌握，可能会在图中找出从一节点达到另一节点的连接（见图 3.7）。

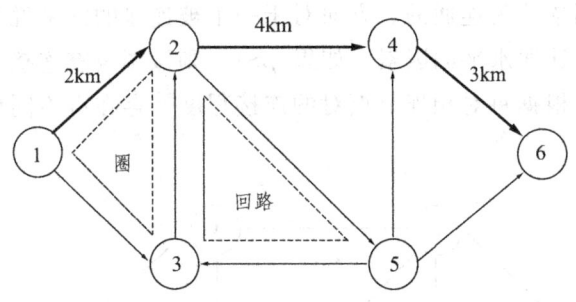

图 3.7　路径、圈、回路等

（2）路径。在同一方向运输的链接序列。为了使两节点间存在路径，必须能够不间断在链接上顺序地旅行。找出图中所有可能路径是衡量运输可达性和交通流的基本属性，连接"1-2-4-6"就是一条从节点 1 到节点 6 的路径。

（3）链。与其他链接拥有共同连接的链接序列，方向并不重要。

（4）链接、连接和路径的长度。与链接、连接或路径有关的标签。这个标签可以是距离、交通数量、能力或该链接的其他属性，如路径"1-2-4-6"上所标示的节点距离。路径的长度是该路径中链接（或连接）的数量。

（5）圈。初始点和终端节点相同，但相同链接不重复使用的链即为圈。

（6）回路。起始点和终端节点相同的路径，是一个所有链接都在向同一方向行驶的圈。回路在交通运输中非常重要，因为各种分配系统都是使用回路来在一个方向上尽可能覆盖更多的地域（运送路线）。

3.2.3　图的基本结构特性

图形中节点和链接的组织传达了一个分类的结构。一个图形的基本结构特征有：

（1）对称和不对称。如果某个方向上相互链接的某对节点在其他方向上也是相连的，则这个图形是对称的。按照惯例，没有箭头的线段代表可以在两个方向移动的链接。但是这两个方向都必须在图中定义出来。大部分运输系统都是对称的，但是也会出现不对称情况，例如海上（钟摆）和航空运输。对于城市道路交通网络不对称是罕见的，除了单向街道以外。

（2）完备性。如果两个节点至少在一个方向上有链接，则这个图形是完备的。一个完备的图没有子图。

（3）连通性。如果一个完备图中所有的节点对存在一个连接链，则可以将这个完备图描述为连通的。方向对于一个被连接的图来说并不重要，但可能是一个关于连通水平的因素。如果 $p>1$，则该图没有连接，因为它有一个以上的子图。根据每对相连节点对的连接程度，存在有不同程度的连接水平（见图 3.8）。

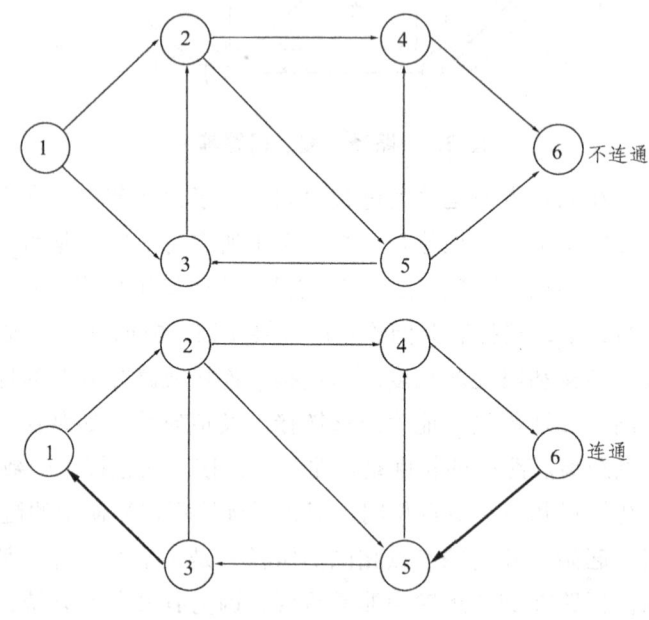

图 3.8　图的连通性

（4）互补性。如果两个子图结合能够形成一个完备图，则这两个子图是互补的。多式联运网络是互补的，因为每一个子图都能从与其他子图的链接中获得利益。

（5）根。一个节点 r，若每一个与其相连的节点所形成的连接的起点都是 r，则称节点 r 为根。方向很重要，根一般都是分配系统的起始点，如工厂或仓库。

（6）树。一个没有圈的连通图称为树。一个树的链接数比节点数多 1（$e=v+1$）。如果去掉一个链接，则该图就不再被连接。如果两节点之间增加了新的链接，则会产生圈。根 r 的一个分支就是一个树，每个节点与其连接数不超过一次。

（7）衔接节点。在一连通图中，如果删除某个节点后出现子图，且该连通图不再连通，则称该节点是一个衔接节点。因此包含一个以上的子图（$p > 1$）。衔接节点通常为港口或机场，或者是一个作为服务瓶颈的交通网络重要枢纽。

（8）峡道。在一个连通图中峡道是指一个链接，当把它删除后会创建至少有一个连接的两个子图。

3.2.4 图的基本度量

很多度量和指标可以用来分析网络效率。除了节点和边的数量，以下三个基本度量常用来定义图的结构属性：直径、圈的数量和节点度。

直径（d）。图中最远距离节点间的最短路径长度就是直径。d度量了图的范围和两节点间的拓扑长度。直径可以衡量某段时间内网络的发展。在一个复杂图的情况下，直径可以通过一个拓扑距离矩阵（Shimbel距离，后面将会详细介绍）来确定，该矩阵计算了每个节点对的最小拓扑距离。范围保持不变的图，连通度越高，直径就越小（见图3.9）。

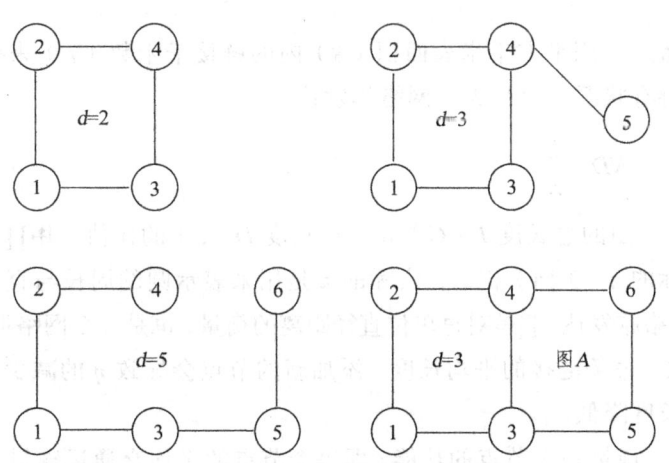

图3.9 图的直径

圈数（u）。图中独立圈的最大数量。这个数（u）是通过节点数（v）、边数（e）和子图数（p）评价所得：$u=e-v+p$。如图3.9中的图A，其圈数为2。树和简单网络的值是0，因为它们没有圈。网络越复杂，u的值就越大，因此可以将它作为衡量运输系统发展水平和复杂度的指标。

节点的度（o）。与某节点相连的边（链接）的数量，是一个简单却有效的节点重要性的度量。其值越高,节点在图中就越重要,因为很多链接都是向它聚集。枢纽节点的度较高,但终端却可拥有一个可以低至1的度。一个理想的枢纽的度应该等于图中其他节点度的总和,一个理想的轮辐度为1。

3.2.5 图结构的相关指标

指标是更复杂的表示图结构特性的方法,因为它们包括度量间的相互比较。

迂曲度。运输网络中克服距离或距离摩擦效果的效率度量。迂曲度越接近1,网络的空间效率就越高。网络很少拥有为1的迂曲度,甚至根本没有见过这种情况,大多数网络可能符合一条逐渐接近1的渐进曲线,但是从来没有达到过1。

$$DI = \frac{DD}{TD} \tag{3.1}$$

例如,两节点间的直线距离(DD)可能为120千米,而实际运输距离(TD)为150千米。因此迂曲度为0.8。地形学的复杂度通常是迂曲水平一个很好的指标。

网络密度。用平方千米表面积(S)内的链接千米数(L)来衡量地域运输网络的持有状况。值越大,网络越发达。

$$ND = \frac{L}{S} \tag{3.2}$$

Π指数。图的总长度$L(G)$和直径长度$D(d)$的比值。用Π来表示是因为它与实际的π(3.14)相似,实际的π是用来表示圆的周长与直径的比。指数越高,网络越发达。Π是对每单位直径距离的衡量,也是一个网络形状的指标。

η指数。每条链接的平均长度。添加新的节点会导致η的减少,即每条链接的平均长度降低。

θ指数。衡量一个节点的功能,即每个节点的平均交通运输量。θ值越高,网络负载越大。

β指数。衡量图的连通水平,用来表示节点数量(v)与连接节点的链接数量(e)的相互关系,即e与v的比值。树和简单网络的β值小于1,拥有一个圈的连通网络的值为1,更为复杂网络的值大于1。在拥有固定节点数量的网络中,链接数量越多,网络中可能的路径数就越多。复杂网络拥有较高的β值。

α 指数。连通性衡量，用来评估图中圈数与最大圈数的关系。α 值越大，网络连通就越多。树和简单网络的 α 值为 0，值为 1 表示一个完全连接网络。它用来衡量节点数量的独立连接水平。很少有网络的 α 值为 1，因为这将意味着很严重的冗余。

$$\alpha = \frac{u}{2v-5} \quad (3.3)$$

γ 指数。用于衡量图中实际链接数量和最大可能链接数量间关系的连通性。γ 取值 0 和 1 之间，值为 1 表示一个完全链接网络，现实中是极不可能的。γ 是一个用来测量在一段时间内网络进展的有效值。

$$\gamma = \frac{e}{3(v-2)} \quad (3.4)$$

3.3 可达性

3.3.1 可达性的基本概念

可达性是运输地理和一般地理的一个关键因素，因为这是一个流动的直接表现，无论是人、货物或者信息方面。发展健康和有效的运输系统可以提供高的可达性（拥堵影响除外），而发展较差的系统提供的可达性较低。因此，一系列的经济与社会机遇均与可达性息息相关，可达性越强，机遇越多。

1. 可达性的核心要素

可达性是描述能够到达某地或到达不同地点的能力的度量。运输设施的能力和布局是确定其可达性的关键因素。因为一些位置比其他位置具有更高的可达性，所以并不是所有位置都具有同等性。可达性的概念依赖于两个核心要素：

（1）位置。空间的相关性评估与运输设施紧密相关，因为运输设施决定了对流动提供的方式。

（2）距离。即来自两地之间的连通性。只有在可能通过运输连接两地的情况下才会存在连通性。它表明了距离和位置的摩擦阻力，当具有相对最小摩擦时就意味着其具有最佳的可达性。通常距离是用单位来表示，比如千米或千米每小时,也可使用成本或能量消耗等变量来表示。

2. 可达性的空间范畴

对于可达性问题有两个可适用空间范畴,且是相互依存的:

(1)拓扑可达性。与节点和路径系统(一个运输网络)中测量可达性有关。据推测可达性是一个可测量属性,特别是只对运输系统的特定元素,比如枢纽(机场、港口或地铁站)。

(2)连续可达性。包括表面上的测量可达性。在这种情况下,可达性是每个位置的可衡量属性,例如空间可以看作为连续的方式。

最后,由于可达性会考虑到某一位置到其他位置距离引起的不平等性,所以它可以作为衡量空间结构的一个良好指标。

3.3.2 连通性及总可达性

1. 连通性

描述可达性的最基本度量有网络连通性,用连接矩阵 C_1 来代表网络(见图3.10),它表示了每个节点与其相邻节点的连通性。该矩阵行列数与网络中的节点数相等,对连通的单元赋值1,对不连通的单元赋值0。该矩阵的和提供了一个最基本的可达性度量,即节点连通度。

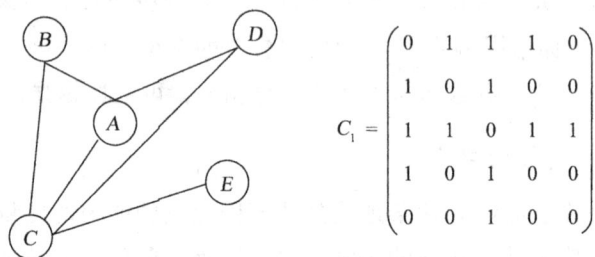

图 3.10 连接矩阵

$$c_i \sum_{j}^{n} c_{ij}^1 \tag{3.5}$$

式中 c_i ——节点 i 连通度;

c_{ij}^1 ——节点 i 和节点 j 的连通性(1表示直接连通,0表示不直接连通,节点到自身的连通性为0);

n ——节点数。

2. 总可达性

该连接矩阵并没有考虑到节点间所有可能的间接路径。在这种情况下，两节点可能具有相同的连通度，但可达性却不同。考虑到该属性，用总可达性矩阵 T 来计算网络中直接与间接路径的路径总数。计算步骤如下：

$$T = \sum_{k=1}^{d} C_k \tag{3.6}$$

$$c_i = \sum_{j}^{n} c_{ij}^1 \tag{3.7}$$

$$C_k = \sum_{i}^{n} \sum_{j}^{n} c_{ij}^1 \times c_{ji}^{k-1} (\forall k \neq 1) \tag{3.8}$$

式中 d——网络直径，其他参数同上。

以图 3.10 为例，它的网络直径为 2，总可达性矩阵计算过程如下：

$$C_2 = C_1 \times C_1 = \begin{pmatrix} 3 & 1 & 2 & 1 & 1 \\ 1 & 2 & 1 & 2 & 1 \\ 2 & 1 & 4 & 1 & 0 \\ 1 & 2 & 1 & 2 & 1 \\ 1 & 1 & 0 & 1 & 1 \end{pmatrix}, \quad T = C_1 + C_2 = \begin{pmatrix} 3 & 2 & 3 & 2 & 1 \\ 2 & 2 & 2 & 2 & 1 \\ 3 & 2 & 4 & 2 & 1 \\ 2 & 2 & 2 & 2 & 1 \\ 1 & 1 & 1 & 1 & 1 \end{pmatrix}$$

在总可达矩阵中，所有节点的连通度之和为 46，说明该网络的可能路径有 46 条，其中节点 C 的连通度最大为 12（即节点 C 到各节点的路径数）。因此，总可达性是一个比网络连通度更综合的可达性评价。

3.3.3 Shimbel 指数及赋值图

1. Shimbel 指数

测量可达性的主要目的并不一定是测量位置间的路径总数，而是寻求最短路径。尽管两点之间存在多种路径，但往往都是选择最短路径。Shimbel 指数计算的是网络中某一节点与每一个相连节点的最短路径直径。因此，Shimbel 可达性矩阵，即 D 矩阵，包括了每个可能的节点对间的最短路径直径。其计算步骤如下：

（1）确定网络的直径 d；

（2）D_1 矩阵的确定：将 C_1 矩阵中值为 1 和节点到自身的值保留，其余全部空缺，形成 D_1 矩阵；

（3）D_2 矩阵的确定：在 C_2 矩阵中观察对应于 D_1 矩阵空缺位置的值，若该位置的值大于 0，则在 D_1 矩阵中相应的空缺位置填入 2；

（4）D_k 矩阵的确定：在 C_k 矩阵中观察对应于 D_{k-1} 矩阵空缺位置的值，若该位置的值大于 0，则在 D_{k-1} 矩阵中相应的空缺位置填入 k；

（5）D 矩阵的确定：根据步骤（4）进行计算，直到 $k=d$ 时，计算结束。这时矩阵 D_k 就是所求的 D 矩阵。

以图 3.10 为例，其网络直径为 2，所以值计算到 D_2 矩阵，即 D_2 矩阵就是所求的 D 矩阵，其计算步骤如下：

$$C_1 = \begin{pmatrix} 0 & 1 & 1 & 1 & 0 \\ 1 & 0 & 1 & 0 & 0 \\ 1 & 1 & 0 & 1 & 1 \\ 1 & 0 & 1 & 0 & 0 \\ 0 & 0 & 1 & 0 & 0 \end{pmatrix} \longrightarrow D_1 = \begin{pmatrix} 0 & 1 & 1 & 1 & - \\ 1 & 0 & 1 & - & - \\ 1 & 1 & 0 & 1 & 1 \\ 1 & - & 1 & 0 & - \\ - & - & 1 & - & 0 \end{pmatrix}$$

$$C_2 = \begin{pmatrix} 3 & 1 & 2 & 1 & 1 \\ 1 & 2 & 1 & 2 & 1 \\ 2 & 1 & 4 & 1 & 0 \\ 1 & 2 & 1 & 2 & 1 \\ 1 & 1 & 0 & 1 & 1 \end{pmatrix} \longrightarrow D_2 = \begin{pmatrix} 0 & 1 & 1 & 1 & 2 \\ 1 & 0 & 1 & 2 & 2 \\ 1 & 1 & 0 & 1 & 1 \\ 1 & 2 & 1 & 0 & 2 \\ 2 & 2 & 1 & 2 & 0 \end{pmatrix}$$

$$D = D_2 = \begin{pmatrix} 0 & 1 & 1 & 1 & 2 \\ 1 & 0 & 1 & 2 & 2 \\ 1 & 1 & 0 & 1 & 1 \\ 1 & 2 & 1 & 0 & 2 \\ 2 & 2 & 1 & 2 & 0 \end{pmatrix}$$

根据 D 矩阵可知，节点 C 的最短路径直径之和为 4，是各节点中最小的，因此节点 C 的 Shimbel 可达性最强。

2. 赋值图

Shimbel 指数及其 D 矩阵并没有考虑到可能包括多种距离两节点间的拓扑连接。因此可以对其扩展增加距离的概念，其中每个值都归因于网络中的每个环节。赋值图矩阵，或者 L 矩阵就是这方面的尝试。它与 Shimbel 指数可达性矩阵有很强的相似性，唯一的不同就在于它不表示每个节点对的最短路径直径，而是表示网络节点间的最小距离。其计算步骤如下：

（1）确定网络的直径 d；

（2）L_1 矩阵的确定：矩阵各单元的值为相邻节点的直接距离，若两节点不直接相连，则值记为∞；

（3）L_2 矩阵的确定：矩阵各单元的值 $l_{1(i,j)}$ 为矩阵 L_1 的第 j 列和第 i 行相应单元的值的和的最小值；

（4）L_k 矩阵的确定：矩阵各单元的值 $l_{k(i,j)}$ 为矩阵 L_{k-1} 的第 j 列和第 i 行相应单元的值的和的最小值；

（5）L 矩阵的确定：根据步骤（4）进行计算，直到 $k=d$ 时，计算结束。这时矩阵 L_k 就是所求的 L 矩阵。

以图 3.10 为例，并已知各节点对的距离，如表 3.1 所示。该网络直径为 2，所以计算到 L_2 矩阵，即 L_2 矩阵就是所求的 L 矩阵，其计算步骤如下。

表 3.1　相邻节点的距离

	A	B	C	D	E
A	0	10	7	12	∞
B	10	0	5	∞	∞
C	7	5	0	11	7
D	12	∞	11	0	∞
E	∞	∞	7	∞	0

$$L_1 = \begin{pmatrix} 0 & 10 & 7 & 12 & \infty \\ 10 & 0 & 5 & \infty & \infty \\ 7 & 5 & 0 & 11 & 7 \\ 12 & \infty & 11 & 0 & \infty \\ \infty & \infty & 7 & \infty & 0 \end{pmatrix} \quad L_2 = \begin{pmatrix} 0 & 10 & 7 & 12 & 14 \\ 10 & 0 & 5 & 16 & 12 \\ 7 & 5 & 0 & 11 & 7 \\ 12 & 16 & 11 & 0 & 18 \\ 14 & 12 & 7 & 18 & 0 \end{pmatrix}$$

$$L = L_2 = \begin{pmatrix} 0 & 10 & 7 & 12 & 14 \\ 10 & 0 & 5 & 16 & 12 \\ 7 & 5 & 0 & 11 & 7 \\ 12 & 16 & 11 & 0 & 18 \\ 14 & 12 & 7 & 18 & 0 \end{pmatrix}$$

L 矩阵中，每一行值的和表示该节点到其他所有节点的距离之和。根据此例的 L 矩阵可知，节点 A 和 B 的距离和值为 43，是所有节点距离和值的最小值。所以节点 A 和 B 的可达性最强。

3.3.4 地理和势能可达性

可达性度量发展至今,可以衍生出两个简单却又实用的度量,定义为地理可达性和势能可达性。

1. 地理可达性

地理可达性认为某个位置的可达性是由地点数量衡量所得的与其他地点所有距离的总和。值越低,该地的可达性就越高。

$$A(G) = \sum_{i}^{n} [(\sum_{j}^{n} l_{(i,j)})/n], \quad l_{(i,j)} \in L \quad (3.9)$$

式中 $A(G)$——地理可达性矩阵;

d_{ij}——i 与 j 地间的最短路径距离;

n——位置数量;

L——赋值图矩阵。

该方法（$A(G)$）是对 Shimbel 指数和赋值图矩阵的改进,拥有最高可达性点其距离和最小。虽然可以使用电子表格来解决地理可达性（简单的问题还可以手动解决）,但事实证明地理信息系统对于测量可达性是一个非常有用且灵活的工具,特别是用矩阵进行表面简化（光栅表示）。根据每个位置形成距离网格,计算所有网格的总和并形成总距离网格（Shimbel）,这就是它的处理模式。值最低的单元格就是可达性最好的位置。

2. 势能可达性

势能可达性比地理可达性更复杂,因为它还同时包含了通过位置属性赋予权重的距离的概念。也就是说,不是所有位置都均等,有些位置比其他位置更重要。势能可达性可以通过以下公式计算而得:

$$A(P) = \sum_{i}^{n} P_i + \sum_{j}^{n} P_j / l_{(i,j)} \quad (3.10)$$

式中 $A(P)$——势能可达性矩阵;

$l_{(i,j)}$——i 地与 j 地间的距离（来自赋值图矩阵）;

P_j——j 地属性,例如人口、零售面积、停车场空间等;

n——位置数量。

由于位置属性并不相同,因此势能可达性矩阵是不置换的,由此就带来了放射力和吸引力的势能:

（1）放射力。离开某个位置的能力，即 $A(P)$ 矩阵中一行值的总和。

（2）吸引力。到达某个位置的能力，即 $A(P)$ 矩阵中一列值的总和。

同样的，地理信息系统也可以用来测量势能可达性，特别是表面势能可达性。

3.4　路径选择

3.4.1　路径选择的原因

人类天生就比较"懒惰"，特别是在来回移动的时候。一旦有机会，总是试图寻找最短路径在两地间穿梭。这种行为很容易从行人身上观察到。如果可以的话，为了选择到达目的地的最短路线，行人可能会穿过草坪，在停车场中折形前进，或者在路口横穿过街。

运输——作为一项经济活动，总是重复着这个最短化过程，尤其是试图使两地间的距离摩擦最小化。无论是个人还是跨国公司都非常看重更短的时间和更低的成本。对于个人来说，往往只是图个方便。但对于企业来说，它在控制直接资本成本上具有极大战略重要性。在这种情况下，众多的来解决复杂路径选择问题的方法得到发展也就不足为奇了。一个典型的应用就是"推销员旅行"问题，它要求从众多的路径组合集中挑选出最短的线路。

对于运输来讲，通常涉及路径选择的有两种情况，即建设和运营。对于建设，如道路和铁路建设，主要考虑的基本因素有距离和地形；对于运营，主要涉及网络中流的管理。

3.4.2　路线选择过程

在两地间选择联系途径，或进行更为重要的路线选择都是路径选择过程中的重要一环，而且在路径选择过程中会遇到多种限制。虽然路线选择的模式不同，但基本原则一致相似；在其最简单的形式中，路线选择过程（R）可以代表这些一般约束。

$$R=f(\min C: \max E) \tag{3.11}$$

路径选择试图找出并使用某条路径来实现成本最小化和效率最大化。在这个函数中显然有两个主要方面：

（1）成本最小化。一个好的路线选择应该尽量减少运输系统的整体成本，包括建设和运营成本。最直接的路径并未必是最经济的，尤其是其中地形比较崎岖的时候，但大多时候都会选择直接路径。如果要考虑环境影响的话，就意味着路径选择必须以最小的环境代价为前提。

（2）效率最大化。路径必须通过提供一定等级的可达性来支持经济活动和满足地区发展的需要。即使路径很长，且建设和运营成本很高，它也能给区域提供更好的服务，在高成本的代价下效率也会因此增加。在很多情况下，道路建设主要从政治因素考虑，其次才考虑满足经济需要。

因此，路径选择就成了在运输服务成本与其效率之间的折中选择。有时候直接路径就是效率最高的选择，这就没有了折中的说法。但其他时候，由于成本和效率呈反比例关系，因此很难确定折中的选择。

3.5 交通量分配

3.5.1 交通量分配问题

由于现代交通运输网络的密集使用，出现了不同程度的拥堵，特别是在城市地区的道路交通系统中。对于网络交通的产生、吸引力和分配背后的空间逻辑了解甚少。以下是两个关于理解运输系统中交通的两个重要概念：

（1）各地间的运输需求必须是已知或估算的。例如，重力模型是一种在已知属性条件下估算区位间潜在流量的方法。属性如：各自距离、出发和吸引变量。

（2）各地间的运输供给必须是已知或估算的。涉及建立各地间的路径集合，这些地区会产生和吸引运动，包括图论中的运输网络几何定义。

然而缺少一个根本的概念，那就是当我们知道运输网络的结构、能力和空间需求时，交通是如何分布的。

分配问题是一个考虑区位和网络运输供给间的需求情况下的网络交通分布问题（见图 3.11）。分配方法就是寻找一种基于约束集的方法来模拟网络中的交通分配，这些约束包括运输能力、时间和成本。

一张机票的价格就是交通分配的典型例子。例如，一名潜在的旅行者希望在某一特定日期的某段特定时间从 A 城到 B 城。机票预订系统的查询（无论是通过旅行社或网上预订）将会提供一套配有不同价格的路线选择方案。旅行者很可能会选择最便宜的路线，尽管这条路线未必是一条直达路线，且可能需要在城市 C 中转。当成千上万个旅客每天都做出这样的决定时，旅客的路线安排（航空服务）对于航空公司和它们的机票预订系统（交通分配）来说就会变成一项复杂的任务。另一方面，航空公司也可利用这些决定来尽可能使他们的运输供应（主要是飞机）与旅客需求相匹配。这类问题可以利用优化方法解决。

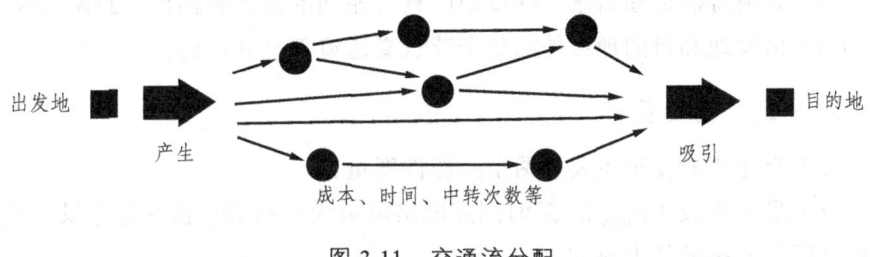

图 3.11　交通流分配

3.5.2　交通流及其性质

1. 交通流的类型

交通流是在给定时间内通过一个链接的单位数量，通常用 $Q(a,b)$ 来表示，这是通过 a，b 链接（a 和 b 之间）的交通数量。单元可能是车辆数、旅客数、货运吨等。由于运输网络的特点，会呈现出两种主要类型的交通流：

（1）连续交通流。这种交通流受车辆之间的交互作用和车辆与交通基础设施交互作用控制。最常见的连续交通流例子是公路。

（2）间断交通流。这种交通流受外部手段控制，例如交通信号，通常会造成排队现象。在间断交通流的情况下，车辆之间的交互作用和车辆与交通基础设施交互作用对其影响很小。间断交通流最常见的例子就是被交通信号控制的城市流，如信号灯和停车标志。

2. 交通流的分配

交通流不是一种空间交互作用，它没有表现出两地（出发地和目的地）间流动的交互关系，它表现的只是网络中链接上的流动。图（网络）中的交通流量可以用车、人、吨等数值来表示，交通流强度与网络负载成正比。此外，交通流的分配也可以在图中表示，即交通流如何根据供给和需求在图中进行分配。

网络中交通流分配是按照一定顺序的链接进行的，每一条链接都有其自身的属性值和方向性，其中必须满足几个条件：

（1）图中必须存在可以产生和吸引交通流的节点。这些节点在 OD 矩阵中通常与重心有关。

（2）每条链接的通行能力都必须遵循最小值（$l(a,b)$）和最大值（$k(a,b)$）的约束。$k(a,b)$ 是链接（a,b）的供给能力。

（3）必须遵循运输需求。O-D 矩阵具有相同的输入和输出（封闭系统）。

（4）出发地和目的地以外的每个节点交通流都是守恒的。

3. 交通流的度量

关于交通流的度量主要有两个一般性度量：

（1）最大负载（F_{max}）。某时间点网络可最大支持的单位交通流量。最大负载是所有链接的能力总和。

$$F_{max} = \sum_a \sum_b k(a,b) \tag{3.12}$$

（2）负载（F）。当满足某一运输需求时网络支持的单位交通流量。负载是所有链接的交通流的总和。

$$F = \sum_a \sum_b Q(a,b) \tag{3.13}$$

当网络负载达到最大负载时，就会出现拥堵。

3.5.3 最小费用最大流

运输网络中的交通流可以从两个角度来表示，即交通流量最大化和费用最小化。交通流量最大化涉及网络整体或部分网络节点间能支持的最大运输需求。

$$\begin{aligned} &\max Q(a,b) \\ &st. \ Q(a,b) \leq k(a,b) \end{aligned} \tag{3.14}$$

它涉及所有链接的最大交通流，链接上的交通流必须等于或小于链接的容量。启发式方法是解决这个简单网络方程式最简单的方法（见图 3.12）。费用最小化则是在已知的运输需求规模上如何确定最小运输成本。每条链接的

运输成本可以用 $g(Q(a,b))$ 来表示，其最小化函数为：

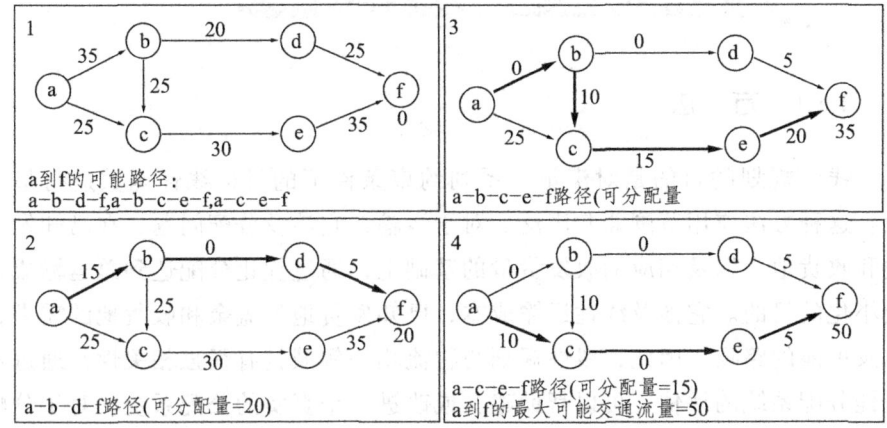

图 3.12 最大交通流量的启发式方法

$$\min \sum_a \sum_b g(Q(a,b))$$
$$st. \begin{cases} Q(a,b) \leq k(a,b) \\ Q(a,b) \geq l(a,b) \end{cases} \quad (3.15)$$

该方程的目的是在链接容量限制条件下将所有链接的运输成本总和最小化。从而再次说明，启发式方法是解决这个简单网络方程式最简单的方法（见图 3.13）。

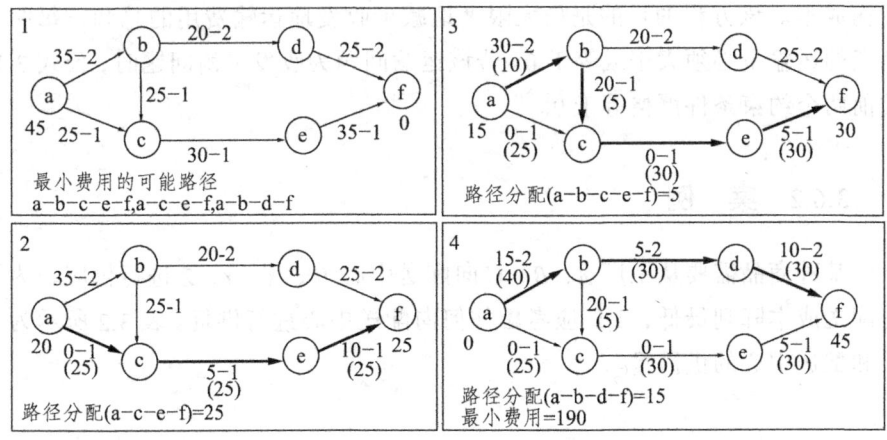

图 3.13 最小费用的启发式方法

3.6 运输问题

3.6.1 方法

线性规划的目的是对满足一系列约束条件下的目标线性函数进行最小化。这种方法应用范围非常广泛。对于运输，它涉及分配问题，在已知发货地和收货地，以及相应的收发货量的基础上，通过优化分配达到总运输成本最小化的目的。它涉及线性运输成本，已知发货地的盈余和收货地的需求，以及可能的路径。因此，线性规划与物流相关领域具有很强相关性，通过对最佳分配系统的评估，可以帮助建立或改进一个真实的分配系统。对于分配问题的线性规划模型，可有基本表达式：

$$\min \sum_a \sum_b g(Q(a,b))$$
$$st. \begin{cases} \sum_j Q(a,b_j) \leqslant O_a \\ \sum_i Q(a_i,b) \leqslant D_b \\ Q(a,b) \geqslant 0 \end{cases} \quad (3.16)$$

$Q(a,b)$ 是发货地 a 到收货地 b 的运输量，O_a 是发货点 a 的最大供应量，D_b 是收货地 b 的最大收货量，g 是成本函数，$g(Q(a,b))$ 是关于 $Q(a,b)$ 的运输成本。该方程的目的是最大限度地减少收发地运输费用的总和，每两个地点的运输量必须大于或等于 0。若该运输问题为收发平衡问题时，公式 3.16 的前两个约束条件严格等于 0。

3.6.2 案例

某种商品需要从工厂 A、B、C 向配送中心 W、X、Y、Z 进行供应，为了将配送成本降到最低，工厂应考虑如何向配送中心进行供货。表 3.2 所示为工厂和配送中心的供需量。

表 3.2 某商品的供需量

工厂 \ 配送中心(供需量)	W	X	Y	Z	合计
A					600
B					900
C					500
合计	500	300	700	500	2000

当生产单元总量和需求单元总量是相同的，表示市场均衡。任何增加的生产单元将不会被运输，因为没有额外增加的需求，而且任何增加的需求单元也不会被满足，因为没有额外增加的供给。工厂和目的地之间的单元运输成本如表 3.3 所示。

表 3.3 某商品的单元配送成本

工厂 \ 配送中心(单元运输成本)	W	X	Y	Z
A	30	20	60	40
B	70	50	30	60
C	60	40	20	10

3.6.3 求　解

根据提供的数据，线性规划决定的运输分配具有最小运输成本。这一问题可以通过以下步骤来解决：

（1）成本排序。

根据每个单元的运输成本，从低到高进行排序，成本最低的赋值为 1，以此类推。如果存在相同成本的单元，则赋予其相同的值，如表 3.4 所示。

表 3.4 成本排序

	W	X	Y	Z
A	3	2	6	4
B	7	5	3	6
C	6	4	2	1

（2）运输量分配。

以运输成本最低的单元开始。在这一例子中，C-Z 是最小的单元，单位运输成本为 10，因此分配给该单元最大可能数值。从供给和需求数目中减去这个数值后继续按成本排名顺序进行相同的过程，直到所有的供给被分配完和所有需求被满足，其结果如表 3.5 所示。

表 3.5　分配方案

	W	X	Y	Z	合计
A	300	300			600
B	200		700		900
C				500	500
合计	500	300	700	500	2000

（3）总运输成本。

将每个单元的运输分配量乘以单位运输成本，从而获得分配运输总成本，如表 3.6 所示。

表 3.6　总运输成本

	W	X	Y	Z	合计
A	9000	6000			15 000
B	14 000		21 000		35 000
C				5000	5000
合计					55 000

该分配方案的运输总成本是 55 000。

（4）成本估计。

为确定该分配方案是否是成本最低的分配方案，必须计算其估计成本。首先，在已分配的单元格中写下单位运输成本。其次，在第一行的位势单元格内赋予数值 0。最后，填满其他空格，每一单元格的值等于其所在行与列位势单元格值的和，如表 3.7 所示。

表 3.7　估计成本

	W	X	Y	Z	位势
A	30	20	−10	10	0
B	70	60	30	50	40
C	30	20	−10	10	0
位势	30	20	−10	10	

（5）成本对比。

比较成本估计矩阵和运输成本矩阵，只能有两种选择：

① 估计成本高于实际成本，此方案不是最佳方案，因此需要调整；

② 估计成本小于或等于实际成本，无须调整，此方案就是最优方案。

在这个例子里，B-X 单元格的估计成本（60）高于实际成本（50），所以它不是最优方案，调整是必要的。

（6）调整单元格的选择。

如果要进行调整，要选择估计成本和实际成本差值最大的单元格，如果两个单元格具有相同的差值，要选择实际成本最小的单元格。在这个例子里，只有一个单元格估计成本高于实际成本。

（7）调整。

调整可以根据分配方案矩阵，通过单元格间值的转移来实现，它们根据三个规则实现：

① 转移沿闭合回路进行，从未分配使用的单元开始，在已分配的单元格中改变垂直和水平方向。

② 每次转移的值都是上一次转移值的相反数。

③ 转移的值等于所有进行减值转移的单元格的最小分配值，同时满足供给和需求。

表 3.8 闭回路调整

	W	X	Y	Z	合计
A	300 （+200）	300 （-200）			600
B	200 （-200）	（+200）	700		900
C				500	500
合计	500	300	700	500	2000

如表 3.8 所示，200 是 B-X 单元格中可能调整的最高值，因为 B-W 单元格不能减去比它更大的值，由此建立新的分配方案（见表 3.9）。

（8）总运输成本。

重新计算与此有关的运输成本，如表 3.10 所示。

这个新分配的运输成本是 53 000 美元，比最初的 55 000 要低。

表 3.9 新分配方案

	W	X	Y	Z	合计
A	500	100			600
B		200	700		900
C				500	500
合计	500	300	700	500	2000

表 3.10 新方案总运输成本

	W	X	Y	Z	合计
A	15 000	2000			17 000
B		10 000	21 000		31 000
C				5000	5000
合计					53 000

（9）成本估计矩阵。

重新计算估计成本，如表 3.11 所示。

表 3.11 新方案估计成本

	W	X	Y	Z	位势
A	30	20	0	10	0
B	60	50	30	40	30
C	30	20	0	10	0
位势	30	20	0	10	

（10）成本对比。

根据最新的方案，发现不存在估计成本比实际成本高的单元格。因此，它是最优的分配方案（53 000 是最小的成本）。

3.7 网络数据模型

3.7.1 性质和效用

图论发展了关于交通运输网络性质和结构的拓扑和数学表达。然而，图论可以扩展到通过在信息系统用编码来实现对现实世界运输网络的分析。在这个过程中，创建了网络的数字表达模式，并可以用于多种目的，如传送管理或运输基础设施建设规划。这个数字表示是高度复杂的，因为交通运输数据往往是多模态的，可以跨越几个地区、国家和国际范围，并且对于特殊用户还有不同的逻辑观点。此外，运输基础设施是相对稳定的部分，而车辆却是非常动态的元素。

因此，使用数据模型也开始变得日益重要，数据模型中可以对交通运输网络进行编码、存储、检索、修改、分析和显示。显然，地理信息系统在这个问题上已经受到了很多关注，因为它们是存储和使用网络数据模型的最佳工具。如果本身没有一个完整的 GIS 软件包，那么网络数据模型只是 GIS 的一个隐含部分。以下有四个网络数据模型的基本应用领域：

（1）拓扑结构。网络数据模型的核心目的是用一系列链接和节点来准确地对网络进行表达。拓扑结构就是节点和链接在网络中的排列组合。特别是对位置、方向和连通性的表达。尽管图论的目的在于对交通运输网络进行抽象，但一个网络数据模型的拓扑结构也要尽可能地接近所表示的现实世界的结构。尤其是 GIS 中使用网络数据模型。

（2）制图。通过对交通运输网络的可视化来实现运用估算和简化导航服务手段指示网络存在的目的。网络的不同元素可以通过其自身属性来定义符号。例如，一条公路线可以符号化为一条粗实线，用其编号来标记，而街道可简化为未标记的细实线。符号化网络也可以结合其他功能，如路标来向用户提供更高水平的定位服务。大众常用的道路地图一般就是这种情况。

（3）地理编码。交通网络模型可以用于精确定位，尤其是通过线性参照系统。例如，绝大多数地址都是按数字和街道定义。如果地址信息被嵌入到网络数据模型属性，那么使用这个网络就可能实现对地点位置的地理编码和精确定位，或对网络中任一位置的合理精确定位。

（4）路由和分配。网络数据模型可以用来在有容量限制的网络中寻找最佳路径和分配流。路由主要受有限车辆数量的特殊行为影响，交通分配主要受运输网络中交通的全系统行为影响。这就要求在每个链接与其他相交段关系有明确指定的拓扑结构。阻抗度量（如距离）都归功于每个链接，将对选择的路径或网络中分配流量产生影响。大陆等级的路由和交通分配一般都很简单，因为阻抗变化较小且产生的后果有限。市区的路由和流量分配要复杂得多，因为在确定线路阻抗时必须考虑停车标志、交通信号灯和拥堵情况。

3.7.2 基本表达式

网络几何的构建取决于研究的模式和规模。对于城市道路网络，可以通过航空照片或地形图来提炼信息。航空运输网络来源于机场位置（节点）和它们之间的定期航班（链接）。在网络数据模型的基本表达式中需要两个基本表格，可以用来在数据库中存储：

（1）节点表。此表格包含至少三个部分：一个用于存储唯一的标识符，其他的用于存储节点 X 和 Y 坐标。虽然这些坐标可以用任何笛卡尔参考系来定义，但运用经度和纬度可以确保其在 GIS 的简单移植。

（2）链接表。该表也包含至少三个部分：一个用于存储唯一的标识符，另两个分别用于存储起始节点和终端节点。如果链接是单向或者无向，可以设置第四个部分来使用。

一旦这两个表格相互链接，就能建立一个基本的网络拓扑，在图论中所涉及的各种指标和度量均可被计算。像连通性和 Shimbel 矩阵等属性也很容易通过链接表所表达出来。这些基本表示能够定义图论所构造的网络拓扑结构。在创建完善综合运输网络数据库方面已经做出很多努力，以解决包括公共交通、包裹配送等在内的各种各样的交通运输问题。起初，这些努力集中在交通网络优化包（如 EMME/2，TransCAD）中进行，创建了拓扑声音表示。然而，很多这些表示在地理上并不准确，且视觉和地理编码能力有限。用于制图、地理编码和路由选择的网络数据模型需要进一步的发展。

3.7.3 基于图层的方法

大多数传统的 GIS 数据模型将信息分为几层，每一层代表了不同类型的地理要素，这些要素如大多实例中的点、线和多边形。因此，一个网络数据模型必须建立在限于有节点和线段的两个独立层中，这就是以图层为基础的方法。此外，一个重要要求就是网络的几何形状必须尽可能地匹配现实，因为这些网络通常都是一个地理信息系统的组成部分，其中精确的定位和可视化是必要的。这点通常会导致每个逻辑链接分裂成多样的部门，这些部门的大多数节点只不过是中间的装饰要素。这种网络数据模型的拓扑结构并没有给出很好的定义，因此必须进行推敲。然而，这些网络数据模型受益于它们所起源的空间数据模型的连接功能属性。其中涉及网络连接层最重要的属性是：

（1）分类和标签。每个部门都可以被划分为不同的种类，如功能（街道、公路、铁路等）、重要性（车道数量）和类型（铺砌和非铺砌）。同样，可以通过建立前缀、适当的名称和后缀来建立一个复杂的标签结构。

（2）线性参照系统。沿着已确定的区段来定位元素的多个系统已被建立起来。最常见的就是定位系统，其中会对每个部分提供一个地址范围。通过线性插值，可以派生出一个特定的位置（地理编码）。

（3）区段旅行成本。可以考虑成阻抗度量中的众多排列。其中最常见的是部分的区段长度，典型的旅行时间或车速限制。拥堵也可以被考虑研究，无论它是作为一个特定的阻抗值还是数学函数。

（4）方向。为避免不必要的，往往是不实际的链接复制，特别是在街道层面，方向属性可以包含在属性表中。

（5）上跨交叉和下穿交叉。由于绝大多数以图层为基础的网络模型都是平面的，被错误地用于处理非平面的表示。必须在属性表中制定一项规定来确定它们相交的部分是上跨交叉还是下穿交叉；

（6）转向处罚。在网络中确定精确路由的一个重要属性。每个路口都有不一样的转向限制和可能性。在传统的道路交通中，假定右转比左转处罚轻。

TIGER（拓扑集成的地理编码和参考）模型就是一个被广泛接受的图层结构的典型例子。TIGER 是 1990 年美国人口调查局为了存储街道信息而开发的。它包含完整的地理坐标和基于行的结构。最重要的属性包括街道名称和地址信息，可以为地理编码提供一个有效的线性参照系统。因此，这种以图层为基础的方法可以很好地解决制图和地理编码的问题，但是它并不适合解决综合的地址路由和分配的运输问题。

3.7.4 面向对象的方法

面向对象的方法代表了空间数据模型的最新发展。它假定每个地理特征都是具有一系列属性的对象，同时与其他对象具有一系列的联系。因此，交通网络是一个由其他对象，即节点和链路所组成的对象。由于拓扑是界定交通网络的核心概念，因此其关系的表示都被嵌入在面向对象的表达中。面向对象的交通网络数据模型的基本要素有：

（1）分类。按照特定的分类法将对象分类，这种方法根据属性和关系设定合理的集合。网络的最明显的两个基本类型是节点和链接，每个类还可以细分为子类。例如，一个链接可以细分为道路链接、铁路链接和人行道链接。

（2）属性。指的是与某特定类有关的可度量的属性集合。例如，一个道路类的属性可能是长度、车道数量、名称、路面、速度限制等。

（3）关系。描述了对象间逻辑关系的种类。实例（是一个）和成员（是其中）就是最常见的关系。例如，街道是道路类的一个实例，而道路本身又是运输基础设施的一个实例。根据从属关系，一个具体的路段可以看作特定运输系统的一部分。从这些关系继承可以推导出，某个对象的特性可以传递给另一个。使用之前的例子，可以合理地推出街道是一个运输基础设施，因此街道对象继承了运输基础设施对象的属性。

通过其结构，特别是它们的嵌入式拓扑结构，一个面向对象的运输网络数据模型可以有效地解决运输的路由问题。但是，面向对象的数据模型仍然处于设计阶段，它希望成为类似 UNETRANS（统一网络交通数据模型）的公认标准。GIS 的面向对象方法的潜力仍有待观察，将以图层为基础的运输网络数据转化或适应到新的表示结构中需要大量的努力。

第4章

交通运输枢纽

　　枢纽是交通运输系统的另一重要组成，它是运输网络中发生和吸引客流、货流最关键的节点。它除了具有旅客、货物集散的功能外，还具有运输模式的转换和联运功能，正是因为枢纽对各种运输模式的有效衔接，才有效提高了运输效率。从市场区域发展的角度来讲，枢纽对于腹地的形成和发展还起到了至关重要的作用；从产业发展的角度来讲，枢纽还促进了产业的集聚发展，形成了产业增长极。港口、铁路和航空枢纽根据自身所处的地理位置和技术经济特征，有着不同的运输功能。因此，枢纽的合理布局与运输功能分配是提高枢纽效率、均衡地区发展的重要保证。基尼系数、专业化指数、布局系数是评价枢纽布局、配置合理性的重要工具，也是进行枢纽规划的重要手段。

4.1 交通枢纽功能

4.1.1 交通枢纽性质

枢纽可以被定义为货物和旅客集散的设施。它们只能通过组合，而不是独立地进行旅行。旅客要先到公用汽车站和机场，在那里他们集中乘坐公共汽车和飞机，最后到达目的地并被解散。货物在装运前要先到达港口或铁路站场。枢纽可能是同种运输模式的中转点，也可能是不同运输模式之间的接驳站。因此，在旅客和货物的运输过程中，交通枢纽就是中心或者中途的某个地方。

1. 枢纽的作用

枢纽——可以是货物和旅客行程的出发地或目的地，也可以是运输过程中货物的装卸地。在运输乘客和货物的过程中，枢纽处于中心或者中间位置，它们往往需要特定的设施来处理货物或旅客。

枢纽可以是同一个模式系统的换乘点，它保证了流动的连续性。在现代航空和港口作业中更是这样。此外，枢纽也是不同模式间非常重要的中转点。公共汽车和轿车将人运送到机场，货车将货物运到铁路货场，火车将货物运到码头来装船。国际和地区中，交通枢纽的主要属性之一就是它们的汇集功能。通过对它们的地理位置添加的商业流通，使得其成了强制性的通道。因此，交通枢纽或者被中心化建设，或者在它们各自的中间位置建设。在某些情况下，大型交通运输枢纽，特别是港口，还具有门户的作用，它们是不同运输系统部门的必要中转点。图 4.1 所示为交通枢纽的作用。

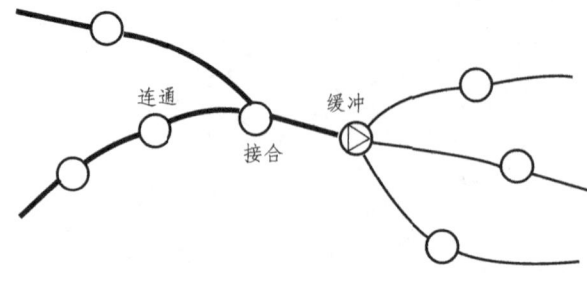

图 4.1 交通枢纽的作用

2. 与枢纽的相关的属性

与交通枢纽重要性和性能有关的主要属性有以下三个：

（1）位置。交通枢纽的主要位置作用是服务于高密度的人口和工业活动，它代表着枢纽的市场区域。特殊的枢纽有着特殊的位置限制，如港口和机场。新的交通枢纽往往坐落在中心外围区域，以避免高额的土地成本和拥堵。

（2）可达性。到达其他枢纽的容易性（本地、区域、国际范围内），以及与其他区域交通运输系统连接性的优良程度是非常重要的。例如，一个海上枢纽能够有效处理海上交通事务，但却无法通过陆地运输系统连接它的市场，那么就可以说它没有多大的使用价值。

（3）基础设施。枢纽的主要功能是装卸和运转货物与旅客。因此，对于基础设施的考虑非常重要，因为它们必须适应目前的交通量、预测的未来趋势，以及技术和物流的变化。现代枢纽基础设施需要大量投资，而且是有史以来规模最大的设施。

4.1.2 客运枢纽

与货运枢纽相比，客运枢纽需要较少的专用设备。当然，信息、居住、食品和安全服务是必需的，但是其在客运枢纽的布局和活动往往非常简单，仅需要较少的设备。客运枢纽可能在一天的某些特定时刻出现旅客拥挤，但是良好的站台和入口设计，以及合理的到发时刻安排，能够很好地解决这个问题。旅客在这种枢纽花费的时间往往非常短暂。因此，公共汽车站、火车站的组成就非常简单，往往就是些售票处、等候区和数量有限的零售区。

机场则不同，它们具有最复杂的枢纽功能。机场的人群流动已经成为一个非常重要的问题，特别是涉及安全问题。旅客可能会花费几个小时来过境，如在办理登机手续和离境安全检查、行李托运以及海关检查和移民到达检查时。飞机可能会因为各种原因而晚点，这就需要机场为旅客提供大量与旅客运输无关的服务，包括餐厅、酒吧、商店和旅馆。此外，还包括与运输有关的候机大厅、旅客坡道和行李托运设施等。同时，机场还需要对飞机提供特殊的服务，如跑道、维护设施、消防、空中交通管制等。

客运枢纽中的旅客活动度量一般比较简单。最常见的指标是旅客处理量，有时会根据到达和发送来加以区分。换乘的旅客会被统计两次（一次到达、一次出发）。因此，机场作为主要的转运设施，不可避免地会创造新的旅客运输记录。另一个指标则是飞机的起降次数，它必须要谨慎使用，因为没有考虑到飞机的容量。大量的飞机起降次数可能与旅客总量并不相符。

4.1.3 货运枢纽

货物装卸需要特殊的装卸设备。除了需要有适应船舶、货车和火车的设施，（具有各自的泊位、装卸海湾和货场），还需要大量的装卸传动装置用于处理不同种类货物的装卸。因此，根据所涉及的运输模式和运输的商品类型，枢纽在功能上有所不同，基本区别在于散装货物、普通货物和集装箱。

（1）散装货物，也称大宗货物，是指大批量、无包装、具有统一尺寸的货物。液体散装货物包括原油和成品油，它们可通过泵来抽送到软管和管道中运输。它们需要的装卸设备相对有限，但是需要大量的存储设备进行存储，如石油，需要大型的储油罐。干散货物包括的范围较广，有矿石、煤炭和谷物等。对于干散货物大量的装卸设备是必需的，因为部分材料装卸可能要利用到专门的抓斗机、起重机和传送带系统。

（2）普通货物是指各种形状、尺寸、重量的货物，如机械和零部件。由于货物的不均匀和不规则，因此难以机械化装卸，一般需要大量的人力。

（3）集装箱是简单实用的标准单元。集装箱枢纽是机械化空间的最高形式，在这里人力需求被降至最低，但它需要大量的简单铺砌的存放空间用于起重机对集装箱的堆放和吊运。根据集装箱枢纽多式联运的功能，需要有专门的起重机，如码头集装箱起重机。

大多数货运活动的一个特点是对存储的需求。集中个别大量的商品非常耗时，因此需要一些仓库。这就产生了对枢纽装配有专门设施如粮仓、储存罐、冷藏仓库或简单存储空间（如集装箱）的需求。

对枢纽的货运量的测量比客运更为复杂。由于货物种类的不同，传统的重量和价值测量方法难以比照结合使用。由于散装货物很重，因此针对这种货物的专业化枢纽将不可避免地创造出比普通货物专业化的枢纽更高的吞吐量（吨）记录。相反如果商品价值处理得当可能是真的。当许多类型的货物被装卸时，涉及重量和体积的测量问题就变得非常困难，因为是一个本质上不平等的相加的货物。因此必须注意理解货运总量的意义。

比较不同商品交通总量的困难导致了人们试图根据货物在枢纽中额外增加的价值来衡量货物。最著名的当属"不莱梅规则"。它发源于 1982 年的不莱梅港，是基于在装卸一吨不同种类的货物而引起的劳动成本的调查。结果发现，装卸一吨普通货物等同于 3 吨干散货和 12 吨液体散货。"不莱梅规则"是目前应用最广泛的方法，除此之外，个别港口还开发了其他规则，如鹿特丹港、安特卫普港。

4.1.4 枢纽成本

所有枢纽共同对运输起到了联合转运的作用，因此所产生的费用具有重要的经济性。枢纽的装卸能力对就业有着重要影响，它还有益于地区经济活动，特别是对供应商和客户。枢纽成本是运输成本的重要组成。它属于固定成本，与运输距离的长短没有关系，只是在不同的运输模式之间有所差异，如图 4.2 所示。其组成主要有：

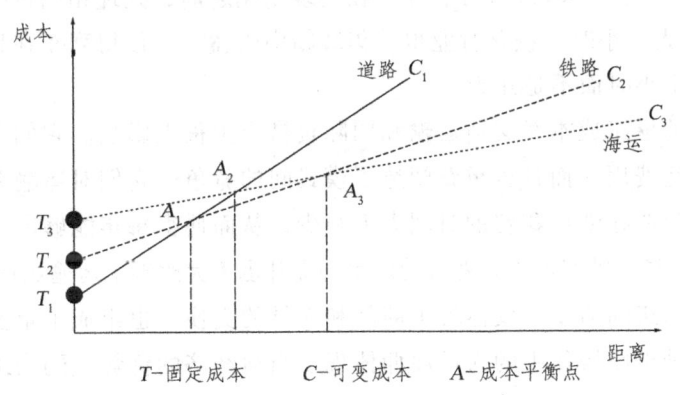

图 4.2 枢纽成本

（1）基础设施成本。包括基础设施如码头、跑道、起重机和建筑（仓库、办公室等）等的建造和维修成本。

（2）转运成本。装卸货物和上下旅客的费用。

（3）管理成本。很多枢纽设施通过公共机构管理，如港口、机场管理局，或私人公司。这两种情况都会导致管理成本出现。

船舶有着最大的承载能力，一艘船的装卸可能需要几天来完成，因此它所带来的枢纽成本最大。相反，一辆货车或客车由于装卸速度更快，因此道路运输的枢纽成本较低。枢纽成本在运输模式间的竞争中发挥了重要作用。由于高昂的货运枢纽成本，船舶和铁路不适合短途行程。

运输模式间的竞争经常用竞争成本来衡量。通过可以使用更高燃油效率的车辆、增加船舶尺寸、减少火车雇佣劳动力来降低运输成本。然而，除非将枢纽成本降到足够低，否则将无法实现获利。例如，在水路运输中，那些可以通过利用更大、更高燃油效率的船舶来实现的潜在规模经济，会被较长的装卸时间抵消。

在过去的四十年中，已经采取了非常重要的手段来减少枢纽成本。包括引进信息管理系统，如EDI（电子数据交换），已经大大加快了信息处理速度并消除了由传统纸上交易带来的延时。最具有重要意义的发展是装卸过程的机械化。标准尺寸单元的使用，如托盘和最重要的集装箱，推动了机械化进程。特别是集装箱彻底改革了枢纽的操作运营。运输模式最容易受枢纽成本的影响，在过去的远洋运输中，使用的船只会在港口经历大约三个星期的装卸时间。但今天很多大型船在港口的总时间都不足两天。现代化集装箱船需要大约750人·小时来进行装卸。在集装箱化之前，处理相同量的货物将需要24 000人·小时。铁路行业也从集装箱中受益，它使得列车在货场中只需要装配几个小时而不是几天。

减少的枢纽成本对交通运输和国际贸易产生很大影响。它们不仅降低了所有的货运费用，而且也重新塑造了模式间的竞争，它们对运输系统有着深远影响。船舶在港口花费的时间大大减少，从而使得每年能够产生更多创收型旅行。机场、铁路设施和港口的效率的提升也大大改善了运输业整体的效率。

运输枢纽的活动不仅体现了商品和人员的交换，也组成了重要的经济活动。在各种枢纽操作中的人员雇佣体现了当地经济的优势。码头工、行李管理员、起重机操作员和空中交通管制员都是枢纽直接产生工作的例子。此外，在枢纽还存在大量与交通运输活动有关的活动。包括了需要实际承运人（航空公司、船运公司等）、中介代理机构（报关行、货运代理）。这并非偶然，中心在主要机场、港口和铁路起到了重要作用，也是重要的经济区域。

4.2 枢纽和选址

4.2.1 相对位置

地理学家早就意识到位置或相对位置是选址的重要组成，它指的是相对于其他地方的位置。可达性是相对的，因为位置的环境是随时间变化的。例如，地中海港口曾经在希腊和罗马时代是西方世界的中心，热那亚和威尼斯在中世纪非常繁荣，但美洲的发现改变了这些地方的中心位置，19世纪苏伊士运河开放，中心再次聚焦到地中海位置。因而位置重要性会随着贸易和增长机遇的波动而改变。

枢纽间的空间关系是竞争的一个关键因素，特别是对于港口和铁路枢纽，地理学家开发了很多概念来探讨这些区位特性。一个特别感兴趣的关注是运输枢纽所表现的向心性和中间性。

（1）向心性。主要聚焦在枢纽作为一个交通出发地和目的地的作用方面，与此对应的枢纽为向心型枢纽。因此，向心性与运动的产生和吸引力紧密联系，关系到涉及枢纽附近地区的经济活动的性质和水平。这种向心性还包括了大量的联运活动。

城市地理学最持久的概念之一是中心地理论，对向心性它在都市等级特征方面给予了重点强调。集中坐落于市场的更大的城市具有广大的功能。交通运输的可达性程度等同于其城市尺寸规模，因此出现了很多大型中心枢纽。例如：伦敦的西斯罗机场，其卓越的交通量与其在英国最发达地区的中心城市位置有关，这里是世界上最重要的金融中心之一，也是与昔日帝国相差无几的英国功能中心；纽约港之所以卓越，部分是由于它处于美国最大市场地区的核心地带——"波士顿—华盛顿"走廊。

（2）中间性。主要着眼于将枢纽看作旅客或货物流的中间点，与此对应的枢纽为中间型枢纽。这一条件适用于经常发生获得优势的地区，因为它们处于其他地区之间。转运能力的开发一直是很多枢纽的重要特征。

例如，芝加哥，它具有美国战略优势的铁路枢纽，它不仅是有自主权利（中心）中的主要市场区域，而且也是美国东部铁路和西部铁路的结合点。港口也可以利用中间位置的优势。地中海地区最大的集装箱港口是位于意大利最末端的焦亚陶罗港。几年前该港口还不存在，但是因为其地理位置靠近通过地中海的主要东西船运航道而被选作枢纽，大型母船可以将集装箱分配给小型船舶来建立地中海北部市场，这是一个典型的枢纽辐射型网络。

由于市场和技术的不断变化，很多现有的枢纽位置已不再合适，特别是铁路和港口枢纽。大多数情况下是因为场所太小、位置太差或者不能满足现代运输业务需求。由于对它们的现代化不切实际，因此重建是唯一的选择。

4.2.2 腹地和海外地区

运输枢纽属于货物分配系统，它涉及内陆（腹地）和海外地区的进出口活动的一些概念，在运输地理学中是最持久的概念之一，尤其是涉及港口的腹地这个概念。它指的是枢纽的市场区域，并具有吸收和分配交通流的能力。有两种类型的腹地常被关注，主要或基本腹地指的是枢纽靠近的那些市场区域。根据推断，它认定这个地带的交通量通常都会通过此枢纽。具有竞争力的腹地常被用来描述成为某一枢纽在与其他枢纽在商业竞争中的市场区域。

腹地是一个运输枢纽覆盖的陆地空间，如图4.3所示，港口可以向腹地内的客户销售服务和建立关系。它说明了某一枢纽与其他枢纽在服务某一区域内所占有的市场份额。它将所有客户重新组合直接绑定到该枢纽。按照其性质，枢纽是由道路、铁路、海洋或河流所运输的交通量汇集的地方。

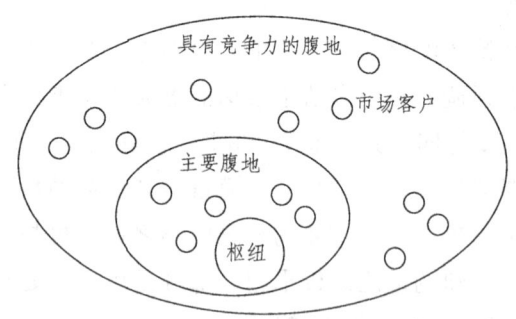

图4.3 运输枢纽的腹地

腹地的主要性质是商业和与它连接的经济活动水平的重要性，以及与没有连接到枢纽的其他运输模式的竞争水平。对于港口来说，像大多数枢纽一样，其活动水平与它们所连接的陆地的活力相适应，它服从于活动性质和可达性水平的改变。任何改变都意味着新的机遇要么会产生或减少新的交通量，要么改变交通量的属性和布局。进入腹地的交通量往往是属于消费性的，除了那些用于产品加工制造的商品和零部件，而由腹地往外的交通量则主要是提炼和生产的产品。由于每个商品类型是其自己空间关系特定供应链的一部分，腹地可以根据商品类型进一步加以区别：

（1）散装货物。在这种情况下，距离是形成腹地的重要因素之一。由于产品的属性和高昂的运输成本，腹地往往很小，并由直接连接提炼或生产地的高能力的走廊服务。

(2)零部件和制成品。大多数涉及集装箱运输。多式联运的改进和经济全球化大大扩展了这种交通量腹地。在许多情况下,腹地可以包括大量经济地区,尤其是在包含运输走廊的情况下。

最近几年,腹地概念的有效性一直饱受质疑,特别是在当代集装箱化的背景下。集装箱提供的流动性大大增强了市场穿透力,因此很多港口得以在相同市场领域竞争业务。具有明确边界的离散腹地的概念受到质疑,因为很多腹地已经变得不再连接,运输走廊和内陆联运枢纽的发展促进了此过程的发展。图 4.4 所示为港口的连接型腹地和离散型腹地。

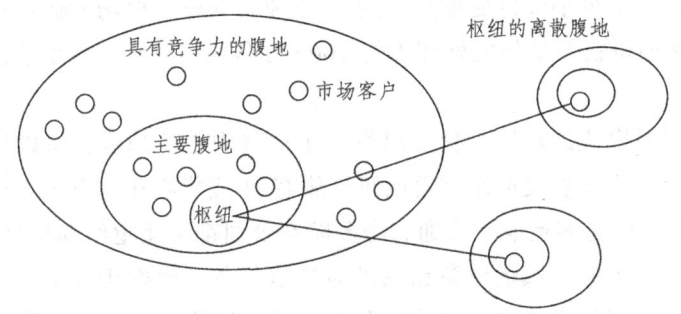

图 4.4　连接型和离散型腹地

海外地区这一术语是指腹地向海洋区域的一个反射,指的是与港口船运服务相连接的其他港口和海外市场。

海外地区首先是一个与港口有着商业关系的海洋空间。它包括与港口进行商业往来的海外客户。

对世界范围内的广泛市场提供服务被看作是一种优势。在学术研究中,关于海外地区的评价比内陆腹地的少得多,但是港口宣传文件中,海外地区通常是着重强调的重要元素之一。地理学家一直在批判这种差异,认为海外地区和内陆腹地应该被看作是一个连续体,而不是分离和独立的元素。随着"门对门"服务和网络的出现,这一观点在近年来得到加强,港口被看作是运输链中的一环。在这种背景下,港口变成海洋与陆地接口的一个要素,它保证了全球货物运输循环的连续性。

4.2.3　流量生成

地理学家认识到交通枢纽是经济活动的聚集点。货物装卸和旅客中转代表了一项经济功能，就像制造业或农业一样。输入输出是交通流量。在某些方面活动的程度很容易被度量，例如旅客吞吐量或列车发车数，但是在很多其他方面的度量非常复杂。以机场为例，通过计算飞机起降次数来进行度量可能会产生失真，因为飞机的尺寸大小不同。这个问题在船运业中更尖锐，如果仅简单计算船只数量的话，500 吨容量的小型沿海船可能会等价于 250 000 吨的散货船。

尽管度量了流量，但在不同枢纽处理的流量还是会存在很大差异。例如：在加拿大大约有超过 300 个港口，最大的温哥华港每年要处理 5 千多万吨货物，同时也有不少小港口处理量不到 1 万吨；同样，机场的运输量也有着巨大差异，芝加哥机场每年能处理大约 7000 万名旅客，而一些小镇机场只有数千人。

由于不同模式的运输量呈现出集中于运载中心的趋势，所以尺寸变化也趋于增加。某些终端被选作交通枢纽，旅客和/或货物在这里集合以便进一步分配。最显著的是客运航空交通，许多航空公司都采用枢纽辐射型网络结构。每个枢纽由较小的区域运营商和飞机为当地服务，而枢纽也正被能够提供长途服务的宽体喷气机连接。北美铁路联运系统网络已经建立了类似的系统，其中货车负责当地领集装箱的收发工作，双层铁路将集装箱在主要枢纽间进行运输。装载中心的概念在海上运输中更具争议，在那里使用基尼系数的证据并不明确。

运输地理学家非常关心交通运输流的起源和目的地，枢纽管理者也同样关注。因此，服务于腹地是枢纽的首要职能。枢纽间的竞争可以被看作争夺特定市场区域的竞争。成功的枢纽是那些已经扩展其腹地以捕捉之前被竞争对手服务的市场区域。大多数 19 世纪的港口，如纽约、巴尔的摩、波士顿和费城，都试图控制发展中的中西部的贸易，其中纽约由于拥有卓越的铁路和运河连接，在斗争中取得了胜利。即使在今天，维持对腹地的优势也是很重要的。

4.2.4 集聚、联系和增长

正是由于有交通运输流通过枢纽和货物在不同运输模式间的转运才给探索区域优势的活动创造了机遇。这对在枢纽附近选址的特定类型的制造业具有长期的优势。例如，通过港口进口的原材料为加工行业提供了机会。石油精炼厂、面粉厂、糖厂、钢铁加工厂就是那些经常被吸引到港口位置的产业案例。类似的情况中，公司需要有进入远方市场来销售其产品的良好通道，因此必须选址在铁路设施和机场附近。

制造业和枢纽之间的联系，特别是港口，提出了海洋工业发展区域（MIDAS）的概念。特别是在日本和欧洲，战后重建都包含了在毗连新港口和铁路枢纽的位置规划和建设新工业园区。规划确认了建设新型枢纽设施需求以及在服务当地客户与设备中新定位的制造业发展。

虽然枢纽和制造业部门间的关系在城市层面中非常明显，甚至与服务部门存在更密切的联系，尽管这些关系可能不是很明显。枢纽的活动创造了广泛的运输服务范围需求，包括了飞机维修、机车修理、飞行厨房、仓储、免税商店、酒店、货运代理和报关行等各种活动。它们共同组成了有助于枢纽总体效率提高的重要业务部门。这些共生关系体现在这些公司的区位格局中。在大多数城市中，这些服务高度集中在两个区域：主要聚集区位于枢纽附近，船具商、飞机厨房、酒店通常选址在港口或机场附近；另一聚集区通常在中央商务区，代理商、经纪商、售票处等通常都在中心位置。

根据增长极理论，发展是不均衡的，它常发生在活动集中的特定地点。通过它们提供的基础设施，活动可以改善供应商和客户的可达性。除了制造业和服务部门之间的联系，枢纽是它们自主权利的主要雇主。为了运营主要枢纽需要多样的员工技能，从行李处理和飞机加油到空中交通管制员和飞行员。因此，枢纽是其自主权利的经济力量，因为它们与其他经济部门产生联系，并成为经济活动的中心，经常被视为增长极。例如，内陆枢纽周边的发展战略围绕"货运村"的形式，在配送中心共享设备。

枢纽是土地利用的一个重要种类。通常，它们是城市中最大的单个用户。地理学家在理解运输枢纽土地使用和其关系中发挥了重要的作用。像港口这样的枢纽在周边土地使用中施加了重大影响。一部分是它们与其他城市功能产生的强烈联系，而另一部分则是它们产生的负外部性。因此，工业用地通常与枢纽位置有关，它位于城市中最重要的工业地带。然而，由于枢纽和邻近的工业会产生噪音、污染和景观破坏，所以枢纽是社会、经济和环境退化显著的地区。特别是较老的港口位置和铁路枢纽，都处于不利地位。许多情况下，旧码头区是贫困和社会遗弃的中心，例如温哥华东端。

4.3 港口枢纽

4.3.1 港口和港口位置

港口是货物流通（有时是乘客）两个区域的聚集点：陆地和海洋区域。港口一词来自拉丁语 portus，意思是门或门户。港口用于服务船只，因此从历史经验来看，寻求通航水域的接入点是港口选址时最重要的考虑因素。工业革命以前，船运是运输货物最有效的方式，因此港口地址往往选在航行水路的顶部，即最上游的位置。选址在潮汐水道对船运产生出一个特殊问题，因为每天有两次水位上升与下降，到了 18 世纪开发出有闸门的封闭码头技术。由于船舶换装缓慢，船只通常在港口要花费几周的时间，因此需要大量泊位。这往往推动了码头和栈桥的建设，以增加在给定长度海岸线下的泊位数量。

作为枢纽，港口比任何其他类型枢纽所处理的货物量都大。为了处理大量的货物，港口基础设施需要联合起来容纳船上和内路转运活动，以促进内陆运输和海运系统的衔接。考虑到海上运输的业务特点，港口位置主要是受地理限定，被限制在有限的位置阵列中。大多数港口，特别是那些历史悠久的，都归功于它们最早形成的位置，它们大多都利用了天然海岸线或沿河自然位置的优势。许多港口位置受制于：

（1）海上通道。指的是港口满足船舶作业的物理能力。它包括了潮汐范围，即高低潮差异，普通船舶的作业不能超过 3 米的变化。海峡和泊位水深对于适应现代货物船舶非常重要。一艘标准的 65 000 载重吨的巴拿马船需要超过 12 米的水深。然而大约有 70%的世界港口小于 10 米深度，无法容纳长度超过 200 米的船舶。考虑到大型船舶的结构，即油轮和集装箱船，很多港口都发现其本身不能提供现代货运业务的海上通道。这迫使港口尽可能地增加航道水深，但这将是一个昂贵和对环境破坏严重的尝试。很多港口还受沉降的影响，特别是在河流三角洲的港口，这需要不断地进行疏浚作业。

（2）海运接口。它表明了可用于支持海上通道的空间量，即能提供良好海上通道的海岸线数量。由于港口是线性的实体，所以这个属性非常重要。即使港口位置有着优秀的海上通道，即深水航道，但却可能因为没有足够的土地来保证其未来的发展和壮大。

（3）基础设施。能被有效使用的场址必须有诸如码头、船坞、起重机和仓库之类的基础设施，它体现了重要的资本集聚。反过来，这些基础设施要占用土地来保证港口的扩展。保证现代化港口设施的投资需求已经成为很多港口面临的挑战。

（4）陆地通道。指的是从港口进入工业园区和市场的通道，它是保证工业增长的重要因素。它需要有效的内陆分配系统，如河流、铁路（主要用于集装箱）和道路运输。位于人口稠密地区的港口陆地通道正面临着日益增加的拥堵。

还有一系列关系港口基础设施的问题。沿河港口要不断面临疏浚问题，河流宽度严重限制了港口的能力和船只通行。很少有沿河港口能处理现代化大型船只，如超巴拿马型集装箱船，这对于港口基础设施增添了额外压力以适应这些船舶的转运。毗邻海洋的港口通常面临着横向延伸它们的设施的问题。有些多功能港口也有着日益增长的问题，这迫使它们要在原来的港口位置不断扩展其基础设施。由于港口一般都比较旧，在很多情况下为了承担城市的发展，它们都位于中心地区附近。在那里交通网络的改善能力最小，这就造成了拥堵问题。城市和港口往往会争夺同一块土地来获得优先权。因此，港口与它们服务的城市有一系列复杂的关系，并且这些关系往往会存在冲突，它主要表现在港口和城市规模的功能方面。

4.3.2 港口的演变和发展

按照惯例，靠近城市核心的港口枢纽很多是城市存在的首要基础。由于邻近市区，确保了能够使用大量工人来参与劳动密集的转运活动。在20世纪50年代早期达到了高峰，如伦敦和纽约聘用的港口工人都各自达到了5万多人。随着时间的推移，船舶和装卸设备的改变提出了对新位置的需求。第二次世界大战后，专业化的船只不断出现，尤其是散装货船的发展。这些船舶首次实现了显著的规模经济，其规模增长也非常快。例如，1947年世界上最大的油船也只有2.7万吨载重量，但是到了20世纪70年代中期却超过了50万吨。因此，专业化和大尺寸的船只越来越多，从而导致对新位置的需求，特别是对码头空间和水深的需求。很多港口在选址上的压力甚至苛刻于很多机场，因为它们必须紧靠深水。这样的位置非常有限，可能会引起与城市的冲突，一般是因为城市将其看作潜在的海滨公园用地，或其对环境的敏感性。很多港口迫于城市和环境压力而受到限制，所以只有大力发展现有的设施，才能消除这种压力。

伴随着更大的船舶能力，货物装卸机械化和存储需要已经极大地扩展了港口活动的空间要求。很多港口，例如鹿特丹和安特卫普比它们服务的城市面积都大，甚至在一些空间更密集的港口，如蒙特利尔，面积也超过了 500 公顷。中国港口的扩建，如上海就完全需要使用核心地区以外的全新位置。此外，船只尺寸的增大意味着更多的对港口位置的新约束，如应对船只装卸和仓储，以及更高效率的内陆公路和铁路通道的更深的航道和更大的枢纽空间。现代化港口基础设施通常是资金密集型的，一些港务局也正努力满足基础设施的投资需求。然而，基础设施的存在并不一定能保证运输量，因为海运公司会随着商业机遇的改变，选择不同的港口进行服务。

运输枢纽发展的演进在港口选址学习中得到了最广泛的研究。如伯德的"任意港"，所描述的港口枢纽和活动，倾向于从其原址向外扩展，以提供更好的海陆运输服务。港口位置因此也是通过利用基础设施的资本投资进行物价稳定过程的目标，是内陆和海上运输网络随它们流量集中和相关供应链管理复杂的地方。港口的发展也可以用连续的角度来观察，每个阶段都建立在上一阶段，从 19 世纪港口城市到 21 世纪港口物流系统都是这样。现有阶段强调了港口正以超出自己的设施来容纳更多的交通运输量，即通过改善腹地交通运输。港口区域化就是这样的一个结果，表明了海洋运输和内陆运输系统的更高层面的集成，特别是运用铁路和驳船运输，它们相对于道路相比更不易产生拥堵。主要有两种形式：

（1）内河航道港口。这些港口既是标准的内河海运港口也是驳船港口，它与沿海港口的腹地服务相整合，使用驳船和小型船只进行摆渡服务。特别是沿莱茵河的例子，内陆驳船港口为三角洲港口如鹿特丹和安特卫普起到了支线作用。

（2）内陆支线枢纽。这是一个比较新的概念，通过铁路建立一条服务于内陆枢纽和港口之间的直接与腹地相连的线路。它充分利用了多式联运的优势和港口枢纽转运效率的改善。内陆枢纽往往具有可用空间来提供物流服务，如向拥挤的沿海载货中心港口进行货物船运的集中和分拨。"敏捷港（Agile Port）"的概念就属于这类，如图 4.5 所示。

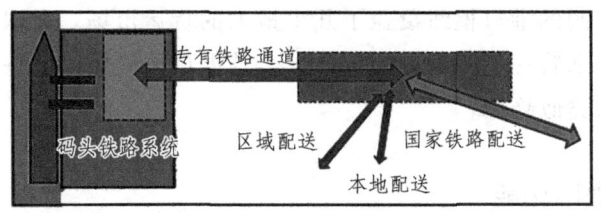

图 4.5 "敏捷港"系统

4.3.3 港口管理局和港口控股

由于港口不断增长的复杂性水平，20 世纪初产生了公共港口管理局。例如世界上第一个港口管理局——伦敦港口管理局，成立于 1908 年，用于巩固和加强现有港口设施。这样一个管理结构成了适用于许多其他港口的标准。例如，1921 年纽约州和新泽西州创建了纽约和新泽西港口管理局，并已经成为最多元化的包括港口设施、桥梁、机场和公共交通系统部门的组织。行政上，港口管理局监管着基础设施投资、港口组织结构与发展，以及港口与客户间的关系。

港口管理局是由国家或地方政府拥有、经营，并能够对港口提供码头、船坞和其他海运枢纽投资的实体。许多港口管理局的设置的主要根据是如何使它们更有效地对所有港口设施进行管理，而不是对那些私人拥有经营的枢纽进行管理。它们是纵向集成的实体，因为它们与大多数港口的经营活动有关，从基础设施的建设和维护到经销和港口服务的管理。在过去，港口主要被港口管理局整体管理，即转运业务营销和其他港口服务。在某些情况下，枢纽会被租借给私人公司。服务于全球贸易的专业化和资本密集型集装箱枢纽的出现为港口枢纽的管理创造了一个新环境。

集装箱港口业务的一个重要趋势是私人经营者作用的加强和主要港口控股集团的出现，其目的在于管理各种各样的枢纽，其中绝大多数已完成集装箱化。截至 2005 年，它们占据了超过 58%的集装箱港口能力和全球集装箱吞吐量的 67%。在公共参与运输枢纽管理程度和港口私有化水平比较低的时代，那些参与港口枢纽管理的专业公司不断地寻找机会。它们横向组合形成实体来运营坐落于不同区域的枢纽。全球港口运营商将特许权协议作为其实现港口枢纽控制的主要工具。特许权是对港口设施的长期租用，特许权获得者要承担港口修建、扩建或维修货物装卸设施、设备和基础设施的资本投资。港口控股集团控制的港口枢纽覆盖了几个最大的货运市场。全球化使得出现了大型跨国公司来管理不同地点的资产，全球港口控股集团就是一个对港口枢纽资产管理的类似趋势。

4.3.4 港口功能

港口的主要功能是提供货运（仓储、转运等）和船舶（码头、加油、维修等）服务。因此，很容易将港口完全误解为一个航运枢纽，因为它扮演了类似陆地枢纽的角色，交通运输在这里产生或终止。港口逐渐成为区域发展的动力，这意味着区域将在其原有传统功能上取得新的发展，如工业园区。例如，香港的繁荣应归功于其自然位置，以及作为中国南部的中转港的地理位置。新加坡，由于它的一部分位于马六甲海峡出口位置，因此备受青睐，成为东南亚交通的汇集点。由它经手的交通运输量，超过90%被严格转运。通过哈德逊/伊利运河纽约历来充当北美中西部的门户，西欧港口如鹿特丹或安特卫普的一个作用是充当了进入莱茵河系统的门户。

大约有4600多个商业港口分布在全世界运营，但是只有不到100个拥有全球重要地位。海上交通因此在数量有限的大型港口高度集中，这一过程主要归因于相关海上通道和基础设施发展的制约因素。主要的港口已经为自己建立了陆地分销系统，并已获得通往高容量内陆货物配送走廊的通道，特别是铁路。这样的地位难以受到挑战，除非港口面临着严重的拥堵并迫使海运公司寻找新的选择。

在货物装卸方面，港口可以分为两类：单一功能港口和多功能港口。

单一功能港口运输有限种类的商品，最常见的是干货或液体散货（原材料）。波斯湾的石油港或澳大利亚、非洲和加拿大部分地区的矿产港都是单一功能的港口。它们拥有专门的码头用于装卸出口的特殊商品。

多功能港口是存在很多转运和工业活动的巨大港口。它们拥有各种专业类型的与多种运输模式相连接的货物码头，包括集装箱、散装货物和原材料。

集装箱运输的出现大大改变了港口动力学以迎合专业化集装箱港口的出现。2011年，集装箱码头处理了大约5.63亿标准箱，集装箱在中间位置的转运以及空箱归位有了明显增长。一个集装箱处理的次数有了增长，表明了复杂集装箱运输链的设置，如图4.6所示。主要集装箱港口的成功是集装箱航运在新产业区域（集装箱商品链）转变，以及基础设施和服务质量提升与内陆运输系统有效衔接共同作用的结果。集装箱化也随之成为全球港口业务的基本功能，并大大改善了港口枢纽的结构和配置。

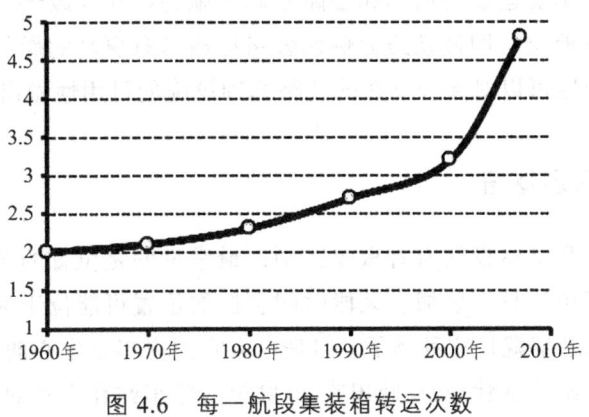

图 4.6 每一航段集装箱转运次数

在传统的钟摆集装箱服务中，特别是海上范围涉及多个港口的停靠时，如果停靠空间不够，可能会增加海运公司的额外费用，从而使其陷入市场覆盖和运营效率两难的境地。特别是随着集装箱船尺寸不断扩大，港口停靠的次数会变得更少。通过使用离岸中心枢纽和短途海运服务，可以减少港口停靠次数并增加港口停靠的吞吐量。因此，离岸中心是在海上运输系统中用于多式运营的港口枢纽。离岸中心的插入可以采取不同的措施，如连接长距离和短距离（支线）的海上运输，连接不同长距离服务和连接沿着相似海上范围内停靠于不同港口的服务。离岸枢纽可以因此成为有效的竞争手段，它可以提高服务频率和时效性。

4.4 铁路枢纽

4.4.1 铁路枢纽

铁路枢纽，并不完全像机场和港口一样空间广阔，其场地受限少。很多国外铁路枢纽都建立于 19 世纪铁路发展的全盛时期，而且其位置曾经处于当时城市地区的边缘，如今已被发展的城市包围，并难以扩张发展。单独来看铁路枢纽可能不如机场和港口范围广，但是将城市中所有铁路占据的土地累加起来可能超过其他模式。例如芝加哥铁路货场的总面积就超过了机场。

在汽车和汽车货运突起之前，经济活动往往集中于围绕各自的铁路枢纽。然而，随着汽车货运业的成熟和公路基础设施的扩充和改善，铁路枢纽失去了原先的优越地位。即使铁路运输比公路运输具有更高的燃料效率，但旅客和货物的机动性可以对无处不在的公路基础设施的可用性做出立即响应。

4.4.2 客运枢纽

铁路客运和货运枢纽有着重要区别，最常见的是位置的不同。中央铁路车站通常位于市区核心区域。某段时间它们的位置可能位于前工业区城市的边缘，伦敦和巴黎就是这种例子，但是今天它们更多是中心商业区的一部分。一些典型的车站非常壮观，反映出在19世纪这些车站在当时的权利和重要性。对于很多城市，火车站是城市中心和活动的关键要素，它代表了无与伦比的建筑成就，令人印象非常深刻，这是其他任何种类运输枢纽所无法比拟的。由于许多中央火车站要处理大量乘客，因此往往与公共运输系统相连接，特别是地铁。在一些情况下，尤其是北美，尽管长距离运输功能已消退，但铁路客运枢纽在城市交通系统结构的影响仍然是持久的。

由于铁路客运运输量的下降，导致了对这些车站的需求的减少。合理的变化致使很多车站转作其他用途，有时候会有显著的变化，例如巴黎的奥赛博物馆和蒙特利尔的温莎车站。铁路站场转换就不那么完美，但是仍然很重要。很多以前市中心的货运设施被重新开发成住宅区或商业区。多伦多的加拿大国家电视塔综合体就建在之前的铁路用地上。

4.4.3 货运枢纽

铁路站场并不需要完全位于中心位置，因为它们需要大量多轨道空间来进行编组，因此与客运枢纽相比更倾向于建立在未开发区域。然而，铁路站场往往会吸引制造业活动，从而成为重要的工业地区。

20世纪末，许多铁路货场附近的工厂已经迁址或消失。在很多城市，之前形成的工业园区成为城市复兴的目标。伴随着这一过程的是部分铁路站场的关闭，这是因为它们太小而不能满足现代经营活动，或者是因为交通运输量的萎缩。然而，从20世纪60年代开始，由于集装箱和道路拖车等交通设施和工具的迅速发展,北美许多的老旧的铁路货运站场被转换成联运设施。这些枢纽的理想结构与典型的普通货物设施不同,它们需要多条支线来集合铁路货车以组装形成列车组。铁路货车的装卸往往是一个手动的过程,通常几天的时间,束缚了铁路运输能力。将传统的铁路站场翻新为现代联运业务被证明是存在问题的。联运列车往往服务的城市数量有限,更可能是发送到同一目的地。它们为能够更快的装卸提供了明显的优势,从而占用较少的枢纽铁路能力。这里只需要长而少的铁路支线。配置通常需要一个超过 3 千米长和超过 100 公顷面积的场所。此外,通往公路系统的良好通道和处理现代铁路联运业务转运所需要的一定程度的自动化都是必需的。

铁路交通运输在很多环境中的一个重要增长因素是它与海洋船运的紧密结合。运货车辆需要在船舶旁装载集装箱行驶到铁路旁。转运是在货运汽车运输和铁路运输之间的传递负载的作业(见图 4.7),在近几年已经经历了迅速的增长。由于日益增长的能源成本和拥堵,长途汽车货运成本日益增加,很多客户看到了使用市场附近铁路交通运输的优势。在这个位置,装载的货物被划分为零担货物,然后由短途货运汽车运输至最终目的地。

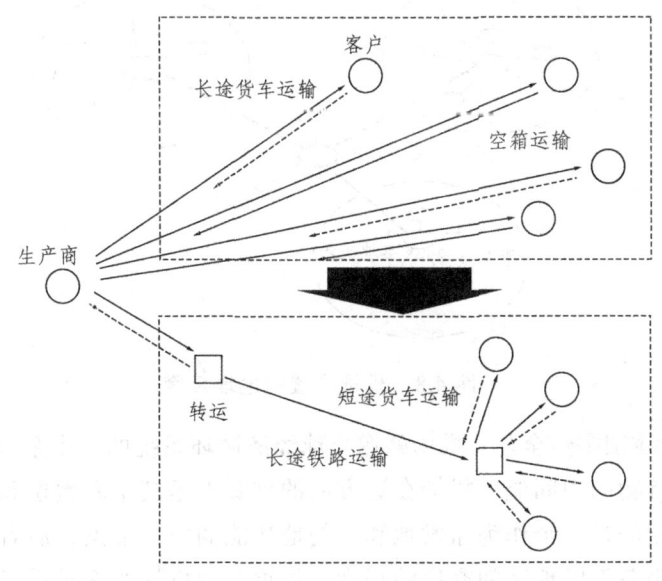

图 4.7 铁路—道路转运

在过去的 20 年中,之前的铁路枢纽和港口一直处于大多数主要城市中心最重要的重建区域。由于其规模(非常大)、位置(邻近市区)和地点(海边),

对旧港口位置的重建已经进入城市建设进程的前列。它们的整修对周边地区产生了很大影响。许多城市因为海滨在市区的重建和经济的复苏显著受益。

4.5 航空枢纽

4.5.1 机场覆盖

由于全球化促进的航空客运和货运流量的快速增长，使得世界主要机场所能处理的交通量、规模、与被服务城市分离的距离，以及成本和经济影响、环境影响和产生的政治争议都变得越来越大。机场枢纽在战略上已成为全世界最重要的类型。

机场的全球重要性加剧了它们在当地引起的冲突。事实上，机场的一个基本特征是它们在区域规模的深入程度，如图 4.8 所示。

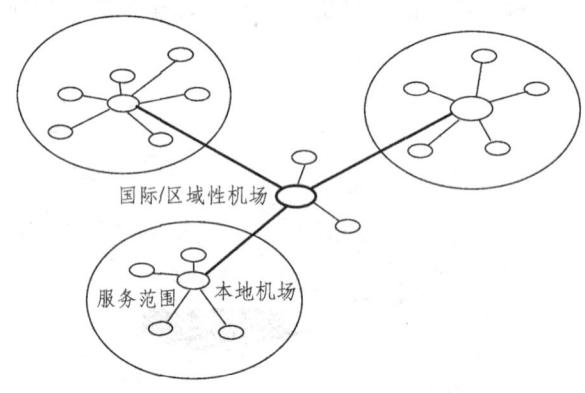

图 4.8　机场位置的地理尺度

（1）区域/国家/全球。机场就像全球经济循环系统的一个泵和阀门。它们属于人和货物的中间流。机场在这方面的重要性是其中心地位和中介性的功能。前者指的是一个作为始发地和目的地功能的门户节点，后者指的是作为一个节点服务不同地区间交换的程度。最重要的机场要么是世界最重要的城市地区的中心，要么是重要市场的中介，或两者兼有。随着生产链在世界的延伸，中介的重要性在全球范围内不断增强。例如，推动迪拜增长成为一个航空运输枢纽的因素是类似 A340-500 的全新超远程飞机的使用，地球上任何两个地方都能通过迪拜进行连接。

（2）当地机场，特别是大型的，都规定了它们设置的社区功能。一个大型机场能直接产生数以千计的工作岗位，如果将其前后产业链算上就更多了。例如，一项对阿姆斯特机场的研究，估计在 20 世纪 90 年代后期机场本身雇用的员工达 45 000 名，机场每直接雇用一名，就会有两名或更多的雇员被大阿姆斯特丹地区的与机场相关的公司所雇用（如旅游景点）。但是，机场并不仅有社区经济地理的特征。机场的规模是造成噪声污染和当地环境影响、大量土地占用等问题的来源。

当然，全球和本地不能分开看，一种积极的方式就是它们的企业总部一起在机场出现。大量研究表明，企业总部在城市集聚会使城市具有更高的国际航空可达性。在美国的都市中，企业总部和航班旅客数量之间有很强的相关性。在一定程度上，可达性和总部之间的关系可归结为鸡和蛋的问题：是总部工作的集中导致了航班数目的增加，还是更好的航空可达性引起了总部工作的集中？当然，这种关系是双向的，但至少有一项研究发现第二个方向（即可达性吸引工作）有所增强，亚特兰大和达沃斯比其他小型城市更能吸引企业总部的成功已经得到印证。另一方面，机场在几个区域的衔接处创造了重大冲突的可能性。在芝加哥，70 亿美元的奥黑尔现代化计划降低了航空系统的延误，从而使来自全国（甚至国际）的旅客得以受益，但成本的下降主要是依赖当地居民，特别是那些生活在 530 地区的人们，那里的住宅将被拆除，用来重建新的机场跑道。

4.5.2　机场位置

二战结束后，奥黑尔机场在距离芝加哥 24 千米的叫作果园的地方开放。该地点远离市中心的喧嚣，似乎能够给予充足的扩展空间，并在离市中心距离和提供去机场的便捷通道做到了很好的折中，由于离市区足够远，从而可以降低机场外部影响（如噪音影响）。但在近几年来，芝加哥奥黑尔机场、多伦多的皮尔逊机场以及建造于 20 世纪 40 年代到 50 年代城市边缘的机场起到了增长极的作用，推动了城市商业、工业及住宅等相关行业的发展。

郊区化通常是主要机场选址的最大困难，每过 10 年，难度都会加大。对于航空枢纽，本地站场的要求是极其重要的。它包含以下两个主要的部分：飞行场和旅客货物集散场（枢纽）。机场选址要涉及各种考虑因素：

（1）空中运输需求预测。预测的需求结果极大地影响着跑道数量、长度和机场枢纽的大小，进而影响着机场本身的物理尺寸。大型的飞机通常需要更长的跑道，例如波音747降落需要的跑道长约3300米。

（2）跑道配置。在最佳条件下，在商业跑道每小时执行32次起降是有可能的。然而，在跑道相交的地方，能力会明显降低。因此，大的机场的趋势是拥有平行跑道来同时执行飞机起降。平行跑道一般比相交跑道需要配置更多的空间。

（3）海拔。在海拔更高的地方，需要更长的跑道来提升飞机，因为这里的空气密度较低。

（4）气象条件。当地降水、风向、能见度等情况变化都需要考虑。由于奥克兰机场少雾的条件使它获得了更多商业利益与机会，特别是从低成本的航空公司那里获得，旧金山国际机场为此损失了不少。

（5）地形。建造跑道的土地必须平整，坡度不能超过1%。丘陵可以被削平，沼泽地可以被填满，但这花费巨大。

（6）环境因素。机场对当地水道、野生动物和空气质量有着显著影响。伦敦的希斯罗机场5号航站楼新项目需要将附近的两条河流进行改道。

（7）相邻土地的用途。由于噪音及机场的其他影响，促进了缓冲区的配套建设，它比跑道、枢纽、滑行道以及需要的其他基础设施还要大。例如，新丹佛国际机场占地面积为曼哈顿大小的两倍，其他例子，如中国的敦煌，必须重视特定的地域限制，即机场不可以占用稀少的农业用地。

（8）本地可达性。在同一时间，机场必须与它服务的社区连接，它的位置要与公路和铁路（包括城铁和地铁）相关联。铁路客运和机场一体化（如戴高乐、史浦基、香港、上海、纽约）的目的就是将它与其所服务的区域市场联系起来，从而巩固它在区域经济中的功能。

（9）障碍。机场周边的山区、丘陵和高楼林立的区域（如香港启德机场）使机场运营复杂化。如果飞行走廊靠近居住区，那么压力就会出现来限制运营时间。

（10）其他机场。附近的机场，特别是同一都市区，可能会限制其可用空域和限制新机场运作。

机场规模的扩大和难以与周边土地利用相匹配，使得越来越多的机场选择向偏远地区发展。事实上，越是新建的机场，越可能远离市中心。在最极端情况下，只能用填海造田的方式来弥补机场的用地空间。香港赤鱲角机场就是利用填海造田的方式建立。

事实上，亚洲有最极端的几个例子。关西航站楼就处于日本内海的人工岛。它是关西机场的主要贡献者，是利用人工造岛的方式来满足机场空间长度要求的极端例子。总的来说，4个世界上最贵的新机场（赤鱲角、大阪关西、日本名古屋、首尔仁川）都有三个特点：位于快速发展的亚洲，与人口密集的都市临近，利用填海造田建造。亚洲机场的建设热潮还有很长的路要走。相反，最近几年很少有新的机场在北美和欧洲建造。2011年，中国仅有175个机场来进行运输。相比之下，美国有15 096个机场。

4.5.3 机场延误

航空交通量的扩展确保了新跑道、新枢纽和新机场的建设将会继续下去。美国联邦航空管理局估计，有6个美国大型机场将需要扩容，到2015年它们将超过现有规划的容量，另有8个机场将于2025年出现容量不足。除新跑道和机场枢纽外，还有其他方式以满足未来的需要，包括更好地利用信息技术来取得更多的空中容量。欧洲面临同样的窘境，中国则可能面临更严峻的局面。由于数量有限的机场和每4年翻一番的运输量，航空枢纽将很难处理未来的运输量。中国政府已经开始着手限制航班数量和创新服务。

如果跟不上需求的步伐，拥堵将进一步恶化。航空运输量已达到并打破了2001年9.11袭击前的记录，在全球航空的许多地方，航班延误急剧恶化。类似奥黑尔现代化项目有助于情况的缓解，但在许多地方由于缺少弹性，这就意味着许多拥堵点会导致延误的传递。

4.5.4 航空公司与机场

近几十年来，大部分航空业已变得非常自由化，一些航空公司产生的机场业务已经被它们自己戏剧性的变化所冲击。几十年前，大多数航空公司属于国有，并作为公共事业运行，且处于垄断地位，因此不存在竞争。虽然机场业务很少有改变，且大多数还是由机场管理机构管理，但还是有私营化和全球化的重要实例。如英国航空管理局（BAA），经营着伦敦三大机场和其他一些机场，现在已由西班牙的建筑公司拥有。

更重要的是，相比过去，机场竞争业务日趋激烈。在这点上，低成本航空公司兴起非常重要，因为低成本航空公司的一维业务模式只服务于成本较低的二级机场。例如，在比利时，瑞安航空公司和其他航空公司已建成从沙勒罗瓦南机场到欧洲中心周边地区的通道。到 2007 年，瑞安航空公司共服务了从沙勒罗瓦到 25 个目的地的航线。通过机场的补贴和其他地方和区域政府的各种财政，一些航空公司被机场吸引。虽然欧盟委员会后来裁定，这里的一些内容违反了欧洲竞争政策，但丰厚的资金能够吸引和留住航空服务，因此各国政府将会继续大力推动机场发展。

沙勒罗瓦不仅仅是被航空公司放在地图上唯一的机场，尤其是航空货运业务。例如，孟菲斯和路易斯维尔的巨大重要性在于货物流几乎完全归因于联邦快递（Fedex）和 UPS 各自所经营的枢纽。对于这两个城市来说，利益巨大，激励了这两座城市保持其枢纽的地位，并且也刺激着其他城市对这些公司的吸引。例如，孟菲斯利用中心优势，为制造商和零售商建立了先进的仓储业务，并已成为"美国的配送中心"。

联邦快递枢纽对孟菲斯经济地理的催化作用就是"交通基础设施发展的第五波浪潮"的例子。第一波浪潮是在一千多年前靠港而建的城市，利用水的低成本优势运输。到公元 17 世纪，第二波浪潮将新的发展引入河流和运河的大陆内部，特别是在欧洲。第三波浪潮是培育了具有铁路网络的地域发展。汽车发展被视为第四波浪潮，它从城市中心蔓延到郊区，包括机场环境，如奥黑尔机场。在第五波中，机场已成为增长的引擎，与它相连的区域被称为"航空城"。

4.6 枢纽和安全

4.6.1 运输安全的新内容

作为乘客和货运集散地，枢纽一直是安全关注的焦点。因为火车站和机场是人口最密集的地方，人群控制和安全管理是需要长期认真管理的问题。通道被监视和控制，行动沿着路径被引导，这些路径提供了从站台到登机口的安全通道。货运行业的安全问题存在于两个方面，工人的安全和盗窃。传统上，货运码头是危险的工作场所。随着重型货物被移动到周围码头，使用大型移动机械车辆装载，但事故还是有规律的。多年来，通过对工人的教育和更好的经营组织，安全问题已经得到了显著改善，但货运码头仍然比较危险。在货运码头面临的所有问题里，失窃是最严重的问题之一，特别是处理昂贵的货物时。尤其是码头，一直被视为有组织犯罪的地方，其组织已经超过工会的控制。多年来，货运码头的通道日益受到限制，安全人员的部署有助于在某种程度上控制盗窃问题。

虽然安全和安保一直是枢纽规划者和管理者多年面临的问题，但直到最近才成为压倒一切的问题。安全问题在千年前就已被提出，但9.11的悲剧事件将枢纽安全问题推到公共领域，这是前所未有的，而且不可预料的会改变交通运输的响应模式。

4.6.2 旅客运输

机场一直是安全关注的焦点。在客运交通量不断增长和枢纽网络不断发展的过程中，安全问题面临着很大的压力。在不同的机场，旅客的安检效果差别较大，因为旅客会通过枢纽被运送到不同地方且旅客数量在不断地增长。一些专家提出了他们的担忧，但安检改进的成本和处理比以往任何时候都要多的乘客数量，以及维持航班现有时刻引发了大多数运营商对加强安保措施的反对。

2001年9·11事件无可挽回地改变了这种情况。美国政府设立的国土安全部相应地成立了运输安全管理局（TSA），对行业实行新的安全措施进行监控。安全措施涉及许多方面，从限制进入机场设施、强化驾驶舱安全，到对旅客进行更广泛的安全检查。现在对旅客及其行李的检查更为严格。对于外籍人员还采用了生物特征识别，目前包括检查指纹，但在将来还可能包括视网膜扫描，面部模式的识别。一个新的系统，计算机辅助旅客预检系统（CAPPS II），在旅客进行订票时就需要获取更多的个人信息，从而对每名旅客进行风险评估。被认为有高风险的旅客将进一步进行检查。

这些措施的实施已经付出了相当大的代价。据估计，仅在美国，额外增加的机场安全费用达600亿美元，其中有25亿美元用于安检。一个重要的原因是安检人员已纳入45 000名的联邦劳动力管理体系，而且其薪酬和培训费用都在不断增加。改进型的安检机的采购，以及重新设计的机场安全程序，都是成本增加的重要因素。这些措施对旅客的吞吐量也有大的影响。消除安全隐患已经成为旅客登机延误的最重要原因。

安全问题对航空运输业的影响非常不利。根据前面所述，成本的增加、延误和对旅客产生的不便已经造成了需求的低迷。在早期的股市低迷后的商业周期的经济放缓时期，大部分航空公司都遭受到了相当大的金融逆转，许多大型公司甚至寻求法庭保护以避免破产。商务旅行，航空公司最有利可图的子市场，遭受了大幅度的下跌。事实证明，在短途旅行中，旅客改乘其他交通工具可以避免延误和安检过程造成的更长延误。

4.6.3 货物运输

在货运行业，安全一直是主要的问题。非法移民、毒品走私、海盗和不合标准的船只一直是最重要的问题。对于航空客运业务，9·11事件突出了一些新的安全问题，而这些问题在货运业务中的范围和规模更大。由于国际船运业务缺少监管和国际多元化，使之成为全球恐怖主义易受攻击的目标。港口的数量、广大的全球船队、船运装载的货物范围和检测的难度造成了船运的安全问题，并且难以解决。集装箱业务大大促进了全球化，这使得非法和危险货物很难被查明。没有X射线扫描仪，人工检查将会非常费时，并且任务根本完不成。集装箱积压也是问题，大量的集装箱都必须以最少的延误和不便来完成处理。

美国在2002年颁布了海上运输安全法案。这一法案的基本要素被国际海事组织（IMO）于2002年12月作为国际船舶和港口设施保安措施所采用。这些干预措施有三个重要的特征。首先需要一个能对300到50 000吨重所有船只进行识别的自动识别系统（AIS）。AIS要求船只必须有一个明显的永久性标记和身份号码，而且必须有关于国旗、港口注册和注册者所有者的地址等维持记录。第二，每个港口必须进行安全评估。它涉及资产和设施，以及可能引起的损害的影响。港口必须进行风险的评估，从中找出其安全系统、通信系统和公用设施等设施设备的弱点。第三，对于运往美国的所有货物，必须接受海关放行后才能离港。此外，它建议对海员实施生物识别和建立国家海员数据库。

互联网服务商（ISPS）的编码正在世界各地的港口执行，如果不经认证，港口很难与美国进行贸易。因此，安全性成为港口的一个具有竞争力的因素。

世界上各种大小的港口必须与 ISPS 达成一致，这已经成为一个迫切的问题。选址的费用、风险评估的费用、船只检测的费用，意味着这些额外的业务投资不会产生任何商业的回报。美国的港口有来自美国国土安全部的拨款，但外国港口必须遵守规则，并承担业务损失的风险。在决定竞争的有利条件中，安全已经成为一个附加的因素。

4.7 枢纽的布局规划

4.7.1 枢纽布局的基本要求

枢纽的布局是指枢纽在地理空间的合理配置，枢纽布局合理与否对枢纽乃至整个交通运输体系的运行效率有着十分重要的影响。在枢纽的布局中，最基本的要求有：

（1）枢纽的布局要以交通运输网的规划为基础，要从交通运输网布局的全局出发，考虑枢纽在交通运输网络中所承担的任务以及与相邻枢纽的合理分工；

（2）要充分保证各运输模式在枢纽内的相互协调，从而确保客货流在枢纽内的流通的顺畅；

（3）要与区域或城市的功能区域规划相协调，既能方便居民生活与生产，又不对区域或城市带来过大负面影响；

（4）枢纽建设的规模要与社会经济整体发展相协调，在能力上要留有余地，以适应社会经济的发展要求。

4.7.2 枢纽的布局方法

枢纽布局是指在规划范围内布局一个枢纽，或从多个布局备选方案中选择最佳布局方案的问题。在现实中，枢纽的布局受到的影响因素非常多，因此难以准确衡量。目前在交通枢纽规划与布局研究中，常采用的方法主要有重心法、微分法、混合整数规划法等。

1. 重心法

重心法是一种模拟物理学的方法，它将运输系统中的交通发生吸引点看成是分布在某一平面范围内的物体系统，各点的交通发生、吸引量看成该点的重量，则系统的重心就是规划枢纽的最佳位置。

假设区域内有 n 个交通发生吸引点，且每个点的发生吸引量为 W_i，坐标为（x_i，y_i）（$i=1,2,\cdots,n$），规划枢纽的坐标为（x，y），枢纽的运输费用为 C_i。则根据重心公式，枢纽的最佳位置为：

$$\begin{cases} x = \sum_{i=1}^{n} C_i W_i x_i / \sum_{i=1}^{n} C_i W_i \\ y = \sum_{i=1}^{n} C_i W_i y_i / \sum_{i=1}^{n} C_i W_i \end{cases} \quad (4.1)$$

重心法虽然简单，但其解与实际的交通运输系统有很大差距，因此只能作为枢纽规划的参考依据。

2. 微分法

微分法是一种数学方法，是对重心法的改进，微分法以重心法计算的解为初始解，进行迭代计算，直到两次迭代的解的误差满足所设精度。根据规划区域范围内的发生吸引点，得到系统的总费用 F。

$$F = \sum_{i=1}^{n} C_i W_i [(x-x_i)^2 + (y-y_i)^2]^{1/2} \quad (4.2)$$

对 F 取极小值，得到极值点（x，y），其公式为：

$$\begin{cases} x = \dfrac{\sum_{i=1}^{n} C_i W_i x_i [(x-x_i)^2 + (y-y_i)^2]^{1/2}}{\sum_{i=1}^{n} C_i W_i [(x-x_i)^2 + (y-y_i)^2]^{1/2}} \\ y = \dfrac{\sum_{i=1}^{n} C_i W_i y_i [(x-x_i)^2 + (y-y_i)^2]^{1/2}}{\sum_{i=1}^{n} C_i W_i [(x-x_i)^2 + (y-y_i)^2]^{1/2}} \end{cases} \quad (4.3)$$

在得出最佳解后，规划者要根据实际情况对其进行进一步的调整，从而确定枢纽的最佳位置。

3. 混合整数规划法

重心法和微分法都是用于一元枢纽规划问题上（在规划区域内布局一个枢纽），但在实际的情况中可能会布局多个枢纽，在这种情况下，构建了多元枢纽模型。

设在交通运输系统中有 m 个交通发生点 A_i（$i=1,2,\cdots,m$），其发生量为 a_i；n 个吸引点为 B_j（$j=1,2,\cdots,n$），吸引量为 b_j；q 个备选地址 D_k（$k=1,2,\cdots,q$）。发生点的交通量可以从备选的方案枢纽地址中中转，也可以直接到达吸引点。已知各枢纽方案的基建投资额、中转费用和运输费率，枢纽的选择以总成本最小化为最优方案。根据已知条件，建立枢纽布局的模型：

$$\min F = \sum_{i=1}^{m}\sum_{k=1}^{q}C_{ik}X_{ik} + \sum_{k=1}^{q}\sum_{j=1}^{n}C_{kj}Y_{kj} + \sum_{i=1}^{m}\sum_{j=1}^{n}C_{ij}Z_{ij} + \sum_{k=1}^{q}(F_kW_k + C_k\sum_{i=1}^{m}X_{ik})$$

$$st.\begin{cases}\sum_{k=1}^{q}X_{ik} + \sum_{j=1}^{n}Z_{ij} \leqslant a_i, & (i=1,2,...,m)\\ \sum_{k=1}^{q}Y_{kj} + \sum_{i=1}^{m}Z_{ij} \geqslant b_j, & (j=1,2,...,n)\\ \sum_{i=1}^{m}X_{ik} = \sum_{j=1}^{n}Y_{kj}, & (k=1,2,...,q)\\ \sum_{i=1}^{m}X_{ik} - MW_k \leqslant 0\\ W_k = 1 \text{ 或 } 0\\ X_{ik}, Y_{kj}, Z_{ij} \geqslant 0\end{cases} \quad (4.4)$$

式中　X_{ik}——从发生点 A_i 到备选枢纽 D_k 的交通量；

Y_{kj}——从备选枢纽 D_k 到吸引点 B_j 的交通量；

Z_{ij}——直接从发生点 A_i 到吸引点 B_j 的交通量；

W_k——备选枢纽 D_k 是否被选中的决策变量；

C_{ik}——从发生点 A_i 到备选枢纽 D_k 的单位费用；

C_{kj}——从备选枢纽 D_k 到吸引点 B_j 的单位费用；

C_{ij}——直接从发生点 A_i 到吸引点 B_j 的单位费用；

F_k——备选枢纽 D_k 选中后的基建投资额；

C_k——备选枢纽 D_k 中单位交通量的中转费用；

M——为一个相当大的数。

4. 混合规划法的改进

从长远来看，基建投资对于枢纽的过程的经济效益影响不大，因此，可以在模型的目标函数中忽略。将混合整数规划模型进行简化，得出下列模型：

$$\min F = \sum_{i=1}^{m}\sum_{k=1}^{q}(C_{ik}+C_k)X_{ik} + \sum_{k=1}^{q}\sum_{j=1}^{n}C_{kj}Y_{kj} + \sum_{i=1}^{m}\sum_{j=1}^{n}C_{ij}Z_{ij}$$

$$st.\begin{cases} \sum_{k=1}^{q}X_{ik}+\sum_{j=1}^{n}Z_{ij}=a_i, & (i=1,2,...,m) \\ \sum_{k=1}^{q}Y_{kj}+\sum_{i=1}^{m}Z_{ij}=b_j, & (j=1,2,...,n) \\ \sum_{i=1}^{m}X_{ik}+X_k=d_k, & (k=1,2,...,q) \\ \sum_{i=1}^{n}Y_{kj}+X_k=d_k, & (k=1,2,...,q) \\ X_{ik},Y_{kj},Z_{ij}\geqslant 0 \end{cases} \quad (4.5)$$

式中　d_k——备选枢纽 D_k 最大可能的规模；

　　　X_k——备选枢纽 D_k 的闲置能力；

　　　——其余变量如同上方法。

该模型缺少了 W_k，即在求解过程中避免出现了 0-1 变量，从而简化了求解。从式中可以看出 $\sum_{i=1}^{m}X_{ik}=0$，说明最终确定的枢纽方案中没有选择 D_k。

4.8　基尼系数在枢纽中的应用

4.8.1　基尼系数

1. 基本概念

基尼系数是用来衡量变量在元素分布中的集中度（不平均性）。它将经验分布的洛伦兹曲线与绝对平等线进行比较，假定绝对平等线的每个元素对变量值的总和的贡献相同，如图 4.9 所示。基尼系数处于 0 到 1 之间，即表示绝对平等和完全不平等。

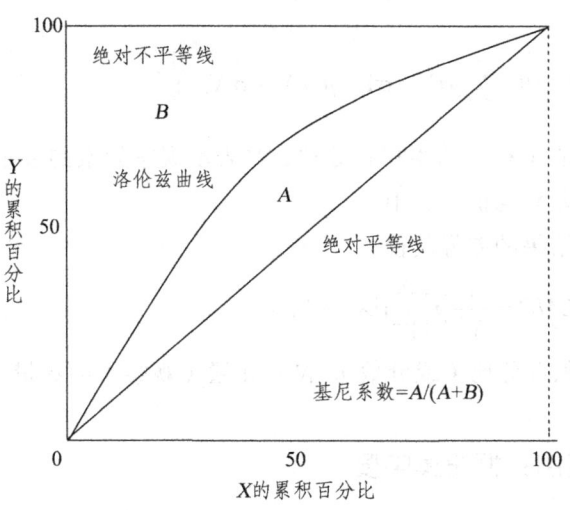

图 4.9 洛伦兹曲线

地理学家已经将基尼系数应用在了许多情况下。如评估相邻地区或国家的收入分配或衡量其他空间现象,如各种族隔离和工业位置。在交通运输地理中运用此方法的主要目的是对运输量集中度的测量,主要是港口码头,如港口系统集中度变化的评估。运输规模经济有利于交通枢纽的集中度,因此在过去几十年来,海上交通的基尼系数有增加的趋势,尽管到不了所期望的程度。

2. 基尼系数三种测度

以下介绍与基尼系数有关的三个不同的不平等测度,它们都与洛伦兹曲线和绝对平等线相比有关。

(1) 相异指数 (ID)。

洛伦兹曲线和绝对平等线之间的垂直偏差之和也被称为洛伦兹差异和。ID 越接近 1(或 100,如果采用百分比),分布与绝对平等线越是不同。

$$ID = 0.5\sum_{i=1}^{N}|X_i - Y_i| \tag{4.6}$$

其中 X 和 Y 分别是元素总数的百分比和其值的百分比(或分数),N 是元素数量。

(2) 基尼系数 (G)。

它指的是洛伦兹曲线和绝对平等线之间包围区域的面积占由绝对平等线和完全不平等线所围成的三角形区域面积的比例。系数越接近 1,表明分配越不平等。

$$G = \left|1 - \sum_{i=1}^{N}(\sigma Y_i + \sigma Y_{i-1})(\sigma X_i - \sigma X_{i-1})\right| \qquad (4.7)$$

σX 和 σY 是 X 和 Y 的累积百分比，N 表示观察元素的数量。

（3）基尼差异均值（GMD）。

两两观测结果的差异均值：

$$GMD = \frac{1}{N^2}\sum_{j=1}^{N}\sum_{k=1}^{N}\left(\left|X_j - X_k\right|\right) \qquad (4.8)$$

其中，X 是累积百分比（或分数），N 是元素（观察）的数量。

4.8.2 案例：枢纽集中度

前面介绍了该方法的使用。为了说明基尼系数，我们对2012年世界排名前20的机场以及中国排名前20的机场的旅客吞吐量集中度进行测算。

表4.1　2012年世界20大机场旅客吞吐量

序号	机场	客运量（人·次）	机场数量比例 X（%）	旅客运输量比例 Y（%）	|X-Y|
1	亚特兰大	95 672 104	0.05	0.0803	0.0303
2	北京	81 908 740	0.05	0.0687	0.0187
3	伦敦	70 051 902	0.05	0.0588	0.0088
4	东京	67 824 747	0.05	0.0569	0.0069
5	芝加哥	67 124 607	0.05	0.0563	0.0063
6	洛杉矶	63 849 335	0.05	0.0536	0.0036
7	巴黎	61 478 475	0.05	0.0516	0.0016
8	达拉斯沃斯堡	58 887 570	0.05	0.0494	0.0006
9	迪拜	58 392 171	0.05	0.0490	0.0010
10	雅加达	57 839 056	0.05	0.0485	0.0015
11	法兰克福	57 320 367	0.05	0.0481	0.0019
12	香港	55 814 909	0.05	0.0468	0.0032
13	丹佛	53 275 923	0.05	0.0447	0.0053
14	曼谷	52 514 625	0.05	0.0441	0.0059

续表

序号	机场	客运量（人·次）	机场数量比例 X（%）	旅客运输量比例 Y（%）	|X-Y|
15	新加坡	51 262 500	0.05	0.0430	0.0070
16	阿姆斯特丹	50 997 025	0.05	0.0428	0.0072
17	纽约	49 497 828	0.05	0.0415	0.0085
18	广州	48 068 336	0.05	0.0403	0.0097
19	伊斯坦布尔	45 548 478	0.05	0.0382	0.0118
20	马德里	44 740 981	0.05	0.0375	0.0125
	总计	1 192 069 679	1.00	1.000 0	0.1521

根据公式计算，相异系数（DI）为 0.0761。该洛伦兹曲线分布基本一致，表明这些运输量没有在某一机场特别集中，合理地解释各个机场占据了自己市场且没有与其他机场竞争。然而，在国家内部进行分析可以展示出另外一个不同的结果。在这个例子中，我们选取中国 2012 年 20 大机场的旅客吞吐量来计算集中程度。

表 4.2 2012 年中国内陆 20 大机场旅客吞吐量

序号	机场	客运量（万人·次）	机场数量比例 X（%）	旅客运输量比例 Y（%）	|X-Y|
1	北京首都机场	8190.9	0.05	0.1663	0.1163
2	广州白云机场	4806.9	0.05	0.0976	0.0476
3	上海浦东机场	4485.7	0.05	0.0911	0.0411
4	上海虹桥机场	3385.1	0.05	0.0687	0.0187
5	成都双流机场	3150.0	0.05	0.0639	0.0139
6	深圳宝安机场	2956.8	0.05	0.0600	0.0100
7	昆明长水机场	2398.2	0.05	0.0487	0.0013
8	西安咸阳机场	2342.0	0.05	0.0475	0.0025
9	重庆江北机场	2205.0	0.05	0.0448	0.0052
10	杭州萧山机场	1911.0	0.05	0.0388	0.0112
11	厦门高崎机场	1735.4	0.05	0.0352	0.0148
12	长沙黄花机场	1475.0	0.05	0.0299	0.0201

续表

序号	机场	客运量 （万人·次）	机场数量比例 X（%）	旅客运输量比例 Y（%）	$\lvert X-Y \rvert$
13	南京禄口机场	1400.0	0.05	0.0284	0.0216
14	武汉天河机场	1398.0	0.05	0.0284	0.0216
15	乌鲁木齐地窝堡机场	1334.7	0.05	0.0271	0.0229
16	大连周水子机场	1333.7	0.05	0.0271	0.0229
17	青岛流亭机场	1260.0	0.05	0.0256	0.0244
18	郑州新郑机场	1260.0	0.05	0.0256	0.0244
19	三亚凤凰机场	1134.0	0.05	0.0230	0.0270
20	沈阳桃仙机场	1101.2	0.05	0.0224	0.0276
	总计	49 263.6	1.00	1.0000	0.4951

该结果相异系数为 0.4951，洛伦兹曲线呈现陡峭形式。可以看出，此分析结果与上例结果非常不同。对于世界前 20 名的机场，表明运输量集中度非常低，这一结果可由其洛伦兹曲线直观证实。而对于中国内地机场来说，其运输量集中度相对更大，洛伦兹曲线较陡。

同样，根据上述数据计算出基尼系数（G），对于世界 20 大机场，其系数为 0.1067，对于中国内陆 20 大机场，其系数为 0.3266。可以看出，对于世界前 20 名的机场，运输量集中度仍然非常低，而对于中国内地机场来说，其运输量集中度相对更大，洛伦兹曲线较陡。

4.9 枢纽的专业化指数

4.9.1 专业化指数

在运输中，为了明确枢纽是否专用于转运，处理特定种类的商品或多种类的商品，我们可以通过计算专业化指数来确定。例如，该指数可用于确定某个枢纽是否专用于处理某种特殊产品（如集装箱），或者处理广大范围的商品。因此，这一指标用途非常广泛，并能够运用到多个领域中：地理学家能够了解任意枢纽（港口、火车站和机场）的活动；在机场枢纽中，可以用于表示是否只处理特定类型的货物或旅客（本地、国内、国际等），还是多种类型。专业化指数（SI）可用下列公式计算：

$$SI = \sum_i t_i^2 \Big/ \left(\sum_i t_i\right)^2 \qquad (4.9)$$

它指的是在某一枢纽不同商品类型 i 的吨位数或货币价值（t_i）的平方和与不同商品类型 i 的吨位数或货币价值（t_i）和的平方的比值。

因此，如果专业化指数趋向于 1，表明该枢纽处于高度专业化。反过来，如果该指数趋向于 0，则意味着枢纽的活动是多样化的。因此，专业化指数常被用来识别港口、机场、火车站或任意枢纽类型的专业化程度。

4.9.2 案例：港口装卸货物的专业化水平

为了说明如何计算专业化指数，以下将研究某港口的货物装卸的情况。

表 4.3 某港口货物装卸情况

商品	国内		国际		国内和国际
	装载量	卸载量	装载量	卸载量	总装卸量
	吨	吨	吨	吨	吨
原木，螺栓和其他木材	—	—	—	—	0.00
木浆	—	2132.00	—	—	2132.00
铁矿石	—	208 192.00	—	198 274.00	406 466.00
铁，钢，合金	13 409.00	—	11 009.00	—	24 418.00
铝矿石及其基本制品	—	386 529.00	—	127 539.00	514 068.00
其他矿石和基础金属制品	27 840.00	—	37 629.00	230.00	65 699.00
煤炭	5 289 049.00	—	3 285 901.00	—	8 574 950.00
石灰石	—	10 902.00	—	10 763.00	21 665.00
盐	—	—	—	12 098.00	12 098.00
非金属矿物制品	—	30 901.00	1202.00	20 182.00	52 285.00
各种化学品	—	—	1247.00	2491.00	3738.00

续表

商品	国内		国际		国内和国际
	装载量	卸载量	装载量	卸载量	总装卸量
汽油	2692.00	—	—	—	2692.00
燃油	—	38 099.00	—	38 701.00	76 800.00
石油焦与焦炭	15 679.00	—	22 701.00	—	38 380.00
水泥及相关制品	—	—	—	257.00	257.00
机械/设备和混合货物	—	106.00	—	2195.00	2301.00
总计	5 348 669.00	676 861.00	3 359 689.00	412 730.00	9 797 949.00

因此,利用上述方程,计算出国内和国际专业化指数为 0.77,其值接近于 1,可以认为该港口是高度专业化的港口,其主要进行煤炭的装卸。据此,可以计算国内或国际的专业化指数。

4.10 枢纽的布局系数

4.10.1 布局系数

特定种类的商品往往在特定的枢纽转运,而不能在其他枢纽进行。因此,某一特定类型商品运输量在某枢纽(港口、机场、火车站)的集中度与其在全部枢纽的平均集中度的比值可用布局系数来衡量。

布局系数是指某枢纽中某一商品运输量占该枢纽所有商品运输量比例与所有枢纽的此商品运输量占所有枢纽所有商品运输量比例的比值。

在交通运输领域,布局系数(LC)可以通过以下公式计算:

$$LC = \left(\frac{M_{ti}}{\sum_t M_{ti}} \right) \Big/ \left(\frac{\sum_t M_t}{\sum M} \right) \quad (4.10)$$

M_{ti} 是商品 t 在枢纽 i 的运输量,M_t 是 t 类商品在所有枢纽运输量的总和,M 是所有种类商品在所有枢纽运输量的总和。

指数值越大，说明某种商品运输量集中度越大。计算结果可能有三种情况：

（1）数值小于1，表明该枢纽中所选商品的运输量低于所有枢纽中相同商品的平均运输量。

（2）数值等于1，表明该枢纽中所选商品的运输量等于所有枢纽中相同商品的平均运输量。

（3）数值大于1，表明该枢纽中所选商品的运输量大于所有枢纽中相同商品的平均运输量，即此枢纽在运输此类商品时相对于其他枢纽占有优势。

除了使用布局系数来评价枢纽中某种类型商品运输量的相对权重，它还可以用来鉴别某一群落或社团在给定的大范围区域内（如省、国家、世界等）其经济活动的重要性。更大的地理实体参照的确定在布局系数计算中非常关键。

4.10.2 案例：港口装卸货物的布局水平

将某港口处理的煤炭运输量与其所属国家港口系统的所有煤炭运输量作为研究对象。

表4.4 某港口和其所在国港口系统煤炭和所有商品的装卸吨数

煤炭	装载吨数	卸载吨数	总装卸吨数
某港口	65 097	12 908	M_{ii}=78 005
国内港口系统	3 596 219	14 380 712	M_i=17 76 931
所有商品	装载吨数	卸载吨数	总装卸吨数
某港口	6 703 612	25 794 208	M_i=32 497 820
国内港口系统	276 390 832	127 890 548	M=404 281 380

$$LC = \left(\frac{78\ 005}{32\ 497\ 820}\right) \bigg/ \left(\frac{17\ 976\ 931}{404\ 281\ 380}\right) = 0.054$$

结果显示该系数小于1，表明了该港口的煤炭运输量低于整个国内港口系统的平均值。

第 5 章

国际与区域运输

　　运输的范围涉及国际运输和区域运输。在国际运输中，最大的运输流来自洲际运输和区域运输。由于国际运输的需求和人类对海洋运输地理环境的开发，巴拿马运河、马六甲海峡、苏伊士运河、霍尔木兹海峡与直布罗陀海峡成为世界海洋运输的战略要地，对当今全球海洋运输网络的形成起到了基础作用，并极大地促进了国际贸易的发展。国际贸易和国际运输的发展使当代的生产制造从区域化走向了全球一体化，由此生产系统和商品链发生重大改变。在生产、分配和消费一体化不断发展的水平下，物流使得高度一体化和效率得以扩大和提高，从而彻底改变了区域商品生产与配送体系。冷链运输作为物流运输的一种模式，有效地扩大了鲜活食品和医疗药品的运输范围和市场。

5.1 国际运输战略空间

5.1.1 国际运输地缘战略

海洋是重要的运输媒介，控制了海洋就控制了贸易，也就控制了世界和世界的财富。国际运输的基本特点是其会受到地理的限制，其中包括地缘政治。过去许多战争的爆发，都是为了寻求对贸易线路、能源矿藏和未开发殖民地的控制，或者通过现有海洋港口开辟贸易航线。这对海洋国家寻求支持扩大其现有贸易和保护其海上流通尤为重要。从历史上看，为了确保对战略位置的控制，运输通道常常遭受到许多冲突。像港口、机场和运河这些国际运输设施，也会受到地缘政治的影响，因为它们是进入战略资源或主要市场的主要通道。国际交通运输地缘战略可以从四个层面进行考虑：

（1）征服。运输技术是获得和征服海洋、领土和资源的最初方法。欧洲列强是最早在航海技术取得显著进步的国家，如速度和进攻/防御能力方面，这决定了它们能够在全世界建立自己的海上贸易路线和殖民地。铁路也是一种实现领土征服的方式，特别是在北美国家建设和非洲殖民主义时期。

（2）竞争。国际运输是参与全球经济竞争的一种有效方法。传统上，通过沿海航行规则，许多国家保留了国家运输公司运载国内旅客和货物的权利。虽然这些规则在航空和海上运输中盛行，但竞争已成为塑造现代交通系统的普遍力量。对于有些国家，其国际运输系统的发展青睐于出口以及与运输相关的活动，如造船、贸易及保险。东亚一些新兴海洋国家和地区，如中国、韩国和中国台湾，都已逐渐开始使用此策略。国际运输竞争的一个新形式与方便旗使用有关，通过使用方便旗，海运公司可以借助另一国的财税优势大大减少成本。

（3）合作。虽然竞争是国际运输的主导，但对共同利益的追求也会促成各方达成共识，如运输设施的通道进入和标准的建立。从 1871 年开始，加拿大和美国开始了对圣劳伦斯河的长期协商与共同管理。由于采用标准铁路轨距（1.435 米），欧洲范围内的国际贸易得到加强，但国际航空运输却受到了安全、航空自由和价格管制的影响。此外，经济集团如欧盟和北美自由贸易协定开始出现，它们共同遵守运输标准和价格的规则。大陆桥的出现体现了新的复杂的合作形式，如北半球东西货运通道。

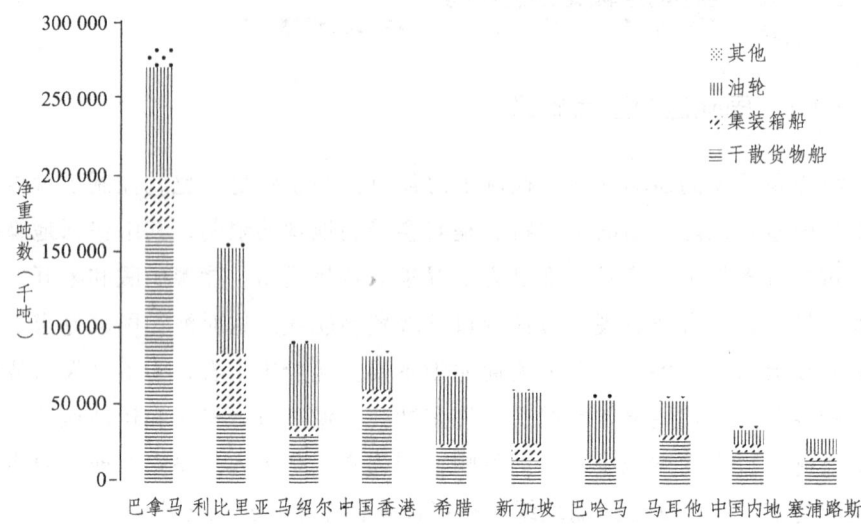

图 5.1　2010 年部分国家和地区船只注册吨位

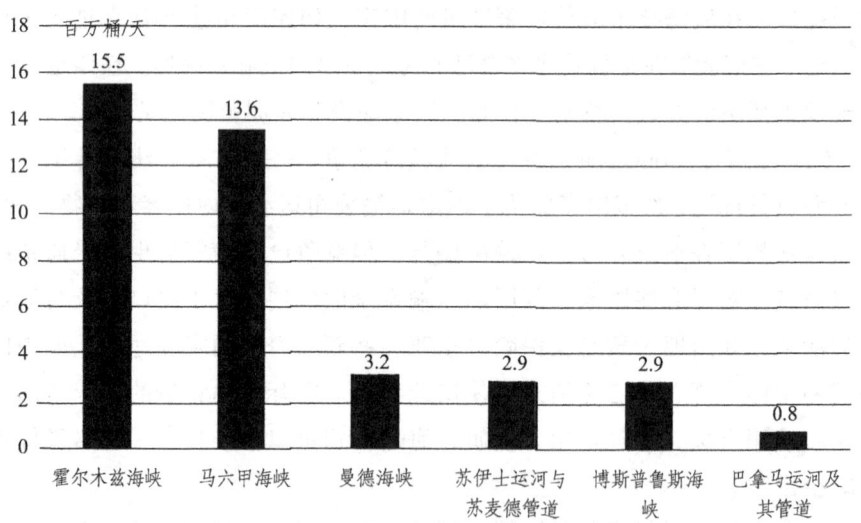

图 5.2　2009 年主要战略位置的石油运输量

（4）控制。战略要地的控制也是国际运输的一个重要部分。随着全球经济变得更加相互依存，发达国家对商品和原材料供应变得更加敏感，而很多发展中国家，如中国，在原材料和食品供应也开始变得敏感起来。例如，美国石油变得越来越依赖于外部提供，其外交政策开始转向关注石油贸易的战略要地，尤其是中东。

海洋运输是国际货物配送的主要承担者，它已在全球海域范围内发展壮大。这一空间有其自身约束，如大陆板块轮廓。国际海运航线因此被迫需要通过一些通道、海角和海峡。这些线路通常存在于主要的工业带之间，如西欧、北美和东亚（特别是中国和日本）。此外，这些航线涉及了从发展中国家向发达国家运送的原材料，即矿物、石油等。最重要的战略通道往往都是浅滩和海峡，它们会对航行产生破坏，其中有些紧邻政治动荡或冲突的国家，这都会增加使用这些通道的风险。

5.1.2 巴拿马运河

巴拿马运河横跨巴拿马地峡，连接大西洋和太平洋，从加勒比海利濛湾的科伦到巴拿马湾的巴尔博亚，全长64多千米。巴拿马运河水深12.5米、宽32米、长294米。它是迄今为止世界最伟大的工程之一，它的建成避免了绕道南美洲，从而支持了世界海上贸易流动。巴拿马运河对美国具有重要战略意义，它使得美国东西海岸的海上连接大约缩短了13 000千米。巴拿马运河由三个主要部分组成：加通船闸（大西洋入口），库莱布拉水道（大陆分水岭）和米拉弗洛雷斯船闸（太平洋入口）。

寻找从大西洋到太平洋的短途航线的兴趣产生于16世纪初对中美洲的探索。1534年，西班牙为了再兴建一条运河对巴拿马地区进行了调查测量，但由于技术的限制，该项目一直没有实施。1878年巴黎的法国地理学会与哥伦比亚（当时巴拿马省的所有者）就运河的建设签署条约。从1879年至1889年，法国运河公司开始进行建设，但最终以失败告终，主要原因是财政问题和海平面运河建造的技术难题。到了20世纪该项目才成为现实。1903年，美国支持的巴拿马革命最终导致了巴拿马独立。同年，美国以保证巴拿马的独立，获得了运河16千米（10英里）地带的永久租约，美国从而取得了完全的主权。巴拿马运河在1904年和1916年之间由美国工程师建设，总长82千米，成本3.87亿美元，并于1914年完成。

截至2005年，超过815 000艘船只穿越巴拿马运河，运载了60亿吨的货物。每年大约有13 000艘船在运河中运输，每天平均35艘。然而，运河每天只有50艘船的处理能力，在通道被提前预订的情况下，平均渡越时间约为16.5

小时，如果没有预定则大约需要 35 小时。在运输的货物中，谷物占了总运输量的大约 43%，而集装箱和石油产品则分别占了 11% 和 10%，石油运量有 60 万桶/天（0.6 mb/b）。20 世纪 50 年代初期超大油轮的引进迫使其再次考虑石油运输规模经济的战略重要性，这些船只因为运河尺寸的大小而受到限制。巴拿马标准成为海上运输能力相关的标准代名词，它等于 65 000 吨载重量、12 米吃水深和 4800 标准箱的能力。

该运河处理了大约 5% 的全球海运贸易量和 12% 的美国国际海运贸易量。1979 年之前，运河都由美国控制，但随着 1977 年"巴拿马运河条约"的提出，其管理权委托转交给巴拿马政府。1999 年 12 月，运河再次成为巴拿马运河管理局管辖财产。同年，运河两端的科伦港口和巴拿马市港口间的铁路得到重新改善，跨巴拿马管道石油运输线也得到恢复。

由于目前运河处理能力有限，许多船运公司已经改变了它们的路线。随着全球集装箱船所占的份额越来越大，远超出运河处理能力，这种船后来被称为"超巴拿马型"集装箱船。随着该船只在亚太地区沿岸、苏伊士运河和地中海航线广泛使用，以及北美铁路大陆桥的发展，对巴拿马运河在全球海运的中间位置产生了强大的竞争压力。2006 年巴拿马政府开始决定增加运河容量来满足大型集装箱船，此次扩建项目在运河的大西洋和太平洋沿岸建设一套 60 英尺深、190 英尺宽和 1400 英尺长的船闸，它们将能容纳 14 000 标准箱的船舶。同时，对运河通道的疏浚和对运河部分现有区段进行拓宽，从而使阿芙拉型和苏伊士型船只通过运河，并获得更多的集装箱服务新机会，使环球服务的重现。新的设施预计将在 2014 年或 2015 年开放。

5.1.3 苏伊士运河

苏伊士运河位于埃及东北部，是一条跨越苏伊士地峡，连接地中海和红海的苏伊士湾，全长约 190 千米的人工航道。苏伊士运河没有船闸，这是因为地中海和苏伊士湾拥有大致相同的水位，它也是世界最长的无船闸运河。它是欧洲和美国港口通往南亚、东非和大洋洲港口的捷径。过去，由于地理因素限制，从欧洲到印度洋、太平洋的海上航线必须沿着非洲大陆从非洲最南端的好望角进行绕行。运河通道的最小宽度为 60 米，吃水位为 16 米以内的船只均可通行。该运河可满足 150 000 吨载重的满载船只通行。

苏伊士运河，出于法国和埃及的利益于 1859 至 1869 年之间建设而成。

1869年苏伊士运河的开通带来了欧洲影响亚洲、太平洋的新时代。从亚洲到欧洲的旅程大大减少，比绕行非洲节省了约6500千米。1874年英国购买了苏伊士运河公司的股份成为其全资拥有者。20世纪下半叶，在结束殖民地统治的地区出现了新的地缘政治不稳定因素，同时中东地区的民族主义开始显露。1954年埃及和英国签署了协议，要求所有的英国军队要逐步撤离该区域，到1956年6月，运河重新回到埃及手中。但这引发了以色列问题，因为以色列船只不得穿越运河。这种威胁随后也扩展到运河前拥有者法国和英国，原因是它们拒绝按照最初的承诺来资助阿斯旺大坝项目。因此，1956年以色列、法国和英国入侵了埃及。埃及在1956年和1957年间以沉船为由很快地关闭了运河。随后，对于运河的使用各方达成了一致。

然而，20世纪60年代以色列和阿拉伯国家之间的地缘政治紧张局势不断增加。以色列和埃及的"六日战争"和以色列对西奈半岛的入侵导致了苏伊士运河在1967年至1975年间的再次关闭。这一事件明显触动了国际运输，并促成大型油轮开始使用环非洲航线。但运河最终还是于1975年再次开放，埃及同意让以色列使用运河。1976至1980年间，运河发生了重大改善，为适应20万吨级左右的大型油轮（VLCC）和支持欧洲和中东的石油贸易，对运河进行了拓宽。运河通道最小宽度为60米，吃水达到16米的船只均可通行。这意味着满载的超大型油轮（ULCC：超过30万吨的油轮）无法通过运河。因此，常见的做法是卸载部分地中海约束船只，并使用苏麦德输油管道运输。随着更多的运河航道加深和拓宽工程的实施，2001年运河深度已达到22.5米。

运河每年能容纳25 000艘船只，并能处理大约17 000艘船只（2003），平均每天46艘，大约占全球海运贸易的14%，由于运河只能处理单向交通，因此每次必须组织成约10—15艘船的船队穿越运河。每天三支船队，两个南行方向，一个北行方向。渡越时间约为北行10小时，南行12小时。错过一支船队意味着时间将会延迟，因此许多海运公司（尤其是集装箱海运公司）会略过某些港口的停靠以确保它们的船只能按时到达苏伊士运河来组队运行。此外，与运河并行的还有一条铁路线路。

控制苏伊士运河出入的是曼德海峡，是印度洋和红海之间的一个战略要地。它有48至80千米宽，但是对于进出口交通运输仅限于两个3千米宽的通道。相当数量的油轮在此狭窄的通道内很难航行。如果关闭这个海峡将会产生严重的后果，将迫使船只绕道好望角，并在这一过程中需要额外的油轮空间。

5.1.4 马六甲海峡

马六甲海峡是世界上最重要的战略通道之一，因为它支撑着欧洲和亚太地区的绝大部分海上贸易，每年有五万艘以上船只经过这里，是东亚国家和地区重要的石油贸易路线。它也是太平洋和印度洋间的主要通道，离它最近的可替代海峡有印度尼西亚的巽他海峡。马六甲海峡长约 800 千米，宽 50 至 320 千米（最窄的地方为 2.5 千米），最小通道深度为 23 米（约 70 英尺）。它是世界国际航行最长的海峡，大约需要 20 小时的通过时间。

传统上，该海峡是中国和印度间的一个重要通道位置，并先后在不同时期被爪哇国和马来西亚王国控制。从 14 世纪开始，该地区被阿拉伯商人控制，马六甲成了东南亚最重要的商业中心。1511 年马六甲沦陷于葡萄牙，这一事件标志着欧洲对海峡控制的开始。1867 年，该通道被英国控制，并把新加坡和一些其他重要中心如马六甲和槟城作为主要港口，形成了海峡殖民点。这种控制一直延续到第二次世界大战和 1957 年的马来西亚独立。由于第二次世界大战后太平洋地区贸易大大增加，通道的重要性也得到显著提升。位于马六甲海峡最南端的新加坡已经成为世界上最重要的港口之一和主要的石油提炼中心。

马六甲海峡的一个主要问题是它的一些位置需要疏浚，因为它们没有足够的深度来适合 30 万载重吨左右的船只。由于海峡位于马来西亚、印度尼西亚和新加坡之间，因此对疏浚费用分摊以及使用收费很难达成一致。此外，政治的稳定和海盗也一直都是海上流通安全的主要问题。

马六甲海峡止于中国南海，它也是一个极为重要的海运通道，因为存在石油和天然气资源，因此饱受争议。虽然中国合法拥有南沙和西沙群岛主权，但越南、马来西亚、印度尼西亚、文莱和菲律宾也声称拥有该群岛。该地区已探明石油储量估计约为 70 亿桶，可每天生产 250 万桶。随着该地区的经济增长，大量石油、天然气和其他原料（铁矿石、煤）被运输至东亚。每年约有 25%的全球运输船队通过该地区，显示了中国南海作为马六甲咽喉要道延伸的重要性。

5.1.5 其他重要通道

1. 霍尔木兹海峡

它是连接波斯湾、阿曼湾油田和印度洋的一个战略通道。海峡宽为 48 至

80千米，但能够通行的仅限于两个3千米宽的航道，每个航道专门用于入境或出境交通。进出波斯湾的流通因此受到高度限制，由于油轮运输量相当大，使得在狭窄的通道中航行非常困难。从波斯湾出口的石油运输约有88%都要通过霍尔木兹海峡，它们被运往亚洲、西欧和美国。霍尔木兹海峡在全球石油流通中的重要性不言而喻。例如，75%的日本进口石油要通过该海峡。因此，如果这个每天能运送1400万桶石油出口量的霍尔木兹海峡受到破坏，那么很少有能代替它的其他石油出口通道。

2. 曼德海峡

曼德海峡控制着对苏伊士运河的进出，是印度洋和红海之间的战略要道。它宽为48至80千米，但是对于进出口交通运输仅限于两个3千米宽的通道，相当数量的油轮在此狭窄的通道内很难航行。如果关闭这个海峡将会产生严重的后果，将迫使船只绕道好望角，并在这一过程中需要额外的油轮空间。

3. 直布罗陀海峡

作为大西洋和地中海之间的半岛，直布罗陀是两大海洋之间的必经之点。直布罗陀海峡长约64千米，宽从13到39千米不等。1704年，英国从西班牙手中夺得该地，并于1713年与西班牙签订乌特勒支和约，就此，直布罗陀就一直被英国控制。第二次世界大战期间，直布罗陀对意大利和德国地中海舰队进出大西洋进行了封锁，显示出了它的战略要塞地位。

4. 博斯普鲁斯海峡

博斯普鲁斯海峡通道是连接黑海到地中海的通道，长30千米，最窄处仅宽1千米。它和达达尼尔海峡一起，共同成为黑海和地中海间的唯一连接通道。在目前的情况下，博斯普鲁斯海峡正逐渐成为一个具有战略重要性的通道，特别是在苏联解体后。里海拥有丰富的石油储备，它们的很大部分必须通过黑海和博斯普鲁斯海峡才能运送到地中海周边的外部市场。虽然管道运输对此提供了一种替代的选择，但从成本差异来看，显然海上运输更具优势。例如，沿着巴库-第比利斯-杰伊罕石油管道运输石油的成本范围在每桶1至2美元，而由油船通过黑海来船运石油每桶花费仅需20美分。每年通过该通道过境的船只大约为50 000艘，包括5500艘油船，已经越来越接近最大通行能力。最近几年随着里海周围油田的开采，通过博斯普鲁斯海峡的石油运输出现大幅增长，2003年通道过境的运量达到每天280万桶（2.80 Mb/d）左右。

未来，通过博斯普鲁斯海峡的石油流通存在很大的问题，尤其是碰撞和在伊斯坦布尔中部的泄漏的风险。为了应对此问题，土耳其政府在 2002 年对大型油轮进行了夜间禁行。

5. 麦哲伦海峡

1520 年，葡萄牙探险家费迪南德·麦哲伦发现了麦哲伦海峡。此海峡将南美大陆与火地岛分隔，约 530 千米长，4 至 24 千米宽。它作为确保葡萄牙和西班牙在亚洲香料和丝绸贸易中的霸权地位的秘密保持了一个多世纪。随着 1916 年巴拿马运河的建成和 20 世纪 80 年代北美洲大陆桥的建立，这一通道已经丧失了部分战略重要性。

6. 好望角海峡

葡萄牙人于 15 世纪末发现这个非洲最南端的岬角。它将大西洋和印度洋分隔。之所以命以此名是因为它是通往印度和亚洲的海上通道，它给每个穿越此处的人和国家赋予了财富的希望。迪达伽马于 1497 年到达此地，并且是第一通过海洋到达印度的欧洲人。随着 20 世纪 70 年代苏伊士运河的拓宽，好望角已经失去了部分战略重要性，但它是仍然是一个重要的通道。

5.2 交通运输、全球化和国际贸易

5.2.1 贸易与全球经济

在全球经济中，没有任何国家能自给自足。每个国家都在不同程度上生产和需求不同的商品，并且在某一经济领域比其贸易伙伴具有更高的生产效率。传统经济理论认为，通过多元化商品供应和低成本的贸易能够促进经济效益的提升。生产全球化伴随着贸易全球化而产生，它们相互依存。即使是产生于几个世纪之前的国际贸易，如古代贸易线路的丝绸之路可以证明，过去 600 年贸易规模的日益增长，对国家和地区的经济生活都产生了积极的影响。运输部门重大的技术改变对这一过程起到了推动作用。自 20 世纪 70 年代以来，国际贸易的规模、数量和效率都在不断增加。这样，可交易的空间不断增加，而时间和费用却缩短和减少。地球上那些以前无法进行国际运输

的地方也开始能够实现贸易往来。此外，生产的分工和分散化，也促进了贸易的扩展，可以说贸易有助于降低制造成本。

表 5.1 贸易的基本理论

缺乏贸易	较小的国内市场，有限的规模经济，高价格和接近垄断，有限的产品品种，标准的不同
拥有贸易	竞争加剧，规模经济，专业化，低价格，相互依赖

如果没有国际贸易，很少有国家能够维持充足的生活水平。只依靠国内资源，每个国家只能生产数量有限的产品，并会普遍出现短缺现象。全球贸易使得更容易获得波斯湾石油和中国劳动力资源。这也促进了制造业的零配件生产在世界各地的分工。经济活动的区域专业化分工产生的财富日益增多。这样一来，生产成本降低，生产率上升并产生剩余。这些剩余可通过转让或贸易来换取那些在国内生产成本昂贵或在国内无法获取的商品。因此，国际贸易降低了全球范围内的总体成本。消费者可以用它们所挣的工资购买更多的商品，在理论上生活水平会得到提高。国际贸易最终证明了随着全球经济元素和它们一体化水平的空间依赖程度的增强，全球化会更加拓展，如图 5.3 所示。相互依赖性意味着世界各地间建立的资本、货物、原材料和服务将具有更广泛的联系。

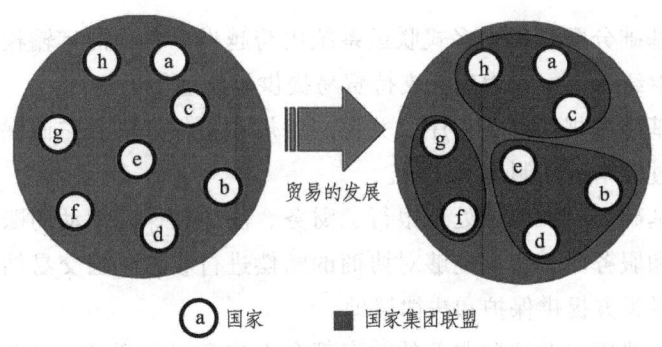

图 5.3 贸易的发展与经济一体化

5.2.2 贸易的促进

国家间商品和服务交易的数量对财富产生贡献比例越来越大，它为新区域的经济增长提供了新的机遇，并使得广大工业制品的生产成本逐步降低。

贸易促进包括如何改善商品国际流动的程序管理，它涉及三个主要因素：

（1）一体化进程。如经济体的出现和全球范围关税的降低，使得它作为协调的监管制度促进了贸易的发展。经济一体化水平越高，涉及交易的要素就越多。经济一体化水平的增长和欧盟、北美自由贸易协定相关的一系列因素，都大大促进了国际贸易的增长。而交易能力也随着一体化进程中的交通运输网络的发展和贸易流的调整得到促进。一体化进程同样也发生在拥有自由贸易区的地方区域，这一区域有着不同的管理结构，目的是促进贸易的发展，特别是以出口为导向的经济活动。在这种情况下，由于只涉及区域内的一部分，因此这一区域的一体化进程并不是统一的，这就产生了许多混乱。

（2）生产系统。由于生产系统更灵活更深入，从而鼓励了对商品、配件和服务的交换。信息技术在促进交易和复杂业务运营管理中起到了重要的作用。外国直接投资通常与生产全球化具有关联，企业的海外投资将会投向生产成本更低的新兴市场。中国就是这一过程的典型。因此能够有越来越多的商品和服务在全球市场上进行交易。

（3）运输效率。运输效率在运输方式和基础设施不断创新和改善的情况下，已经取得了显著的提高。在这种情况下港口就显得尤其重要，因为它们是通往国际贸易的门户。因此，商品的可转移性得到改善。

参与全球经济竞争能力取决于运输系统以及众多的支持服务活动。这些活动包括：

（1）基础分配。货物多式联运系统由跨越世界各地的运输模式、基础设施和终端枢纽组成。它为确保支持贸易提供了物理能力。

（2）基础法规。海关程序、关税、法规和文件处理。它们保证贸易流遵守它们经过管辖区的制度和法规。

（3）基础交易。能够处理银行、财务、法律和保险活动的账户。它们确保了商品和服务的销售商能够对协商的赔偿进行收款，当交易结果不满意时可以保证对买方提供保护和法律援助。

质量、费用以及这些服务的效率都会影响到贸易环境，以及与国际商品贸易相关的总成本。

5.2.3 全球贸易模式

国际贸易，无论是其价值还是量上都在全球经济中呈现增长趋势。全球贸易格局的出现可以描述为三个主要阶段：

（1）第一阶段。20世纪70年代前盛行的传统国际贸易观点。特别的，在关税、配额和外国所有权限制严格规范的管理背景下，原材料、零部件和成品的流动性被加以限制。贸易主要涉及一些特定的在区域经济中不能实现的产品（和极少数服务）。由于法规、保护主义和高昂的运输成本，贸易仍然十分有限，并且会因为货物配送效率低下而导致延迟。在这种背景下，贸易更多的是用于应对短缺的活动，而不是促进经济效益。

（2）第二阶段。从20世纪80年代，生产要素的流动性，即资金的流动成为可能。国际贸易产生的法律和物理环境能够更好地凸显出特定地点的相对优势。随之而来出现了区域贸易协定，全球贸易体制也从法律和交易立场上得到加强（GATT/WTO）。此外，集装箱化与不断增长的航空运输对更复杂的和长距离的贸易流动提供了能力支持。由于老工业地区的高生产（传统）成本，劳动力密集的活动逐渐被迁往成本较低的位置。这个过程是以国家作为个体开始，然后在可能的情况下转向邻国，最后成为一个真正意义上的全球现象。因此，外国直接投资大幅上升，特别是对新兴制造业区域，跨国公司在其资产的全球定位也更灵活。

（3）第三阶段。国际贸易不断增长，它包括了之前在固定地区市场才有的各种服务，与此同时，生产要素的流动性也开始激增。由于这些趋势现在已经非常成熟，所以首先要做的是要向生产、分配和消费的地域和功能整合转移。信息流、商品流、零部件流和成品流的复杂网络已经建立，这就需要一套高水平的物流和货物分配管理。在这种环境下，出现了强大的参与者，它们并不直接参与生产和零售，而主要是负责货流网络的管理。

所以，全球经济系统是一个具有在服务、财务、零售、生产和分配上一体化水平不断增长的特点的系统。但是对于分配来说，它主要还是运输和物流的改善、区域相对优势高效开发和全球贸易的法律和金融复杂性支持的交易环境作用的结果。随着越来越多的发展中国家参与到国际贸易，这种结果已经在全球贸易流发生转移。这种趋势明显地反映了跨国公司在布局其资产来降低成本，最大化新市场机遇以保持其货物配送系统凝聚力的战略。此外，另外一个重要的贸易是不断增长的资源进口贸易，主要是从发展中国家进口的能源和农产品。

国际贸易增长背后的主导因素一直是发展中国家制造活动不断增长的比例，因为制造商一直都在为供应链不同阶段寻求低成本的位置。国际贸易的发展从而与生产的发展相一致。然而国际贸易也存在明显的波动,它与经济周期的增长与衰退相关联,同时还与具有破坏性的地缘政治破坏事件相关。国际生产的分工一直都伴随着有制造品不断增长的流动,并且它在国际贸易中所占的份额越来越大。在交易的商品中,散装液体(如石油)较少,干散货和普通货物较多。

  国际贸易的地理属性揭示了一小部分国家在贸易中的主导地位,它们主要分布于北美和欧洲。但从美国、德国和日本来看,它们就占据了全球贸易的三分之一,但是,这种地位正不断面临挑战。此外,G7 国家占据了全球贸易的一半,这种主导地位已经持续超过 100 年。亚洲的发展中国家所占据的份额越来越大,中国无论在绝对值还是相对值上都有着最显著的增长。这些地理和经济的变化也反映出在跨洋贸易中,跨太平洋贸易比跨大西洋贸易呈现出更快的增长。

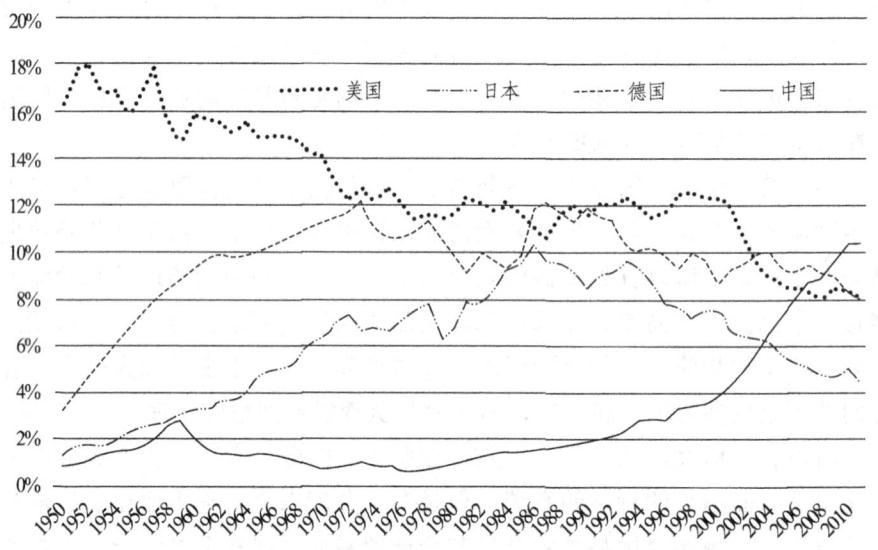

图 5.4 1950—2011 年世界主要出口国占全球出口比例

  区域化一直是全球贸易的主要特征之一。大量的国际贸易往往都具有区域性,它在经济集团,如北美自由贸易区和欧盟建立下得到促进发展。越接近这些经济实体,就越有可能与之进行贸易,由此可以解释西欧和北美内部最激烈的贸易关系。货物贸易数量的增长以及大量的各种来源地和目的地共同促进提升了国际运输作为全球经济基本支撑要素的重要性。

5.2.4 国际货运

随着国际贸易的增长和生产全球化，国际运输系统已面临越来越大的压力来满足更多的运输要求。如果不是因为有大量的技术进步促进的更大货物和旅客运输量和更快更高效的运输方式的出现，这种情况也许就不会发生。很少有其他技术的改进能像集装箱化一样能对货物流动性环境产生这么大的影响。由于集装箱和多式联运提高了全球分配的效率，越来越多的普通货物开始利用集装箱进行全球运输。因此，交通运输通常被看作一个有利的因素，但不一定是国际贸易的因素，但是没有这个方法全球化可能不会发生。一个常见的发展问题是国际交通运输基础设施在支持流动性方面表现的不足，它削弱了全球市场的进入和在国际贸易中获取的利益。

大约有一半的全球贸易发生在3000多千米以上的地点之间。由于地理尺度原因，大多数国际货运都要涉及几种运输模式，特别是当发送地和目的地相距甚远时。服务这些流动的运输链必须要建立，它可以加强国际运输模式和战略地位枢纽的重要性。国际贸易需要可以支持贸易伙伴的分配基础设施。能够促进贸易发展的三个国际交通运输组成部分有：

（1）交通运输基础设施。涉及诸如枢纽、车辆和网络等物理基础设施。运输基础设施的效率的高低会促进或阻碍国际贸易。

（2）交通运输服务。涉及旅客和货物国际流通服务的复杂性，包括如分配、物流、金融、保险和营销等活动。

（3）交易环境。涉及国际运输系统运营中复杂的法律、政治、财政和文化背景。它包括汇率、法规、配额、关税以及消费者喜好等方面。

在众多的运输模式中，有两种特别受到国际贸易的关注，它们是海洋运输和航空运输。事实上，公路和铁路模式往往只占据着国际交通运输的边缘部分，因为它们是国家或区域运输服务的主要模式。然而，加拿大、美国和墨西哥间的北美自由贸易协定贸易及西欧贸易的很大部分都是由汽车货运来实现。尽管如此，虽然多式联运对这些流动赋予了更复杂的环境，但这些交易仍然是发生在所定义的区域内。

亚太地区的经济发展，特别是中国的发展，已经成为近几年国际交通运输增长的主要因素。由于贸易距离通常都相当大，从而导致了对海洋船运和港口活动不断增长的需求。由于工业和制造业的发展，中国对原材料和能源的进口数量不断增加，同时制成品的出口数量也不断增长。这大大刺激了对国际运输需求的激增。现在在广东珠三角港口处理的集装箱量几乎达到了美国所有港口集装箱数的总和。

5.3 商品链和货运

5.3.1 当代生产系统

生产和消费是经济系统的两个核心组成部分，是传统的供应/需求关系中相关联的内容。基本的经济理论强调消费就是生产，生产也是消费。生产数量和消费数量的失衡可以认定为市场失灵。一方面，不充足的产量会造成短缺和价格的上涨；另一方面，生产过剩意味着浪费、存储和价格下降。生产和消费在没有货物流动的情况下无法产生，而货物流的产生则是在一个包括运输模式、终端枢纽以及由设备管理的货物相关活动的复杂分配系统内产生，即配送中心。现代生产系统是生产要素、配送和工业联系显著改变的结果。

（1）生产要素。过去，三大生产要素——土地、劳动力和资金不能在全球水平内有效使用。例如，位于某国的公司很难在其他国家取得廉价劳动力和土地的优势，尤其是因为规则原因不允许外国集团对制造设备享有完整所有权。这一过程也得到了经济一体化和贸易协定的加强。欧盟建立了一个促进生产要素流动的结构，从而能够更好地使用欧洲地区的比较劳动生产率。类似的过程还发生在北美（北美自由贸易协定）、南美（Mercosur）和亚太（东盟），并取得了不同程度的成功。面对一体化进程和全球金融中心协调的资金流动，生产要素具有扩展的流动性，在某些情况下还是全球性的。为了降低生产成本，特别是劳动成本，许多公司已经将它们工业生产系统部门（有时是整个过程）重新搬迁到新位置。例如，2003年美国公司在国外的生产活动占到了其全部生产获得27%左右，而日本则也有约15%。

（2）配送。过去，克服距离的困难主要受自然分布及通信的限制有关。配送系统对于世界不同地区间的商品船运能力有限，而低效率的通信系统很难对分散的生产系统进行管理。在这种情况下，货物可能跨越边界，但资金流，尤其是投资资本会受到更多的范围限制。贸易可以国际化，但是生产系统还是以地区为主。生产系统因此主要通过工业园区的地区集聚经济来建立，如图 5.5 所示。随着运输和物流的改善，配送效率已经达到一个新高度，对管理大规模的生产和消费成为可能。

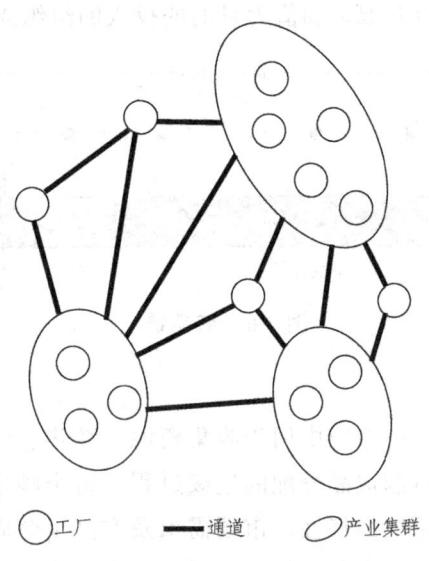

○工厂　　——通道　　○产业集群

图 5.5　产业集聚与运输

（3）工业联系。过去，生产系统元素间的主要关系发生在自主的实体之间，规模一般较小，因此这些联系往往相当不协调。跨国公司的出现强调了生产系统中更高水平联系，之前发生在多个实体间的很多活动现在只在同一法人实体即可实现。然而在 20 世纪 50 年代，由跨国公司产生的经济产出占全球经济产出 2%至 4%的份额，到 21 世纪早期这一比例已上升至 25%至 50%。大约有 30%的全球贸易都发生在同一公司中，而发达国家间贸易的这一比例更上升至 50%。

全球运输和电信网络的发展、无处不在的信息技术、贸易自由化和跨国公司都是对生产系统产生重大影响的要素。在许多情况下，所谓的"平台公司"已经成为新的范式，其制造功能已经从法人活动的核心中移除。遵循这一战略的公司，特别是大型零售商，一直都在积极利用"中国效应"的优势从事生产活动。

5.3.2　商品链

商品链是指一个功能集成的生产网络，贸易和服务活动覆盖了供应链的所有阶段，从原材料转化，中间制造阶段，到成品运输至市场。链条被概念化为一系列的连接各种交易类型的节点，如销售和内部转移。商品链中每个连续的节点都会涉及以获取附加值为目的的投入的组织或收购。

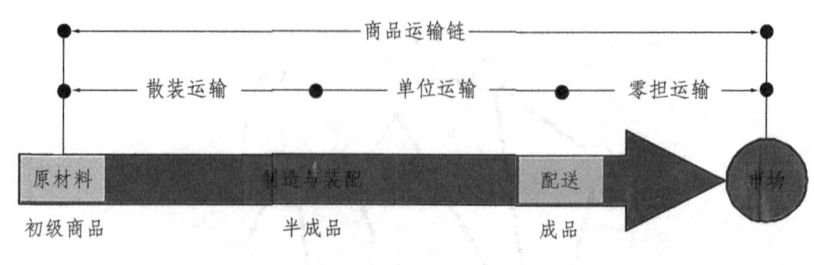

图 5.6　商品链

1. 商品链的类型

商品链是公司在生产系统中用于收集资源，并将它们转化为零部件和产品的，最终向市场进行制成品分配的连续过程。每个顺序都是独特的，并依赖于产品类型、生产系统的特性、市场需求及产品生命周期所处的阶段。商品链实现了在供应商和客户范围内的一系列顺序的输入和输出，主要是基于生产者和购买者驱动的立场。它们还为不断变化的条件提供了适应力，即调整生产来适应价格、数量甚至是生产规格的改变。随着将生产、交易和配送成本的减少作为物流结果，使得生产和配送的灵活性就显得尤为重要。商品链的主要类型包括：

（1）原材料。这些货物的原产地与环境（农产品）或地质条件（矿石或化石燃料）相联系。原材料的流量（特别是矿石和原油）在发展中国家向发达国家的出口的模式中占主导地位。在发展中国家，运输终端通常以装载为主，而发达国家则主要是进行卸载，并且在港口附近还常常具有转化活动。在一些发展中国家，工业化已经使得能源和原材料流的标准模式进行改变。

（2）半成品。这些商品是通过部分转化形成的具有一定附加价值的商品。主要涉及金属、纺织、建材以及用于制造其他商品的部分。在这一领域交易的模式是多种多样的，但是主要以地区运输系统和区域生产系统为主。

（3）制成品。这些是需要运输到广大消费市场和利用高层次流通组织来满足需求的商品。这些流动主要涉及发达国家，但发展中国家也占了相当的份额，特别是那些专门出口基础制造业的国家。集装箱化一直是制造业产品的主要运输模式，通常它在终端枢纽和其配送中心附近进行组织装载。

2. 商品链的功能

一个重要的趋势是生产、配送和市场需求之间不断增长的植入式水平。自从由于地区和企业的经济生活建立以来，相互依存关系已经取代了相对的自主性和生活自给自足，高水平的货物流动已经成为一种必然。高效的配送系统的出现将会对全球商品链（也称为全球生产网络）起到支撑作用，并通过下列方面来维持：

（1）功能整合。其目的是连接供应商和客户衔接系统供应链的各元素。通过一系列的供应/需求关系，即货物、资金和信息流动，可以实现功能互补。功能整合依赖于在广阔领土上的分配，其中"即时"和"门对门"战略是由新货运管理策略创建的一个关于相互依存关系的例子。多式联运往往会大量使用它们之间的转运点和走廊，而利用物流管理则会使其更加高效。

（2）地理整合。全球经济对大量资源的消耗意味着它对资源供给的依赖，这些资源往往需要从较远的地方获得，如原油和矿产。克服空间的需要对于经济发展至关重要，现代运输系统的发展增加了地理上分隔地区的一体化水平，以实现更好的地理互补。随着交通运输的改善，地理上的分隔已经变得不那么重要，因为网络的分配能力和生产成本的相对优势已经被挖掘。生产和消费也可以在空间上更加分离，即便在聚集经济不那么明显时，规模经济也不会缩小。

5.3.3 货物运输和商品链

随着生产范围扩大，运输系统逐渐适应了当地、区域和国际货物配送的新的实际运作。货物运输业也随之在商品链中发挥日益重要的作用。其中最重要的因素有运输效率、通信成本和技术改进。其中，运输效率的改善促进了商品链范围的扩大；通信成本的降低使企业对它们的商品链实现了更好的控制；技术改进，特别是多式联运，使得不同运输模式间（特别是陆地运输/海洋运输）和商品链间有了更高效的连续性。

1. 主要的货物商品链

这样的一个结果就是货运速度得到改善，距离摩擦和生产空间隔离不断减少。这个过程极大融入了国际和区域交通运输系统的能力和效率中，特别是海上运输和陆路运输。货物的生产阶段在同一地点发生的情况越来越少。

因此，商品链地理学正与运输系统地理学相整合。交通运输和商品链一体化的主要部门有：

（1）农产品链。它是一条把肥料和设备作为投入，把谷物、蔬菜和动物产品作为产出的序列链。有几种交通运输模式常用于此生产系统，包括火车、货运汽车和运粮船只。由于很多产品是易腐食物，因此运输模式往往要对这些特殊约束进行调整。农业出货量往往具有很强的季节性，会根据收获季节的不同有所消长。港口在农产品仓储和转运中起着重要的作用。

（2）能源商品链。它包括了从燃料（石油、煤炭、天然气等）开采地到加工转化地到最终的消费地的运输。它们与大宗原材料的大量运输相联系，特别是铁路和海运模式，但有时也用管道。由于需要持续的能源供应（即使需求会存在一定的季节性），因此它们往往是非常稳定和连续的商品链。

（3）金属商品链。与能源商品链相似，这些系统不仅包括了从矿产开采地的运输，还包括了运往工业部门的运输，这些工业部门使用金属用于制造船舶、汽车和建筑材料等。

（4）化学商品链。主要包括几个分支，如石油化学品和化肥。这种商品链与能源和农业部门相联系，因为它既是客户也是供应商。

（5）木材和纸商品链。从广阔的森林地带的砍伐收集开始，如加拿大、北欧、南美和东南亚，随后运往纸浆和纸张生产中心，最后运送给消费者。

（6）建筑业。主要指原材料的移动，如水泥、沙子、砖头和木材，其中很多是在当地范围内完成。

（7）制造业。涉及多种多样的发货地和收货地之间成品和半成品流动形式。这些流动越来越集装箱化。

2. 商品链的分类因素

大多数的商品链与区域运输系统相连，但是随着全球化的进程，国际运输在生产系统中所占的份额越来越大。资源、零部件和半成品对商品链的使用很好地说明了商品链中货物运输的类型。因此，运输系统必须适应满足商品链的需求，这就导致了多样化水平的呈现。在商品链中，货物运输服务可以通过以下几点来分类：

（1）货物运输。指的是由业主、制造商或第三方参与的货物运输。目前的趋势是公司将货物转包给专业运输商，从而能够提高效率，减少服务成本。

（2）地理覆盖范围。涵盖了广泛的范围，包括国际、经济集团、国家、区域或地方。每种规模范围通常都会涉及具体的运输服务模式和终端枢纽的使用。

（3）时间限制。货运服务还需要有明确的时间范围表示，在这里时间非常重要，除了要保证成本最低外，还要考虑时间因素。运输时间和存货水平有着直接的联系，它们对供应链的维持有着直接的影响。时间越短，存货水平就越低，从而可以得到显著的节约。

（4）托运规模。根据产品的属性，货物可以满载、部分装载（零担），如普通货物、集装箱装载或包裹。

（5）货物种类。成套货物（集装箱、箱子或托盘）或散装货物需要专用车辆，船舶及转运存储设施。

（6）模式。货物可通过单一模式运输（海洋、铁路、公路或航空）或多式联运的组合模式。

（7）冷链。一条温度控制供应链，使用相关的材料、设备和程序来维持特定货物运输过程中的温度。通常用于食品和医药品的配送。

生产全球化是后福特时代环境下的产物，其中"即时"（JIT）和高密度的流通量正成为生产和配送系统的规范。国际交通运输正在转变来满足通过物流组织和管理的日益增长的流量需求。虽然运输服务的多样性支持了各种商品链，但集装箱化也足够适应应付各种货物及其时间限制。

5.3.4 商品链分析

1. 商品链结构

商品链揭示了许多关于全球生产结构和全球经济的现象，是运输地理学家需要完全充分理解和研究的重要领域。要想了解商品链的重要性需用全面的方法进行研究，因为它们不仅仅只简单考虑运输，还要考虑其中的多种活动。

商品链分析是对那些促进商品在产地和消费市场流通的过程和执行者的认识研究，如原材料、产品和消费品。因此，商品链包括了一系列的环节，如从原料开采、中间产品的装配到消费市场的配送。商品链分析还可以只对单一产品（一组产品）的特定环节进行研究。

对这样一个复杂的代理链的分析过程需要从以下几个视角进行考虑：即交易视角、相对视角和功能视角。其中，交易视角是对流和产生流的交易的辨识，尤其是关心在商品链建立和管理中制定流程的决策；相对视角是评估商品链附加价值元素的相对竞争力；功能视角是辨别商品流通中的物流过程，包括配送中的能力限制，即运输模式的、联运模式的和终端枢纽的有效性。

2. 商品链分析的考虑因素

（1）发生地和目的地。它是揭示比较优势、区位偏好和市场规模的供应和需求的一个基本问题。像进行仓储之类活动的中间位置也需要加以考虑。

（2）成本函数。用于评价商品链环节中活动产生的费用，如采购成本、制造成本、配送成本和零售成本。

（3）载货单元。主要考虑物料流在商品链中如何流通，通常涉及易碎、易腐或贵重产品。这不仅仅是一个简单的集装箱问题，还涉及在集装箱化过程中所使用的载货单元。

（4）运输模式和多式联运的使用。主要考虑在适应商品链的过程中运输链的属性问题，如使用的运输模式、终端枢纽和货运代理。

（5）规章和所有权。它指商品链中与货物流通的一系列规定和制度。也考虑船运公司通过协议、兼并和联盟的形式对商品链的性质和控制水平。

（6）配送渠道。它考虑与物流服务供应商，特别是与制造商和零售商的关系。在许多情况下，配送活动是转包进行的。

（7）附加值。考虑商品链的哪个部分能够提供最大的附加值。这是一个重要的战略目标，因为附加值与利润挂钩。因此，商品链的组织皆在通过寻求区位和编制策略来实现增加附加值的目的。

5.3.5 中国鞋类制造业商品链分析

中国已经成为全球商品链出现的一个关键因素。出口导向工业化的 20 多年后，中国已经占据了制造业活动的整个范围，涉及从最简单的劳动密集到发展到具有一定尖端水平的产业。鞋类商品链就是一个成熟产业的典型事例，它很大程度依赖于低生产成本和高效配送渠道。产品往往相对简单，其成功基本依靠设计、品牌和成本。因此，它是一个由于全球化而具有高水平分散的制造部门。从 20 世纪 80 年代开始，鞋类制造业在中国蓬勃发展。现在，它已约占世界鞋业生产的 50%。对这个部门可以进行一个简单的商品链分析：

（1）发生地和目的地。珠江三角洲已成为世界上最密集的制造业集群，它是 30 多年来外商投资的结果（从 20 世纪 80 年代开始），最初只是在像深圳这样的经济特区。由于内陆地区交通运输的滞后，大部分制造业活动都集中三角洲主要道路走廊和港口设施附近的位置。产品出口到世界各地，特别是在美国销售的鞋类有95%都是中国制造，其本身就是一个重要的商品链。生产普遍具有"平台"结构的特性，通过此平台，那些对品牌名称控制的大型时装公司（美国、欧洲和日本）将生产进行转包。在许多情况下，品牌设计师与零售商直接合作。

（2）成本函数。因为中国劳动力成本低，因此在制鞋业中揭示出一个典型的成本结构，即劳动力是边际生产成本的一部分。运输成本很低则是因为显著的价值体积比（零售业）。最重要的成本实际上与零售和营销有关，它显示了该行业已达到的成熟程度。

（3）载货单元。典型的工厂产品应是完整的产品，包括产品包装（通常还包括价格标签），它们可以直接在商店上架。订单商品被放置在托盘上，然后在集装箱集中装载。最大限度使用集装箱单元的趋势是放弃使用那些频繁产生装卸费用的托盘。产品放置在更靠近目的地的托盘上。载货单元被集装箱化，但是运往同一配送中心的各种商品可以集中装载，特别是当零售商是多样化经营的时候。在配送中心，这些货物将被分解，通常是利用专属的零担货车送至指定的零售店。

（4）运输模式和多式联运的使用。由于出口市场遍布全球，因此商品链会涉及各种运输模式。第一步通常是配送中心的货车发货，在这里货物被集中装入集装箱。然后，这些集装箱被运输到港口设施。由于鞋类商品链面向众多市场，并且完全是集中性生产服务结构，所以在港口需要完成一系列的复杂活动。关于集装箱贸易不平衡，以及装载集装箱船在服务不同市场和客户所需要的一系列港口停靠是个非常特别的问题。

（5）规章和所有权。其商品链产生于全球服装业自由贸易环境背景下。由于鞋类是简单的劳动密集型产品，只有少数国家能够维持这种类型的产品，因此它能够在相对轻松的监管环境下流通。全球商品链的所有权越来越集中，因为许多国际物流供应商都对物流配送活动非常感兴趣，特别是配送中心。

（6）配送渠道。中国的鞋业制造，像许多其他制造活动一样，选址问题非常简单，制造商往往会选址在毗邻港口设施的位置。在鞋类生产配送中也存在挑战，因为它面向的是许多国家的众多客户。许多物流和配送企业（第三方物流）已经开始在中国提供综合的货运服务，特别是围绕其出口导向区域。因此，在中国建立更有效的配送渠道，有助于应对出口的激增。

（7）附加值。在商品链中最典型的是设计师和零售商获得的绝大部分附加值（分别为 25%和 50%）。

上面所罗列的大都集中在商品链的运输和配送方面。它揭示了全球化和分散型产业在成熟产品中要获取尽可能多的附加价值，这也是生产和零售激烈竞争的目标。

5.4　物流和货物配送

5.4.1　物流特性

不断增长的货物流量已经成为当代全球、区域和本地规模经济系统变化的基本组成。这些变化不仅体现在量上，也体现在结构和运营操作上。结构变化主要涉及制造系统的生产地理问题，而运营操作的改变主要是关注货物运输的配送地理。因此，最根本的问题并不是货物流动的性质、产生地和目的地，而是货物如何被移动。新的生产模式伴随着新的配送模式，这就产生了物流的研究新领域：物流科学。

物流是指一系列与商品加工转换和配送的活动，涉及从原材料采购到最终市场的配送，以及相关的信息流。物流（Logistics）来源于希腊文"logistikos"（意为逻辑推理），该词具有多种含义。十九世纪的军队将其看成一种各种运输方式相结合、补给和部队掩护的艺术。当今它是指为了实现商品进入市场或特殊目的地的一系列的运营操作，如图 5.7 所示。

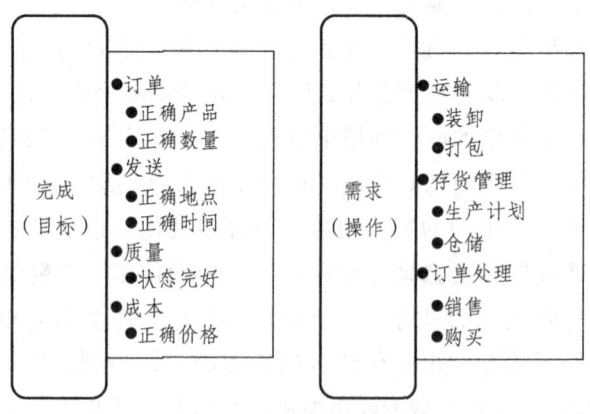

图 5.7　物流目标和操作

物流的应用使得流动在选择运输模式、终端枢纽、路线和制定日程安排上更合理更高效。物流因此也成为一个包括生产、地点、时间和控制的供应链元素的多层面增值活动。它体现了对全球化物质和组织上的支持。物流配送、派生的运输部门和物资管理，以及催生的运输业务都是物流的相关活动。

物流配送是包含商品从生产点到最终销售和消费点的各种活动范围的总称。它必须确保供应链的流动性要求得到完全的满足。物流配送包括商品流动和装卸的所有功能，特别是运输服务（货车运输、铁路货运、航空货运、内河水运、海洋运输和管道运输）、转运和仓储服务（如托管、仓储、库存管理）、贸易、批发和零售。按照惯例，所有这些活动被认为是起源于原材料的管理需求。

材料管理认为所有的活动都与供应链的所有生产阶段中的商品制造有关。它包括了生产和市场活动，如生产规划、需求预测、采购和存货管理。材料管理必须确保能够通过处理广泛的组装部件和原材料来满足供应链的要求，包括包装（运输和零售）和最终的废旧商品回收。所有这些活动都被认为是引起物流需求的因素。

通过物流来实现的物流配送和物资管理的紧密结合正在使引起物流配送的运输需求功能和衍生的物资管理需求功能的关系变得逐渐模糊。这就意味着配送一如既往的起源于物资管理活动（即生产），但同时这些活动在配送能力中相互协调。因为考虑到物流的综合运输需求作用，生产、分配和消费的功能很难分开考虑。配送中心是进行物流协调的主要设施。

配送中心是指具有整理、仓储、包装、装卸和与货物处理相关的其他功能的设施或一组设施。它们的主要目的是货物提供增值服务。配送中心通常靠近主要的运输线路或终端枢纽。它们也能执行例如装配和贴标等轻工业制造活动。

因为将货物从生产商直接运到零售商非常不切实际，配送中心实质上就成了产品组装的缓冲点，有时它还会接收其他配送中心过来的货物，然后进行分批运送。配送中心通常具有一定的市场范围，在那里配送中心会根据订单建立一个具有一定送货频率和响应时间的服务窗口。这个结构看起来很像一个枢纽辐射型网络。

参与物流的活动非常广阔，从交通运输到仓储和管理，每个活动都各自会产生成本。这些成本共同成为配送系统和经济的负担，我们称之为总物流成本，如图5.8所示。配送系统的性质和效率与其所经营的经济性质密切相关。

全球物流开支约占全世界 GDP 的 10%~15%。在依赖于原料炼取的经济中,物流成本比服务经济还要相对更高,因为运输成本占了商品总附加价值的较大份额。

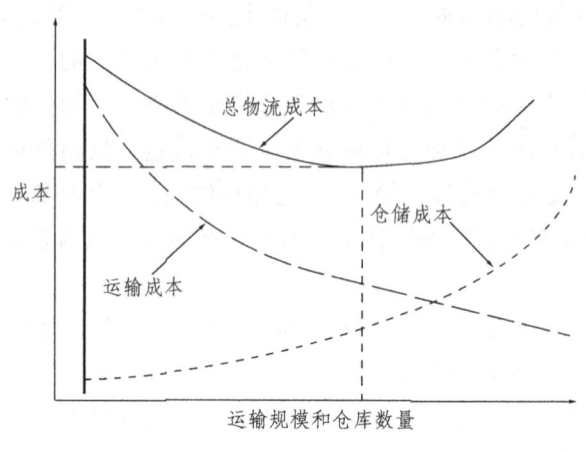

图 5.8　总物流成本

5.4.2　设施和技术

现代物流原本专注于生产过程的自动化,以最小成本的生产要素组合来尽可能地有效组织生产。这是一个重要的里程碑,正是由于精益管理的理念,才使得配送系统整体发生快速的变化,尤其是在制造业方面。精益管理的一个主要前提之一是消除库存并按照需求严格地组织物资供应,取代以往的库存和仓储。其结果是生产更专业化和产品更多样化。

现代化配送系统需要对流量进行高水平的控制。虽然这种控制一开始主要涉及组织和管理问题,但其实施还需要大量的技术工具和专家。如果技术可以通过对问题的控制水平来定义,那么应用到物流的技术就可以被看作是其流动控制的水平。一个重要的技术改变与多式联运有关,特别是集装箱化,已经从根本上形成了物流体系。物流和一体化运输系统在同一方向上共同努力。最近,用于改善物流的整体管理的新信息和通信技术(ICT)的应用,特别是其载货单元,受到了关注。因此,物理以及技术变革的 ICT 部分正不断被强调。特别是 ICT,因为它有助于加强分销商对供应链的控制水平。物流的技术层面因此可以从五个方面考虑:

(1)交通运输模式。近几十年来,与运输模式相关的技术变化非常有限。

在某些情况下，运输模式已经适应了集装箱相关业务，如公路和铁路（双层集装箱等）。相比之下，海上运输经历的重大的技术变化最多，它需要建设一种全新类型的船只和运用规模经济来满足海洋集装箱运输。在这些变化的背景下，服务于大型门户的全球海洋船运服务网络已经出现。

（2）交通枢纽。这一方面的技术变化非常显著，新枢纽设施的建成给运营带来了很高的营业额。更好的处理设备改善了枢纽内货物的装卸速度，这是原材料物流运输带来的最显著的技术变化。在这种情况下，港口已成为支持全球物流最重要的枢纽之一。

（3）配送中心。技术的改变会影响配送中心的选址、设计和运营，以及处理现代配送需要的设备。从地区角度来看，配送中心主要是依靠货车运输，这意味着在郊区位置必须要有良好的道路可达性来支持连续的交通流。它们对区域市场的平均窗口服务时间为48小时，意味着客户的补货订单可以在该时段内得到满足。它们被设计成为用来进行货物吞吐的存储设备，而不是仓库，它们拥有专门的装卸通道和分类设备。越库配送中心是对设备利用的最先进形式，它用以处理即时型货物配送（见图5.9），即商品到了配送中心以后，不进库，而直接在站台上向需要的客户进行配送，这样就使物流成本大大地降低。

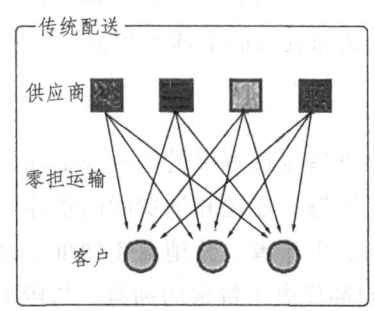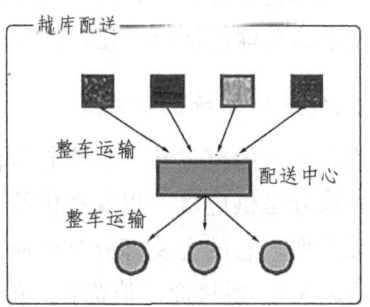

图5.9 传统配送与越库配送

（4）载货单元。由于物流涉及提高流动的效率，因此载货单元就显得尤为重要。它们是货物配送的基本物流管理单元，通常采用托盘、周转箱，半拖挂车和集装箱等形式。集装箱是长途贸易的首选载货单元，但是日益复杂的物流需要更具体的载货管理水平。条码和RFID（射频识别装置）的使用更能提高流通中载货单元的控制水平。

（5）电子商务。考虑物流带来的多种信息处理变化，商品链与物流（物品流）及信息流有关，特别是电子数据交换。生产者、销售者和消费者都嵌入在一个互惠交易的网站中。这些贸易大多数发生在现实中，它们的表现是物品的流动。电子商务为整个商品链提供了优势，消费者可以得到真实的更好的产品信息，制造商和配送商能够对需求变化做出调整。其结果往往是能够获得更有效的生产和配送计划，以及能方便地对运输进行追踪和库存管理。

对于物流，ICT是一个特别的时间和嵌入式问题。由于ICT，货物配送成为一个从基于库存的物流转向到基于补给的物流的典范。

5.4.3 配送系统

1. 配送系统的趋势

在更广泛的意义上，配送系统是嵌入到不断变化的宏观和微观经济框架中的，其特点大致可以通过柔性化和全球化的方面来描述：

（1）柔性化意味着它是一种由高度分化、强大市场和客户驱动的附加值创造模式。现代生产和配送不再只是单一公司活动的对象，它越来越多地融入供应商和分包商的网络中。供应链通过信息、通信、合作和物流配送来被捆绑联系在一起。

（2）全球化意味着实体经济的空间框架已经得到扩展，即经济的空间扩张，更复杂的全球经济统一化，以及更错综复杂的全球流和枢纽网络。

2. 现代配送系统的特点

以流为导向的模式几乎影响着价值创造全过程中的每一项活动。物料管理的核心部分是供应链，以及在供给、制造、配送和消费间的整体商品流的时空相关排列。它的主要部分是供应商、生产者、分销商（如批发商、货运代理、承运人）、零售商、消费者，他们都代表了特定的利益。与传统的货物运输系统相比，供应链管理的演进和物流产业的出现主要有以下四个特点：

（1）通过建立一体化的供应链和整合的货物运输需求，商品销售结构得到根本转变。

（2）传统上运输被认为是一种克服空间的工具，而物流则关注的是节省时间。这可以通过纵向一体化转移来实现，即分包和外包，包括物流功能本身。

（3）根据宏观经济的变化，以需求方为导向的活动正日益突出。尽管传统的交货主要由供方管理，但目前的供应链正越来越多地由需求方管理。

（4）物流服务变得越来越复杂和更具有时间敏感性，许多公司现在把它们的部分供应链管理进行转包，我们称之为第三方物流供应商。最近，一个新的供应商类型，被称为第四方物流供应商已经出现。

3．配送过程的考虑因素

物流因此也对配送成本和时间非常关注。由于现代流通的要求，时间的问题在商品链管理中正变得更加重要。时间是货物运输的一个主要问题，因为它会造成存货持有和形成折旧费，这对于紧密集成的供应链更为敏感。此外，许多方面都被添加到配送中。然而在过去，在合理时间内向特定的目的地发送一个完好的货物是一件非常简单的事情。配送过程主要考虑以下因素：

（1）配送时间。特别是向投递员设置一个具体的 ETA（估计到达时间）和难以容忍的延误时间。

（2）配送的可靠性。通常用订单商品的有效性和根据订单在数量和时间上正确配送的频率来测量。

（3）配送灵活性。是指由于数量、地点或送达时间的变化，配送能做出的调整。

（4）配送质量。主要关心的是交货商品的配送环境条件以及它是否能够配送特定数量的货品。

5.4.4 货物配送布局

物流具有鲜明的地理维度，在供应链中可以用流、节点和网络来表示。运输地理中一个众所周知的概念——空间/时间收敛性正在被物流所改变，在这一性质中时间只是被简单看作可以与特定量的时间进行交易的一些空间量，包括了旅行和中转。一些诸如配送、一体化等活动在之前完全没有被考虑在时空关系中。这意味着通过节点和网络策略的流具有组织性和同步性：

（1）流。传统的商品流的安排包括了原材料到制造商，以及仓储作为其中间缓冲功能的流程。此商品流持续流动途径批发商或托运人、零售商，最终到达客户。在这一链的各个分段中，延迟非常普遍，并且会使仓库的库存不断积累。消费者到供应链的信息流很有限，这意味着生产者不能很好地得到他们产品的消费情况（往往具有时间差）。这个过程正在改变，主要是通过消除供应链组织中高成本费用的营运环节来实现。反向流也是供应链的一部分，即回收和产品退回。供应链管理的一个重要结果是存储或仓储在一个设备的集中。这一设备正逐渐被设计为以流和吞吐量为导向的配送中心，以代替成本密集和大仓储容量的仓库。

（2）节点和位置。由于公司的新策略，物流功能不断向战略位置的特定设施集中的现象正越来越普遍。枢纽的货物流动取得了很多改进。设施比以前大了很多，该位置也具有了联系区域和与长途关联的特点。传统上，货物配送一直设置在产品的主要产地，比如在北美东海岸和中西部地区的制造业带，或英国和欧洲大陆的旧工业区。当前，特别是大规模的商品流都会直接通往大型门户和枢纽，主要是大型港口和重要机场，公路交叉口也是区域市场的入口。制造业和工业生产地理布局的不断变化都伴随着充分利用中间位置的货物配送地理布局的变化。

（3）网络。当代交通运输网络的空间结构是分布空间结构的表达。网络的设置通常会导致跨国服务活动汇集向大型配送中心转移。但是，这并不意味着国家或地区会消失，一些商品仍然需要三级配送系统完成，即区域、国家和国际配送中心。网络结构也适应了货物运输要求一体化的需要，并可以在不同形式和规模下运行。大多数货物配送网络，特别是零售业，正面临着"最后一千米"的挑战，它是配送序列的最后一步，通常连接着配送中心和客户（商店）。

由于城市是在生产、配送和消费的同一时区，因此城市物流领域的重要性日益增加。由于全球化、全球生产网络和高效的货物运输系统（很多是由物流所产生），生产、配送和消费的错位选址（错开位置选址）越来越多，从而使得这一问题更加复杂。

5.5 国际石油运输

5.5.1 石　油

极少数商品能像石油这么重要，它可以用作能量来源以及塑料和化肥制造的原料。作为一种具有战略重要性的商品，石油一直以来都是地缘政治冲突的"导火索"。现代一些地缘政治事件都与石油密切相关，或者是由石油供应和价格产生的后果。第一个触及石油地缘政治重要性的事件是1912年英国海军做出的为了使军舰具有更高速度和更远航行范围而将军舰燃料由煤炭转为石油的决定。由于英国没有石油资源，所以它将盎格鲁·波斯石油公司国有化，并任命自己去保护波斯地区的石油资源（1934年后的伊朗）。

第一次世界大战显示出了内燃机在现代军事行动中的重要性。20世纪20年代，由于机动化的汽车成为越来越重要的交通运输工具，民用石油需求呈现出迅速增长的特点。与此同时，石油迅速被几个主要的公司所控制，这些公司如今已变为石油巨头。寡头垄断对石油价格和石油产品的商业控制最早开始于1928年由石油"七姐妹"制定的"阿克纳卡里协定"，"七姐妹"是当时主要的石油跨国公司。

"七姐妹"即20世纪早期在石油产业处于主导地位的7个主要的石油跨国公司，其中5个是美国公司，2个是英国公司。美国公司包括埃克森（新泽西标准石油）、美孚（纽约标准石油）和加利福尼亚标准石油（即后来的雪佛龙），所有这些都是1911年标准石油公司解体导致的结果。另外两家石油公司——德吉古和海湾是在1901年在得克萨斯州发现纺锤顶油田后成立的公司。英国公司包括皇家荷兰壳牌（与荷兰合资）和英国石油公司（BP），它们在世界石油的利益随着波斯（伊拉克）和荷属东印度（印度尼西亚）油田的发现而扩大。通过兼并和收购，"七姐妹"现已变为四个：埃克森美孚、雪佛龙德士古、英国石油公司（收购美国石油公司和大西洋富田公司）和皇家荷兰壳牌。

这些公司大量投资于基础设施的建设，特别是在中东和拉丁美洲。它们通过一系列战略有效地控制了世界石油的供应和需求，如固定配额、价格和生产。然而，国有化趋势开始在许多发展中国家出现，从而播下了对未来石油供应和冲击的种子。1938年墨西哥强有力地控制了其整个石油工业，但同时削弱了其进入外国市场的能力，并引发了很多发展中国家的同情，它是反对外国开发本国资源的重要标志。

第二次世界大战中，石油对装甲和空中力量的支持起着战略性的关键作用。1941年，美国对日本实施石油禁运，从而全面引发了太平洋战争。日本的战略目标是确保其东南亚资源的安全，特别是印度尼西亚的油田，为此制定了能迅速实现这些目标的行动。同年，德国对苏联的入侵也是为了获取高加索地区阿库附近的油田。由于德国和日本没有成功建立起安全的石油来源途径，导致其在1945年被移动战略性更强的同盟国部队所击败。此时，同盟国控制的石油供应大约占到了全球的86%。

第二次世界大战后，中东地区的地缘政治重要性日趋凸显，欧洲和美国从该地区的石油进口量不断增多。1948年，沙特阿拉伯发现加瓦尔油田，它是世界最大的常规油田。随着更多石油储量被发现，石油的供给迅速转向该地区。西方势力试图将伊朗、伊拉克和沙特阿拉伯等国家与西方国家组成联盟，但一系列的地缘政治事件，如OPEC和伊斯兰民族主义的出现，使石油资源的获取变得更加复杂和困难。

5.5.2　OPEC和石油地缘政治

鉴于西方跨国公司（七姐妹）对石油生产的强大经济控制，一些石油生产国，其中大多为中东地区国家，开始通过控制石油供给来实现增加石油收入份额的目标。委内瑞拉、伊朗、伊拉克、沙特阿拉伯和科威特于1960年在巴格达会议上成立了石油输出国组织（OPEC）。从其成立到20世纪70年代初，OPEC一直都无法提高石油价格。主要原因是一方面非成员国的石油生产对它们影响较大，另一方面OPEC成员国难以达成一个共同策略。因此，发达国家很有信心石油价格将会保持相对稳定。在这种情况下，美国政府甚至预言到1980年石油价格可能每桶涨至5美元。在这种石油价格萎靡和强劲的经济增长环境下，没有任何发达国家制定能源政策，能源浪费十分普遍。

20世纪70年代，OPEC国家对超过55%的全球石油供应实现了控制，并根据成员国的石油储量对各成员国开始实施固定生产配额。各成员国开始了它们的石油工业国有化进程（利比亚，1971年；伊拉克，1972；伊朗，1972；委内瑞拉，1975年）。到1972年，25%的OPEC石油业务所有权已国有化，1983年该数字上升至51%。OPEC成立的另一个目的是在生产者间建立合作关系，以避免可能会带来价格下降的竞争。在不断增长的市场需求和依靠仅有的少数石油供应商的情况下这一目标是可行的，但很难在一个竞争的环境中维持。20世纪70年代，一次货币事件首先触发了石油价格的大幅上涨。1971年，美国决定关闭"黄金窗口"，其实质上市取消了黄金和美元的兑换。因此，美元完全成为法定货币，仅仅是因为有美国经济的信心为后盾支持。由于这个事件完全变成了"钞票印刷许可证"，因此强大的通货膨胀压力开始显现，并很快渗透到商品价格，包括石油。1970年至1973年之间，受到美国货币政策所带来的通货膨胀影响，OPEC国家调整了石油价格，每桶从1.8美元上涨至3.29美元。

1973年爆发于以色列和埃及（和几个其他的阿拉伯国家）的"赎罪日战争"成为OPEC对石油生产设施国有化的又一干涉理由，由此造成石油减产25%并强制实施出口配额。其目的主要是削弱美国对以色列的支持。1973年10月19日，OPEC宣布对美国石油禁运，并一直持续到1974年6月。1973年底，石油的价格因此攀升至每桶12美元，增加了四倍。在石油高度需求，发达国家石油供应能力有限和没有替代能源的情况下，OPEC取得了控制石油价格的能力。市场被供应方（石油生产）控制并造成了第一次石油危机。

在OPEC的控制下，从1974年至1978年间石油价格居高不下，并稳定保持在12美元每桶左右。发达国家开始担心石油储备的枯竭和不可靠的供应来源，但并没有对此做多少。1979年伊朗伊斯兰革命和随后的两伊战争（1980—1988）造成了第二次石油危机，石油价格飙升至每桶35美元以上，期间采取了一些极端和临时的措施来减少石油消费。这导致了能源消耗行业的搬迁和低耗能策略的出现（例如高效节能汽车和家用电器），能源需求开始更多地依赖国内（石油、煤炭、天然气、水电、核能），并建立能源储备以及寻求石油替代能源。此外，它还导致了卡特主义的出现（1980），声明如果石油供应受到损害，美国将进行军事干预。由于波斯湾石油被认为是关系到国家安全的首要重要因素，因此美国在中东的军事干预不断增加。

在20世纪80年代末期和20世纪90年代初期，由于内部问题（成员国之间的经济和地缘政治冲突），特别是新生产者的出现，如俄罗斯、墨西哥、挪威、英国和哥伦比亚，OPEC成员国丧失了它们对价格操纵的能力。这些新的生产者并不服从于OPEC政策，而是可以自由地调整自己的价格。例如，墨西哥就在1997年超越沙特阿拉伯成为美国市场的第二大石油出口国。拉丁美洲国家，如哥伦比亚和巴西正试图提高它们的石油产量。越南等东南亚国家也正在近海进行油田勘测，以期望在中国南海有大量储备。

从1982年起，随着竞争的加剧，OPEC成员国对固定配额和石油价格产生分歧。此外，OPEC占全球石油出口的份额从20世纪70年代的55%下降到2000年的42%，并于1985年跌倒历史最低点30%。同年，沙特下调了石油价格以增加其市场份额，而OPEC成员间也正不断互相竞争以获取更大配额。最后，决定根据已探明石油储量比例进行分配，这也导致了各国在储备估计时出现了一连串"创造性会计"的做法，使得各国石油储备迅速增加。由此，储备与生产需求挂钩，并引发对它们真实性的怀疑。例如，短短一年内，在没有发现新储备的情况下，科威特的石油储备从640亿桶上涨上升到

920亿桶。阿联酋的储备从310亿桶提高到920亿桶。伊朗宣布其真实储量由470亿桶上升为930亿桶。石油储量"增长最快"的是伊拉克，1985年它的储备达到1000亿桶，比之前的470亿桶高出许多。这些膨胀的和可能不存在的储备数据一直保留至今。这种储备的膨胀和更大出口配额造成石油对抗休克，致使每桶价格降至20美元以下，1988年更是降到创纪录的低点15美元。石油市场再次受到需求方控制。

是否遵守生产配额成了OPEC成员国之间的主要问题，如科威特的产量就远高于配额，这成了1990年伊拉克入侵科威特的动机，并引发了第一次海湾战争（1990—1991年）。市场对这些不确定性做出了反应，石油价格上涨到每桶23美元。美国运用卡特主义进行了大规模的军事干预，从科威特击退了伊拉克军队。之后，联合国对伊拉克实施了石油禁运。不过，其他石油出口国迅速扩展了其生产规模以弥补伊拉克和科威特造成的短缺，到了20世纪90年代末石油价格下降至每桶15美元。在此以后，OPEC成员国对全球石油产品的控制只占到大约40%。

21世纪初，石油供应的不稳定性、政治压力和军事干预不断增加。美国以打击恐怖主义和藏有大规模杀伤性武器为由（这些被证实是不存在的），发动了第二次海湾战争，并占领了伊拉克。战争结果使得长期的石油供应实现了更好的控制，但随之带来的却是中东地区日益动荡的政治局势。此外，社会动乱和委内瑞拉及尼日利亚的腐败，将世界的额外生产能力变得更有限。增长的需求主要来自中国，它已经成为世界第二大石油进口国，这使得全球石油供应更加紧张。全球石油供应正面临额外生产能力增加、提炼能力提升，以及管道和油轮系统配送等方面的挑战。在额外生产能力紧张和需求增长的背景下，很可能会发生第三次石油危机。

5.5.3 石油供应与需求

石油工业在其供应、需求、控制和其功能与地域集中度都是具有寡头垄断性的。其需求由少数大的跨国企业集团控制，每个集团都有生产和配送系统，包括提炼、仓储设施、配送中心以及供应链的终端——加油站。石油的供应由少数国家控制，在这里石油工业往往被国有化或处于OPEC保护伞下，它们大约控制了37%的全球石油产量。

自1859年宾夕法尼亚州的第一次商业开发以来，石油在全球经济中的重要性得到显著增加。1920年,世界各地每年生产9500万吨石油。这一数字在1950年达到了5亿吨,1960年10亿,到20世纪90年代平均每年产量大约为30亿吨。这种强劲的增长很大部分取决于石油资源的可用性和低廉的成本。像许多其他资源一样,石油储量也是会变化的,它与新的发现和能被经济开采的地质或区域有关。勘测和提取技术的不断创新,能够帮助发现和经济地开采之前无法进入地区的石油资源。尤其是在北极和亚北极环境条件下(如阿拉斯加和西伯利亚)或近海地带(如北海)。石油供应和需求之间的关系特点是:

(1)储备。石油储备具有高度的集中性,已经探明的储备有64%位于中东。但问题是有多少石油储备可用,它们可以维持多长时间。在19世纪石油开采之前,相关数据显示地球石油储量总和在2.1万亿至2.8万亿桶之间。根据目前最新报告,世界已证实石油储量有1.8万亿桶,这意味着按现有石油消费水平,世界石油还可开采46年。长远来看,OPEC控制将再次出现,因为大部分石油储量都位于其管辖范围内。仅沙特阿拉伯就占了世界石油储量的25%,它推动了能源价格上升的压力。然而,从焦油砂汲取石油(特别是在加拿大)也是具有潜力,但这个过程是一个高能耗的过程,且燃料品质较低。

(2)供应。20世纪下半叶,石油产量正稳步上升来满足日益增长的需求。平均每天生产8780万桶原油(2011年数据)。大约有60%正在生产的石油是定向的,其余40%在市场公开销售。更重要的是,多余的石油生产不管从能力上还是地理来源上都是有限的。这多余的石油产量的90%位于沙特阿拉伯的波斯湾,独占了世界最大的石油储量,是唯一能够在需要时提供即时额外能力的唯一主要供应商。富余的生产能力非常具有实用性,当其他供应商生产中断时,它可以立即被启用来维持现有石油供应水平而使价格不出现瓦解。例如,伊拉克冲突、委内瑞拉国有化和尼日利亚内乱,都增加了石油供应的不确定性。

(3)需求。预计2013年,平均每天的石油消耗将达到8994万桶石油,相比之下1965年仅为3120万桶。包括工业、住房、能源生产和交通运输的经济系统变得非常依赖于廉价的石油价格,美国就是最具说服力的例子。尽管美国是全球石油消费的第一大国,但中国经济在过去十年的快速增长使中国超过日本成为第二大石油消费国。最近几年中国大约占了全球石油需求增长的40%。因为所有石油的52%被交通运输活动所消耗,所以说机动化是石油消耗背后的驱动力之一。石油需求也有季节性的特点，冬天取暖需要石油，而夏天汽油则更为需求。

从石油生产和消费的地理概述来看，石油的供给和需求具有强烈的空间差异。由于地理和地质因素，石油生产地和消费地的不同导致了严重失衡的快速增长。这只能通过大规模的石油运输设施来解决，包括管道、油轮和储存设施。

5.5.4 石油运输

国际石油贸易量的增加是世界经济增长的结果。最大的石油消费国大多是高度工业化的国家，如美国、西欧和日本。OPEC国家负责了全球原油进口的75%左右。由于石油消费和生产并不发生在相同地方，因此有必要通过国际石油贸易来弥补供求之间的不平衡。不像大多数其他国家，OPEC石油的很大一部分都是在国际市场进行交易。

自从1878年在里海出现第一次利用油轮运输石油以来，世界海洋油轮船队的能力大幅增加。目前，海上运输是石油运输的最主要方式，约占所有石油生产量的60%以上，其余由管道（主要方式）、火车或货车等方式进行运输。海上石油流通要遵循开采区域和提炼或消费地区间的海上线路。每天有超过1亿吨的石油通过油轮运输。大约有一半的石油运输在中东装载，然后运输到日本、美国和欧洲。专门运往东亚的油轮要通过马六甲海峡，而专门运往欧洲和美国的油轮要使用苏伊士运河或好望角，这都取决于油轮的尺寸和具体的目的地。

不同尺寸的油轮要使用不同的线路，主要是因为距离和港口可达性的限制。因此，根据市场海上石油运输的船舶尺寸要专门设计。大型油轮主要用于从中东出发的高容量（每艘超过两百万桶）和远距离（欧洲和亚太地区）运输。较短行程的运输通常由较小的油轮服务，例如拉丁美洲（委内瑞拉和墨西哥）到美国。运输成本对市场的选择有着重大影响。例如，美国进口的石油有三个季度来自大西洋流域（包括西非），行程小于20天。相应的，绝大多数亚洲石油进口来自中东，需要三周的行程。此外，基于环境和安全的考虑，单壳油轮逐步淘汰，并由双壳油轮取代。

5.6 冷 链

5.6.1 概 述

虽然全球化使得世界地区间的相对距离变得更近，但是这些地区的物理分隔仍然是一个非常重要的事实。物理分隔越大，货物越可能在复杂的运输操作中遭到损坏。因此，需要从时间上进行协调来有效保证运输，每次延误都可能会产生负面的后果，特别是易腐货物。为了确保货物在整个过程中不会受到破坏或损害，制药、医疗和食品等行业开始越来越多地依赖于冷链技术。

冷链指的是对于温度敏感产品的运输，即在供应链途中通过保温、冷藏包装方法和物流规划来保护这些货物的完整性。如图 5.10 所示。

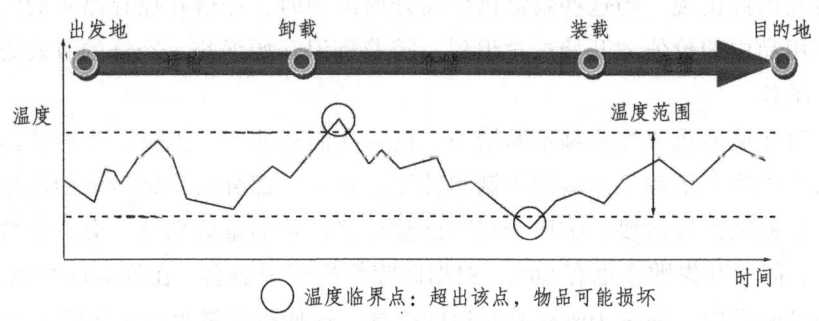

图 5.10 冷链运输的完整温度变化过程

专业化导致了许多公司不仅要依靠主要的航运服务供应商，例如美国联合包裹服务公司（UPS）和联邦快递，还要更关注于由行业专家发展创造的围绕温度敏感产品的国际航运物流技术的商机。了解当地的潜在规则、习俗和环境条件以及对配送路线长度和时间的估计是全球贸易的重要因素。因此，在全球商品链中的一些有潜力的利基市场，物流产业正在经历冷链运输的专业化和分割化水平的增长。配送业的整个新阶段也已经充分利用了全球化支持的供给链空间扩展的发展和不同商品流通的重要性。从经济发展的角度来看，冷链使得许多发展中国家能够加入全球易腐产品市场。

5.6.2 冷链物流的兴起

虽然运输产业中的全球商品链在现代才大规模扩展，但对温度敏感商品的冷藏运输可以追溯到 1797 年英国渔民使用天然冰块来保存鱼堆。这个过程也出现在 19 世纪 10 年代后期从农村运往城市消费市场的食品中，即乳制品。冷藏也是殖民地统治者和殖民地间食品贸易的一个关键组成。例如，19 世纪 70 年代后期和 80 年代初期，法国开始接收来自南美的大量冷冻肉和羊肉，而英国也开始进口澳大利亚的冻牛肉以及新西兰的猪肉和其他肉类。到了 1910 年，单被运往英国的冷冻肉就有 60 万吨。

药品和医疗用品的温控运输比起冷藏或冷冻食品运输来说更需要选择现代运输。自 20 世纪 50 年代以来，第三方物流企业开始出现，并研制出能够成功运输这些全球商品的新方法。在它们出现以前，冷链流程主要由制造商管理。在美国，用于维持冷链稳定的食品和药物管理约束和问责措施引发很多公司开始依赖快递运输，而不是它们整修的供应链设施。这样，一个专业化行业因此出现。当这些物流供应商开始出现时，冷链在保存昂贵的疫苗和医疗用品中的价值才开始被意识到。随着意识开始增长，冷链的有效管理也开始增长。

对冷链的重要性依赖不断增加。例如在制药业中，测试、生产和药物运输很大程度上依赖于运输的控制和转运。很大一部分沿冷链运输的药品都是处于试验或发展阶段。临床研究和试验是该行业的重要部分，会花费数百万美元，同时其失败率也有 80%。根据医疗配送管理协会，在价值近 2000 亿美元药品配送中，约有 10%药品对温度敏感。这使得冷链负责了运输近 200 亿美元的投资。如果这些货品在不同的温度下出现了意外暴露，它们将可能失效或对病人产生危害。

食品装运的温度控制该行业的重要组成，它是国际贸易中必要性日益上升。随着越来越多的国家将主要或大部分出口经济集中于食品和其产品生产，延长新鲜食品保鲜期的需要已经引起重视。全世界任何主要的杂货店都可能出售来自南非的蜜橘、新西兰的苹果、哥斯达黎加的香蕉和墨西哥的芦笋。因此，这些商品链中已经出现了冷链。这些食品的过硬质量和安全常常被视为是理所当然的，虽然是食品销售能力是其背后的主要原因。冷链服务的功能是长时间保持食物新鲜，以消除对食品质量的疑虑。

5.6.3 食物运输

食品运输有很多方法。陆、海、空多种方式有不同的结构来确保整个运输链中食品的新鲜。包装、水果和蔬菜涂层、生物工程（成熟控制）以及一些其他技术减少了食品变质的发生，并且能够帮助货主扩大这些易腐产品的运送范围。随之而来的是，新的运输技术已使这些易腐产品能够运送更长的距离。一些国内或跨国供应链可能只需要一种运输方式，但是很多时候地面运输需要组合几种运输模式。这使得冷链的模式转换十分关键。在多式联运中，通常使用20英尺或40英尺的能够容纳多达26吨食物的冷藏集装箱。该集装箱能够缩短装卸时间，并且不易受到损害。现在，这些集装箱的环境由船或货车的发动机或电源来进行电子控制，而早期食品运输主要通过储藏室内的湿冰或干冰的循环空气来保持食物冷藏。

冰制冷藏方式的停用使得运输距离更大，它大大扩大了全球食品市场的规模，使许多发展中国家能够抓住新机遇。另一个有效的食品运送方式是空中运输。这是那些高度易腐和贵重货物的首选运输方式，它能够更快地进行长距离运输，因为地面和海上运输往往缺乏对食品环境控制的能力。此外，尽管在飞行途中货物存放在 15~20 ℃ 的环境中，然而在等待装机或机场途中有接近80%的时间包装暴露在室外的空气中。考虑到食品的价值、质量和新鲜度，这非常令人不安。为了增加使用这种食品运输形式的市场用户，更多严苛的策略和规定必须被接受和制定。

食物运输已经成为一个完全适应了冷链的行业，尽管航空运输存在一些问题，但它还是被认为是最有弹性的，特别是当大多数食品对运输温度的临时变化有很好的容忍性的时候。因此，不注意那些细小的差错可能造成不可逆转的损失。例如，对于产品运输来说，货物每延时一小时的预冷，相当于损失一天的保质期。使用冷藏集装箱特别有用，它们占了世界所有冷藏货物运输的50%以上。对运输温度控制的效率和可靠性已经达到了一个新的高度，这使食品行业完全可以利用全球季节变化的优势，这意味着在冬季的南半球可以向北半球出口易腐商品，而反过来发生在夏季的交易，一般规模都很小。像智利等国家为此受益颇丰，它们开始积极发展农业和食品加工业，在冬季主要服务于北美市场，其中还包括几个利基市场，如葡萄酒。

5.6.4 提供温度控制环境

依靠冷链的产业的成功归结于在适应船运环境过程中对如何通过温度控制运输产品的了解。不同的产品需要不同的维持温度，以确保其整个运输过程的完整性。例如，最常见的温度标准是"香蕉"（13 ℃）、"冷藏"（2 ℃）、"冷冻"（-18 ℃）和"速冻"（-29 ℃）。保持在同一温度对于供应链货物完整性至关重要。任何偏差都可能导致不可挽回的经济损失，一个产品也就此可能失去市场或使用价值。能够确保货物将持续保持在一个较长时期的温度范围内很大程度上归结于所使用的集装箱类型和制冷方法。运输时间、货物尺寸和外部温度等因素对决定选择包装类型非常重要。范围可以从需要干冰或凝胶包的小型隔热箱到自我供电制冷的 53 英尺冷藏箱。

（1）干冰。固态二氧化碳，温度大约为-80℃，能够较长时间保持货物冷冻。特别是用于药品、危险品和食品的运输。当与空气接触时，干冰不融化而是升华。

（2）凝胶包。大部分药品和药用货物被列为冷藏型产品，这意味着它们必须在 2~8 ℃的温度范围内保存。提供这一温度的常见方法是使用凝胶包，或内含可以从固态变为液态（或液态变为固态）来控制环境的物质包装袋。根据不同的运输要求，这些包装可以在一开始设置为冷冻或冷藏状态。在运输过程中它们会融化为液体，同时它们吸收热量并维持内部温度。

（3）液态氮。一种特别寒冷的物质，温度约-196 ℃，用于长时间的维持冰冻状态。主要用于运输生物物品，如组织和器官。它们被视为运输目的中的危险物质。

（4）隔热片。放置于货物上方或周围用于充当温度变化的缓冲器，从而维持温度的相对恒定。因此，冷冻货物将长时间保持冰冻，通常都足够长，不需要使用更昂贵的制冷设备。隔热片也可用于维持货物所在房间的室温，即使外部温度变化很大的时候（例如夏季或冬季）。

（5）冷藏。温控集装箱的通用名称，可以是厢式货车、小型货车、半挂式集装箱或 ISO 标准集装箱。这些集装箱是隔热的，它们是专门设计用于控制空气循环温度的附属和独立的制冷设备。

5.6.5 冷链的设置和组织

货物在供应链运输过程中如果不想受任何周折或温度异常，需要建立一个全面的综合物流过程。该过程涉及几个阶段，范围包括从货物准备到货物在交付地点的完整性检查。

（1）装运准备。当运输温度敏感型产品时，对它性质的评估至关重要。一个关键问题是对货物温度的调节，事先应调至所需的温度。冷链设备通常设计用于保持温度恒定，并不能将货物调至某个温度，所以如果不对装运做好准备的话，它们将无法充分履行其职能。其他还要关注的是货物运送的目的地和这些地区的天气条件。例如，货物是否会暴露在运输沿线中的极寒或极热的环境中。

（2）运输模式选择。货物将如何运输也是几个关键的因素。出发地和目的地之间的距离（通常包括一系列中间位置）、货物尺寸和重量、所需的外部温度环境，以及产品的任何时间约束都会影响运输方式的可用性。短距离的可以由厢式货车或卡车处理，而较长的距离则可能需要飞机或集装箱船。

（3）自定义程序。由于冷链产品往往具有时间敏感性，并且比普通货物更容易受到检查，因此在海关办理手续必须特别注意。这项任务的难度会随着民族和门户的不同而不同，主要表现在程序和延时的不同。

（4）"最后一英里"。最后一步是货物向目的地实际的运送过程，物流中通常被称作"最后一英里"。最后运送的环节的安排不仅要考虑送达目的地，还要考虑时间问题。卡车和厢式货车，是这一阶段运输的主要模式，必须符合冷链运输的转运特殊要求。同样重要的还有货物到存储设备内的最后转运，因为在这一环节很有可能破坏货物的完整性。

（5）完整性和质量保证。货物交付后，任何温度记录装置或已知的温度异常必须进行记录并公布。这是物流过程必须有的一个环节，它也是产生信任和责任的一个环节，特别是对损坏货物承担的责任。如果产生危及货物的问题或异常现象时，必须努力确定来源并找到纠正措施。

5.7 国际旅游与运输

5.7.1 旅游与运输

在过去 30 年中，国际旅客人数增加了一倍以上。国际旅游的扩大对交通运输地理学科有着很大的影响。截至 2012 年，国际旅游收入达到 1.075 万亿美元，涉及 10 亿以上的全球人口。旅游主要发生在欧洲、北美和亚洲。旅行一直是社会的重要特性。首先探险家周游世界以了解更多的地理区域、潜在的市场和开发资源。随着时间的推移，交通运输变得更加可靠，旅行成为在有组织的环境下的寻常性活动。在现代世界，旅行往往集中在年假时间，因此可以较好地进行预测。

旅游作为一项经济活动，其特点是具有很高弹性。由于在国际运输中，运输费用对其影响很大，因此价格的波动对需求有着强烈的影响。因此，运输是旅游业的关键因素。从对国际和国内运输设施的需求来看，广大群众想要的是高效率、速度快且廉价的运输方式。它需要大量的投资和复杂的组织。组织良好的枢纽和智能计划行程安排有助于促进游客交通运输设施的高效运转，特别是当该行业迅速增长的时候。

运输是旅游业增长的动因，它会影响旅游业的增长。首先，设施的改进刺激了旅游业，而旅游业的扩展也刺激了运输业。可达性是旅游运输背后的主要功能。为了到达目的地，游客将会使用任何可用的运输方式。然而，航空运输仍然是国际旅游的主要方式。航空运输在跨区域旅游中发挥了主导作用，特别是需要长距离运输时。国际航空运输量的增长率与国际旅游业的增长率有着极强的相关性。

不同运输政策和政府决策对于旅客目的地的前往有着很大区别，如果公共部门不解决交通运输基础设施的需求，旅游业可能不会在这些地区有所发展。然而，各国设计的陆路运输网络能都满足旅游业的商业活动需求。"假日消费者"通常会对当地经济做出足够的贡献，政府也更愿意投资高效率的道路网络或机场设施，特别是在那些除了旅游业，其他经济机会有限的地区。

5.7.2 方法和模式

旅游运输可以划分为个人旅行和团队旅行。两种类型使用的主要运输方式有：

（1）汽车旅行。它是一种独立的运输方式，司机决定何地、何时以及如何到达目的地。这是唯一不需要转运的交通运输方式，在某种意义上说，整个旅程可以实现"门到门"且中途不停。汽车运输是世界旅游业的主要模式（占全部旅行的 77%），主要是因为其灵活性、价格和独立等优点。唯一的缺点是速度，汽车的行驶距离不能与大规模旅游模式的效率相比。

（2）客车旅行。客车与小汽车使用相同的道路网络。客车对于当地大众旅游是一种非常好的交通工具，但是如果数量过大那它就成为一种滋扰。

（3）铁路旅行。它曾经是发达经济体汽车时代来临前的主要大规模公共运输方式，现在它仍然是欠发达经济体中主要的运输方式。即使火车的速度非常快，但是由于路网限制，它必须更多的遵循预先确定的线路行驶。铁路网络通常能够反映国家经济商业需求，而假日旅游流动可以将其作为第二种旅游方式。一些国家的铁路系统，特别是欧洲已经在长途线路和高速铁路方面进行了大量投资。

（4）航空旅行。这是目前最有效的运输方式。由于价格因素，只有 12.5%的旅行者选用飞机出行。航空运输已经彻底改变了地理方面的限制，再远的地方都可以到达，而世界各地的任何旅行也都可以用旅行小时数来衡量。由于喷气式飞机的速度已达到 1950 千米/小时，国际旅行已不再是一项冒险旅行。商务人士是目前航空设施最大的使用者群体。

（5）邮轮旅行。这种方式主要集中在一周左右的短途海上旅行。邮轮旅游已成为一个重要的旅游产业，它就像一个漂浮的度假胜地，旅客可以在前往目的地的行程中尽情享受奢华与娱乐。2010 年邮轮的国际市场约为 1880 万人次，比 1990 年市场多了一倍以上。邮轮的主要航线一般都是加勒比海、地中海、中国南海和太平洋。阿拉斯加和北欧峡湾在夏季也很受欢迎。这个行业的特点是具有极高的市场集中度，并只有几家公司经营，如嘉年华和公主邮轮。

第 6 章

交通运输与经济和空间结构

运输系统与社会经济发展密切相关。运输的供给与需求是运输系统形成和运作的决定要素，而运输成本则是影响运输供给与需求的重要因素。当交通运输设施提供的供给能力能够满足流动性需求，且获得市场资源时，经济发展的机遇就会随之增加。由于不同的运输网络具有不同结构特性，因此所表现出来的运输空间组织各不相同，运输设施为空间组织结构提供了支撑，而空间组织结构及其相互关系（或空间互动性）又为运输网络的发展与改变产生了影响。运输网络决定了市场的规模与形状，促进了产业的集聚，运输发展的不平衡还会导致区域经济发展的不平衡。因此在进行经济发展规划时，必须合理地对运输网络进行规划，由此必须对与社会经济发展相关的人流、商品流进行合理调查分析。O-D 矩阵和重力模型为运输与空间结构分析提供了很好的方法。

6.1　运输供给和需求

6.1.1　背　景

波音747、油轮、汽车和自行车之间的区别是什么？的确有很多，但它们每一个都有实现衍生运输需求的共同目标，它们因此都满足了支持流动性的目的。交通运输是一项必须立即利用的服务，因此不能储存。移动必须通过交通基础设施来提供运输供给。在一些情况下，运输需求是以最简单可能的方式来回应，即步行。但是，在有些情况下有必要通过精心设计和建设昂贵的基础设施及模式来满足运输需求，如国际航空运输。

一个经济系统包括许多活动，并且这些活动分布在不同区域，由此产生的流动必须通过交通运输系统来支撑。离开了流动的基础设施将是无用的，离开了基础设施流动也不会发生，或者说不会以一个经济高效的方式发生。这种相互依赖的关系可以根据两个概念来理解，即运输供给和需求。

（1）运输供给。这是一种交通基础设施和模式能力的表达方式，通常限定在地理上定义的运输系统中和特定的时间内。因此，供给表现为基础设施（能力）、服务（频率）和网络方面。每单位时间和空间可以运输的乘客数量、体积（对于液体或集装箱运输）或质量（货运）通常用于量化运输供给。

（2）运输需求。它是对运输需求的表达，即使这些需求完全、部分或者全部没有被满足。类似于运输供给，它可以用每单位时间和空间的旅客数量、体积或的吨数来表示。

有一个简单的统计方法来衡量旅客或货物的运输供给和需求：人·千米是一种常见的表示现实旅客运输需求的方法，因为它表示了运行距离上所运输的乘客数量。吨·千米则是一种常见的表示现实货物运输需求的方法。

例如，飞行于纽约和伦敦之间的波音747-400飞机的运输供给量可以达到426名乘客×5500千米（大约5小时的运输时间）。这就意味着2 343 000人千米的运输供给量。现实中，那趟航班的需求可能是450名乘客，或者2 465 000人千米，尽管实际容量只有仅仅426名乘客。在这种情况下可实现需求为450

名乘客潜在需求中的 426 名乘客×5500 千米，意味着这个系统的需求量为其容量的 105%。

运输需求是由经济所产生，经济是由个人、机构和工业所组成，它们产生了人口和货物的流动。当这些运动在空间中表示时，就会创建一个反映流动性和可达性的形式。资源、工厂、配送中心和市场的位置显然都与货运有关。运输需求在两种相互伴随的情况下可能发生改变：乘客或货物的数量增加或这些乘客或货物运送的距离增加。地理因素和运输成本对国家之间货物运输需求构成的变化起重要作用。对于乘客的流动，住宅区、商业区和工业区的区位性说明了流动的产生和吸引。

6.1.2 供给与需求函数

运输供给可以由一系列影响运输系统能力的主要变量的函数进行简化，如表 6.1 所示，每一种模式中的这些变量都不相同。对于道路、铁路和电信来说，运输供给通常依赖于线路和车辆的能力（模式供给），而航空和海上运输供给受终端的能力（联运供给）影响较大。

（1）模式供给。一个模式的供给会影响其他的供给，例如道路，不同的模式都在竞争相同的基础设施，尤其是在拥挤地区。例如，客车和货车的运输供给成反比，因为它们共享相同的道路基础设施。

（2）联运供给。运输供给也取决于多式联运基础设施的中转能力。例如，北京和上海之间每天的最大航班数不能超过各自的机场容量。

表 6.1 各运输模式的主要供给相关变量

	道路	铁路	航空	海运
线路	车道 宽度 速度限制	轨道 级别	走廊	运河 水闸
终端枢纽	停车场	站场 中转站	跑道 航空港	港口 中转港口
车船等工具	速度 旅客人数 吨位	速度 旅客人数 吨位	速度 旅客人数 吨位	速度 吨位

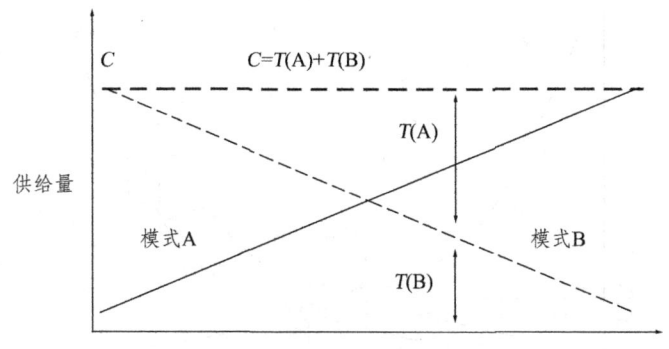

图 6.1 模式的竞争

运输需求往往是在与经济和社会活动形态有关的特定时间表现出来。在很多情况下,运输需求是稳定且周期循环的,因此在规划服务中可以提供一个好的近似值。在其他情况下,运输需求是不稳定不确定的,使得它很难提供足够的服务水平。例如,通勤是一种复发性且可预测的运动模式,而应急车辆如救护车就应该看作一个不可预测的需求。运输需求的功能会根据被运输物体的特性而改变。

(1)旅客。对于公路和航空的旅客运输来说,需求是一个关于人口统计学特性如收入、年龄、生活水平、种族和性别等,以及方式偏好的函数。

(2)货物。对于货运运输,需求是一个关于经济活动重要性(GDP、商业层面、矿石提取吨数等)和性质以及方式偏好的函数。货物运输需求比旅客需求估算更复杂。

(3)信息。电信的运输需求可以是一个包括人口(电话通话量)和金融活动规模(股票交易量)在内的各种标准的函数。生活标准和教育水平也是应该考虑的影响因素。

6.1.3 供给/需求关系

运输供求之间的关系虽不断变化,但仍然相互关联。从传统经济学角度来看,运输供求间的互动会一直到一个平衡点,即市场在其所能接受的价格上产生的运输量和在这一价格水平上所提供的运输量的平衡,如图 6.2 所示。然而对于运输部门来讲一些因素会非常特别,它们会使供求关系变得更为复杂:

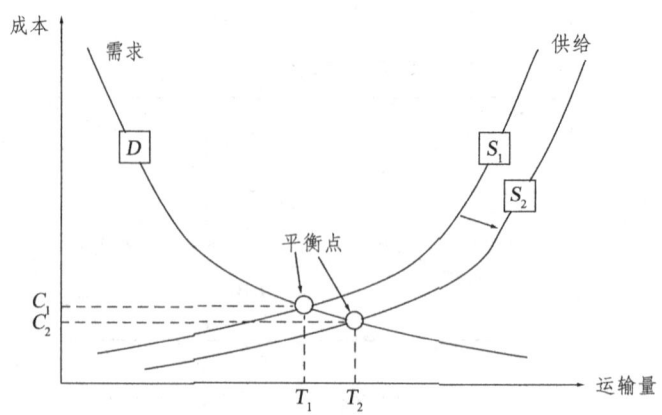

图 6.2 典型运输供给与需求函数

（1）市场进入成本。这是在运输系统中至少运营一台车辆所带来的成本。在一些部门，特别是海运、铁路和航空运输，市场进入成本非常高，而其他部门，如卡车则非常低。高的进入成本意味着运输公司在增加新的容量或新的基础设施（或冒险投资一项新服务）前，需要认真考虑增加的需求。在低进入成本的情况下，市场目睹了随着需求波动时公司的进入或退出。当进入成本高时，很少出现新的竞争者，因为市场失利会成为引起破产的悲剧性的重大事件。因此，与高进入成本相伴随的运输活动往往具有寡头垄断性，而低进入成本的运输活动则往往会产生很多竞争对手。

（2）公共部门。经济的其他部门很少看到像交通运输这样高水平的公共参与，它造成了很多传统价格结构的瓦解。运输基础设施的供给，尤其是道路，为了满足国内可达性和区域均衡，很多是由政府资助。运输系统也被大量补贴，即向城市人口提供可达性，通过流动性的划分来更加确定地判定最贫穷的部分。因此，运输成本往往被认为是部分补贴的。政府的控制（直接所有权）在很多方式上都很明显，例如一些国家的铁路和航空运输。

（3）弹性。弹性是指需求变化与各种成本变动的响应程度。例如车辆使用对运营成本的弹性为-0.5，意味着运营成本每增加1%将会使车辆里程或旅程减少0.5%。不同运输模式运输成本的变化有不同的结果，但运输需求是趋向于无弹性的。通勤在成本方面往往缺乏弹性，但是在时间层面就具有弹性。对于那些货运成本占总生产成本一小部分的经济部门，运输成本的变化对需求的影响很有限。旅游出行费用变化对需求的影响很大，如图 6.3 所示。

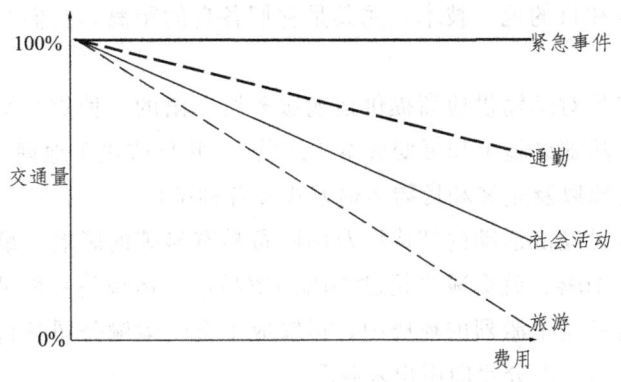

图 6.3　各种活动的道路需求弹性

一般来说，运输需求在时间和空间上是变化的，而运输供给则是固定的，如通勤的早晚高峰。当需求低于供给时，由于基础设施能够供应需求，因此运输时间是固定且可预测的。当运输需求在某段时间内超过供给时，在运输阶段就会显著增加拥堵的次数，并提高不可预测性。运输需求的增长会增加运输网络的负荷，并直到运输供给的完成，随后速度和运输时间也会降下来。

6.2　运输成本

6.2.1　运输成本和费用

运输系统面临着提升自身能力和减少运动成本的需求。所有的用户（如个人、企业、机构、政府等）必须通过谈判或招标来输送货物、人员、信息和资金，因为供应、分配系统、关税、薪水、地点、营销技巧以及燃料成本是不断变化的。在信息收集、谈判、执行合同和贸易中也会产生费用，通常称为商务费用。所有机构都试图减少交易成本，因为交易成本在经济消耗资源中所占份额日益增加。

通常，企业和个人都必须决定如何通过运输系统确定旅客或货物的路线。在生产呈现轻量化和消费品呈现高价值化的背景下，这一选择已经被大大扩展，如电子产品和小型生产技术。运输成本占到产品总成本的 20%的情况并不少见。因此，在起点和目的地之间选择运输方式来确定旅客和货物的路线就变得十分重要，这种选择还取决于很多因素，例如货物的性质、可用的基础设施、起点和目的地、技术，尤其是它们各自的距离。它们共同定义了运输成本。

运输成本是对运输供应商提供运输服务所支出的一种货币衡量。它们属于固定成本（基础设施）和可变成本（运营），并且依赖于地理、基础设施、行政障碍、能源以及旅客和货物运输方式等各种条件。

运输成本对经济活动的结构以及国际贸易有显著的影响。事实经验说明运输成本提高10%，就会减少超过20%的贸易量。运输是一种可以投标所得的服务，在这种竞争激烈的环境中，运输成本会受运输公司各自的费用的影响，这些成本的一部分要向用户来收取。

费用是用户向运输服务支付的价格。它们是谈妥的对特定起点和目的地之间移动一名旅客或一单位货物的货币成本。费用通常对于消费者是可知的，因为运输供应商大多会提供相关信息以确保安全交易。尽管这些费用可能未必表示真实的运输成本。

服务供应商的成本和费用间的差异会导致损失或赤字。考虑到前面所提到的运输成本的组成，费用设定是一个不断变化的复杂的系统性的工作。公共交通的费用通常是固定的，这是政治决定的结果，其中总费用的一部分由社会资助。目标是向大部分的人口提供其可负担的流动性供给，即使这意味着循环的赤字（公共运输系统很少会有任何利润）。货物运输和多种旅客运输方式（如航空运输）的费用受到了竞争的压力。这意味着费用将会按照供求来调整。它们要么直接反应运输成本（服务成本），要么由商品的价值所决定（使用价值）。

6.2.2 运输成本和时间要素

在影响运输成本的因素中（见表6.2），最主要的有：

表6.2 影响运输成本的主要因素

条件	因素
地理	距离、地形、可达性
产品类型	包装、重量、易腐性
规模经济	货物容量
贸易不平衡	空载

续表

条件	因素
基础设施	容量、限制、操控条件
模式	容量、限制、操控条件
竞争与调控	关税、安全、所有权

（1）地理条件。它的影响主要包括了距离和可达性。距离通常是影响运输成本最基本的条件。交易空间越难转换为成本，距离摩擦就越显重要。距离摩擦可以表示为长度、时间、经济成本或能源的使用量。它会根据运输方式的种类和特定运输线路的效率发生显著变化。由于内陆国家没有直接通往海上运输的方式，因此其运输成本更高，通常会达到两倍。

（2）产品种类。很多产品因为其量（质量或体积）大或易腐坏，需要进行包装和特殊处理。相对于农产品和鲜花这种只能需要基本储藏设备且使用基本装备才能运输的物品，煤炭显然是一种更容易运输的商品。保险费用也是一个需要考虑的费用，它通常与价值重量比和运输的相关风险成函数关系。同样，由于不同经济部门拥有各自的运输强度，承担的运输成本也不同。对于旅客运输来说，必须向旅客提供舒适和便利的设施，特别是长途旅行。

（3）规模经济。影响运输成本的另一个条件是规模经济或运输规模更大、单位成本更低应用的可能性。像能源（煤炭、石油）、矿石和谷物这类大宗商品，如果大批量运输则更容易降低单位运输成本。比如，用15万吨载重油船将一桶油运输4000多千米需要花费1美元，而采用5万吨的载重油船则要花费3美元。类似的情况也发生在集装箱船运输中，更大的集装箱船具有更低的单位成本。

（4）能源。运输活动是一个大的能源消费者，尤其是石油。全球石油消耗的60%都归因于运输活动。运输通常占了经济所有能源消耗的20%。几种能源密集型运输模式的成本，如航空运输，特别容易受能源价格波动的影响。

（5）贸易不平衡。进出口之间的不平衡对运输成本具有影响。特别是在集装箱运输的情况中，贸易不平衡蕴含了需在总体运输成本中考虑空箱复位。因此，如果贸易顺差强烈（进口多于出口），进口运输成本往往高于出口运输成本。主要的贸易线路周边已经出现了明显的运输费用不平衡。国家和地方上也会出现同样的情况，货物流通常是单向，这就意味着空箱运输。

（6）基础设施。运输方式和枢纽的效率与能力对运输成本有着直接的影响。落后的基础设施，意味着更高的运输成本、延时和负面的经济影响。而较先进的运输系统则具有较低的运输成本，因为它们更加可靠，并能处理更多的运输。

（7）模式。不同运输成本赋予了不同模式的特色，因为每种模式都有其自身能力限制和运营条件。当同一市场内存在两个或更多模式直接竞争时，其结果通常是降低运输成本。

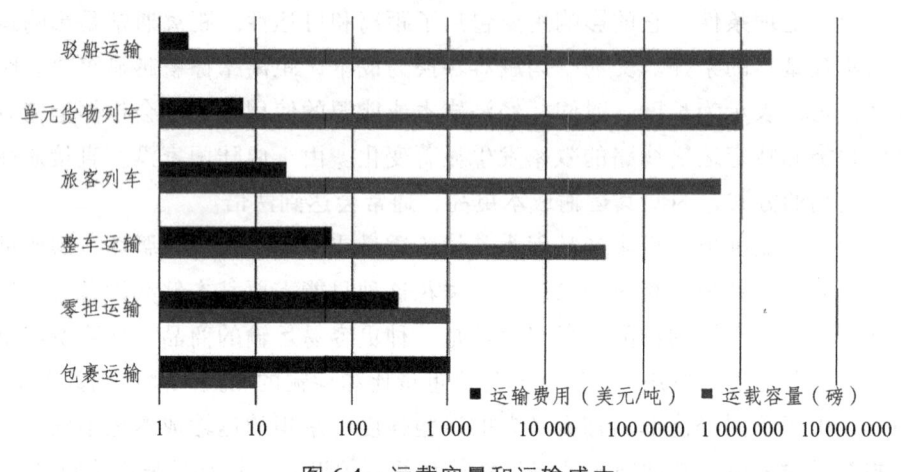

图 6.4 运载容量和运输成本

（8）竞争和调控。关注每个交通发生地的复杂竞争和监管环境。运输服务在竞争激烈的地方比有限竞争（寡头垄断或垄断）的地方往往成本更低。国际竞争更青睐于集中于某些运输模式，即海运和航空运输。

运输时间的组成与运输服务因素有关，因此同样是一个重要因素。它们包括运输时间、订购时间、定时、准时性和频率。例如，海上运输业主可以在大量的北美和太平洋亚洲港口之间提供集装箱运输服务。在横跨太平洋的两港口间服务可能需要 12 天（运输时间），每两天在港口停靠一次（频率）。为了保证在船上有位置，货运代理必须至少提前 5 天致电（预定时间）。对于特定港口，船于上午 8 点到达，下午 5 点离开（定时），最大的可见延时为两个小时（准时）。

6.2.3 运输成本的类型

运输成本往往会影响流动性。客运车辆的使用经验证据显示了年车辆里程数和燃料成本的关系，暗示了燃料成本越高，里程数就越低。在国际级别上，运输成本翻一番可能会减少 80%以上的贸易流动。流动越能被顾客接受，流动就越频繁，长距离运输也越有可能发生。运输成本主要类型如下。

（1）离岸价格（FOB）。离岸价格为制造成本和工厂到消费者运输费用的组合。在 FOB 的情况中，消费者支付了货物运输成本。因此，商品的价格将会根据运输成本和距离而改变。

（2）成本-保险-运费（CIF）。这个价格考虑了保险费用和运输成本。意味着对各地的所有客户都是统一的运送价格，没有空间的变量运费。平均运费价格已经建立到了商品价格中。CIF 的成本结构可以扩展到若干费用区域，比如适用于本地的、国家间出口的。

（3）终端成本。该成本与装载、转运和装卸有关。可以考虑两个主要的终端成本：出发地和目的地的装卸费用以及中间（转运）费用。出发地和目的地的装卸费用是不可避免的，而中转费用可以避免。

（4）长途线路成本。该成本是每单位货物或乘客运送距离的函数。当包括货运时，重量也是一个成本函数。它包括劳动力和燃料成本，通常不包括转运费用。

（5）资金成本。用于运输的实物资产，主要有基础设施、站点和车辆。它们包括固定资产的购买和增强，通常都是一次性行为。由于实物资产往往会随着时间的推移而贬值，需要投入资本对实物资产进行定期维护。

运输供应商基于它们的成本结构做出了多样的判定，形成了一个关于以上所有运输成本的函数。在全球商业地理学的大背景下，运输公司的作用已经发生了明显的加强。然而，这一作用随着运输成本减少不断变化，但会增加基础设施成本，这主要是由于更大流量和土地的竞争。每个交通部门都必须考虑不同运输成本重要性的变化，如表 6.23 所示。相对来说航空运输的运营成本较高，而海上运输的终端成本较大。

表 6.3 运输系统的服务属性、固定设施及可变成本

属性	固定设施	可变成本
模式	公路、铁轨、机场、港口	卡车、客运列车、飞机、轮船
所有权	大多为公共	大多为私有
寿命	很长（几十年）	平均较少（5~20 年）
变化率	慢	快速部署
对服务的影响	扩展可达性	影响服务水平
竞争力	公平竞争	比较优势的根源

技术的改变和其相关运输成本的下降削弱了运输方式和运输站点的联系。对重工业的重视程度不断下降，而对制造业和运输服务业（如仓储和配送）则给予了更多重视。事实上，运输活动中正在移植新的功能，这些都会对物流和制造过程起到促进作用。终端管理者和运营商之间的关系也因此变得至关重要，特别是在集装箱运输中。它们都需要克服转运中的物理和时间约束，特别是对港口而言。

国际贸易的需求产生了专门的中介机构来提供运输服务。这些机构不从事商品物理形式上的运输，它主要服务于货物的分组、仓储和装卸，以及复杂的文书工作、财务以及国际贸易中的合法交易。例如货物代理、报关行、仓储、保险代理和银行业务等。最近出现了一种新的趋势来巩固这些不同的中介功能，随着提供门对门物流服务的跨国公司的组织安排，全球贸易比例实现了不断增长。

6.3 运输与经济发展

6.3.1 运输的经济重要性

1. 运输对经济的影响

交通运输部门是影响经济发展和人口福利发展的重要组成部分。当运输系统效率高的时候，它们会给社会经济发展带来机遇和收益。当运输系统存在缺陷时，它们会造成机会的减少和错失，导致经济成本增加。运输也会造成重要的社会和环境负担，因此不能忽视。一般认为，运输产生的经济影响可以分为直接影响和间接影响。

（1）直接影响与可达性改变有关，运输会促进市场扩大并能节省时间和费用；

（2）间接影响与经济乘数效应有关，其结果是商品和服务价格下降，且品种增加。

交通运输所产生的影响并不都是预期的，有些结果是不可预见的，如交通拥堵。流动性是经济活动最根本最重要的特征之一，因为它满足了旅客、货物和信息的基本流动需求。不是所有的经济结构都具有相同的流动性水平，这是因为它们所处的转型阶段的不同。那些流动性强的经济结构比流动性缺乏的经济结构更具有好的发展机遇。流动性的减少会阻碍发展，而流动性的增强会对发展起到催化作用。因此，流动性是衡量发展的可靠指标。

表 6.4 运输对经济的直接影响

影响角度	主要影响
运输供给角度	运输营业收入 更多的配送市场和机遇
运输需求角度	可达性改善 节省时间和成本 生产率提高 劳动力分工 更多的供应商和消费者 规模经济
宏观经济角度	配送网络的形成 吸引和聚集更多的经济活动 增强竞争 消费增长 流动性需求满足
微观经济角度	租金增长 更低的商品价格 更多的商品供给

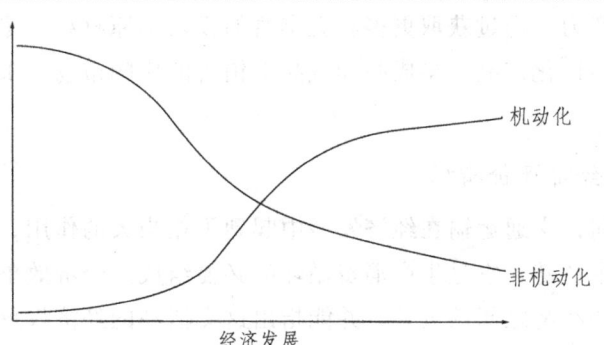

图 6.5 旅客流动性阶段转型

2. 运输业的经济重要性

流动性的供给是一种产业，它向客户提供服务，招聘员工并支付工资，还要进行资本投资，并产生收益。运输业的经济重要性可以从宏观经济和微观经济角度来分析：

（1）在宏观经济层面（运输对整体经济的重要性），交通运输和流动性水平与国民经济产出、就业和收入水平有关。在许多发达国家，交通运输业对GDP的贡献达到6%至12%。

（2）在微观经济层面（运输对特定经济部分的重要性），交通运输与生产者、消费者和生产成本有关。特定运输活动和基础设施的重要性可以通过各个经济部门进行评价。交通运输支出平均占到家庭总支出的10%至15%，而在制造业产品中，它只占到单位产品的4%左右。

3. 运输对经济影响的评价

交通运输将生产者和消费者之间的错综复杂关系网中的生产要素联系在一起。通过利用地理比较优势，生产分工效率得到提高，规模经济和范围经济得到发展。空间、资本和劳动生产力也随着分配效率的提高而提高。众所周知，经济的增长已经越来越依靠运输的发展。以下是常用于评价的影响结果：

（1）网络。路网环境能够增加或维持现有经济体之间的相互关系。

（2）性能。现有客运和货运成本、时间属性的改善。

（3）可靠性。时间性能的改善，特别是准时性。此外，还有损失和伤害的减少。

（4）市场规模。能够进入更大的市场，从而实现生产、分配和销售的规模经济。

（5）生产力。通过获取更多和更丰富的投入（原材料、零部件、能源或劳动）以及多样化产品（半成品和成品）销售的广阔市场，来促进生产力的提高。

4. 常见经济评价指标

毫无疑问，交通运输在经济发展中起到了相当大的作用，它在地理范围内遍布整个生产链。它是生产消费循环的必要组成。经济效果指标有助于领会运输系统和经济之间的关系，并能指出这类活动的经济权重。地理学家应该熟悉这些基本的经济评价指标。

效率通常被定义为投入产出比，或每单位投入的产出。运输模式效率的变化很大程度上取决于被装载的货物、行驶距离、所需物流的程度和复杂性以及规模经济。货物运输链取决于成本效益和时间效益模式的互补性，寻求最大的时间的平衡妥协，而不是理想或完美的平衡。

表 6.5　常见经济评价指标

效率指标	特定层面的指标	
（生产因素）	微观	中观-宏观
输出量/资金	运输部门收入/当地收入	输出量/GDP
输出量/劳动力	输出量/当地收入	
资金/劳动力		

海上运输仍然是长距离大宗货物运输成本效益最高的方式。另一方面，虽然航空运输在长距离方面有其他模式不可比拟的时间效率，但它仍然是一个昂贵的选择。因此，纵向一体化或生产者对运输活动的吸引，说明了通过对投入的直接控制来寻求这两种效率属性。

5. 经济评价指标的说明

当看到承运商或公司正在进行的模式重组时，运输系统和更大经济框架间的关系变得更为清晰。即时性业务的普及最能说明结构的改变，它被两个对立而有效的力量所刺激：运输者寻求实现规模经济而又必须迎合日益增多的"个性化"需求。

要素替代是一种为了降低生产成本和实现更高效率而通常采用的途径。用货物集装箱化代替劳动力来实现资本和技术目标的现象就是一个很好的例证。用资本生产率来衡量资本密集运输方式是至关重要的，常用的是"输出量/资金"这一比率。虽然"输出量/劳动力"比率也能表现出相同的生产率，但是对于劳动力投入（此指标的形式可以用于系统中每个生产要素），"资金/劳动力"比率的目的是衡量谁在资金和劳动生产率间的关系中占主导地位。以上设置的指标说明了在生产过程中各因素的相对权重。

更多特定层面的指标也可以用于理解运输在经济中的作用。众所周知，货物运输既能影响大的经济环境，也能被其所刺激，货物输出对宏观经济的指标"输出量/GDP"衡量了经济活动和交通货运之间的关系，换句话说来说就是交通强度。在地方层面，运输业在当地经济中的地位可由"运输部门收入/地方收入"比率确定。最后在微观层面，对货物输出相对生产价值的衡量可由"输出量/地方收入"比率确定。

这类指标数量众多，可以根据不同的潜在应用目标而变化。效率指标通过组成价值工具来解决项目的可行性问题，以及衡量投资回报和运输系统的成本/补贴回收。利用一些上述指标的投入-产出分析也有助于全球经济效果指标和生产率评价概念的发展，如全要素生产率（TFP）增长源识别。

6.3.2 运输与经济发展

从工业革命一开始，交通运输的发展就与不断增长的经济机遇紧密联系。在人类社会发展的每个阶段，都会出现或使用特定的运输模式。然而，贯穿历史我们发现没有任何一个单独的运输模式能够完全承担起经济的发展。相反，各种模式的发展都与经济增长发生的方位和地理环境有关。例如，18世纪以来国际移民的主要流向均与国际和大陆运输系统的扩张有关。运输在这些移民过程中发挥了促进作用，改变了许多国家的经济和社会地理。同时，交通运输也成为领土控制和开发的工具，尤其在殖民地时代以资源为目标的运输系统更是成为榨取发展中国家的工具。

1. 运输对经济影响的复杂性

虽然有些地区受益于运输系统的发展，但有些地方因为缺乏交通运输的支撑，其发展逐渐被边缘化。运输本身并不是发展的一个充分条件，但是运输基础设施的缺乏却是发展的一个限制因素。因此，运输基础设施的投资就被视为了地区发展的工具，特别是在发展中国家和公路部门。交通运输和经济发展间的关系很难正式建立，并且已经争论了多年。其复杂性在于可能产生的各种影响：

（1）发展时间的不同。由于交通运输的发展可以先于经济发展、同步于经济发展和滞后于经济发展，因此它对经济的影响也各不相同。为此，很难区分出运输对发展的具体贡献。每种情况研究发现产生的影响，很难复制到其他情况中。

（2）影响的种类不同。影响的范围从积极、中立到消极。一些情况下交通运输会促进地区的经济发展，而另一些情况可能会阻碍其发展。在很多情况下，很少能在它们之间建立直接的联系。

2. 运输技术与经济发展的阶段

经济的周期性发展为运输系统如何在时间和空间上进行演进提供了具有启发的概念性观点，因为它们包含了运输在经济发展上影响的时间和性质。运输作为一种技术，通常要先后经历试验、引进、采纳、扩展以及最后的陈旧，每一步都对经济发展产生影响。此外，运输模式和基础设施会不断地编制，因此它们需要不断地进行维护和更新。在某些时候，由于使用寿命超期，车辆和设施必须报废和重建。因此，对这些运输模式和设施的分期投资，必须考虑到它们的使用寿命。一般情况下，运输技术与经济发展的5个主要阶段有关，在这5个阶段中都会出现一种新的运输模式体系。

（1）海港。它与16世纪到18世纪欧洲扩张的早期阶段有关。它们支持了殖民帝国国际贸易的发展，但是受到有限的内陆通道制约。

（2）河流和运河。18世纪末和19世纪初的第一次工业革命关系到了西欧和北美运河系统的发展，其主要运输重型货物。这使得内陆分配系统实现了有限的初步发展。

（3）铁路。19世纪的第二次工业革命与铁路系统的发展紧密相关，它使得内陆交通运输系统更加灵活。

（4）道路。20世纪见证了道路运输系统和汽车制造业的发展。个体运输成为一种大众商品，特别是在第二次世界大战以后。这一过程随着公路系统的发展得到进一步加强。

（5）航空和信息。20世纪后半叶，全球航空和电信网络将全球化的经济活动联系在一起。新的组织、控制和维护能力的出现成为可能。电子通信的作用与运输功能变得更加一致，特别是在快速发展的物流业和供应链管理领域。

表6.6　创新的周期

	第一周期	第二周期	第三周期	第四周期	第五周期
起始时间	1785	1845	1900	1950	1990
时间跨度	60年	55年	50年	40年	至今
创新代表	水力、纺织铸铁	蒸汽、铁路钢铁	电力、化工内燃机、发动机	石油化工电子、航空	数字网络、软件新兴媒体

3. 运输对市场的改善

当代趋势显示，经济发展已变得更少依赖于资源环境，而是更多依赖于空间跨越能力。虽然资源仍然是经济活动的基础，但经济商品化已越来越与更高水平的各种物质流紧密联系。同时，资源、资金甚至是劳动力都显示出越来越高的流动性水平。跨国公司就是这种情况，它在两个重要市场的运输条件改善中受益：

（1）商品市场。运输效率的提高，使公司能够更容易获得原材料、零部件以及客户。因此，交通运输为工业和制造业系统获取和销售商品扩大了机会。

（2）劳动力市场。运输条件的改善，对劳动力获取和减少准入成本起到了促进作用。这主要是通过通勤条件的改善（本地区域）和劳动力使用成本的降低（全球）来实现。

6.3.3 运输：一种生产要素

交通运输是商品和服务生产的一种经济要素。它们通过连接生产者与消费者提供了市场可达性。一个拥有现代化设施的高效运输系统有利于经济的发展。运输对经济过程的主要影响可以归纳如下：

（1）地理专业化。交通运输和通信的改善有助于地理专业化的进程，从而使得生产力和空间相互作用得到提高。任何经济体往往都愿意使用最优的资本、劳动力、原材料组合来进行生产和服务。任何一个地方，只要它的交通优势比别的地方高，都有可能参与到生产和服务的专业化进程中。高效的交通运输支撑了地理专业化进程，也推动了经济生产力的提高。这一过程在经济学理论中被称为比较优势。

（2）大规模生产。一个高效的运输系统能够提供成本、时间和可靠性优势来实现货物的更远运输。因为可以进入更多的市场，所以可以通过规模经济来实现大规模生产。"零库存"的概念使得生产和配送生产力得到进一步提高。因此，交通运输系统效率更高，其服务的市场就更大，从而生产规模也更大。

（3）竞争加剧。当运输存在效率时，潜在的产品和服务市场就会增加，竞争也是如此。竞争会给消费者带来更多的商品和服务，并且通过竞争还会促进成本降低、质量提升和创新发展。

（4）土地价值增加。那些毗邻良好运输服务或被其服务的土地，通常具有很高的市场价值，因为这里具有大量的活动。当然也有相反的情况。如位于机场和公路附近，由于噪声和空气污染，土地价值会相应降低。

运输也会通过其创造的就业机会和衍生的活动来促进经济的发展。因此，大量直接（承运人、管理者、托运商）和间接（保险、包装、装卸、旅行社）与运输相关的岗位和行业由此产生。消费者会通过产品、市场、成本、位置、价格来进行经济决策，这些通常都与其运输服务、可利用性、成本和能力有关。

6.3.4 运输对社会的影响

虽然很多交通运输的经济影响都是积极的，但也有由个人或社会的各种因素带来的负面影响，其中最重要的是：

（1）流动性差异。由于流动性是交通运输经济利益的基本组成部分之一，其变化很可能对个人机会有着重大的影响。由于受多种因素影响，如收入不足、时间不够、手段缺乏，所以流动性需要并不总是一致。因此，人口流动性和运输需求依赖于他们的社会经济状况。收入越高，流动性越高，这就可能会引起不同群体之间流动性差异。长途旅行中流动性差异也特别普遍。随着航空运输的发展，全球部分人口在商务和休闲活动方面已经具备非常高的流动性水平，而其他绝大多数人口仍然流动性不大。

（2）成本差异。如果地区的可达性水平较低，那么其商品购买成本就会增加（有时是基本必需品，如食物），因为大部分需要进口，而且路途遥远。运输成本过高抑制了这些区域的竞争力水平，并限制了其机会。消费者和各行各业必须支付更高的价格，这些都会影响到他们的福利（可支配收入）和竞争力。

（3）拥堵。随着运输系统使用的增加，部分网络的使用已经超过了其设计能力，并且这种情况越来越常见。拥堵就是这种情况产生的一种结果，它造成成本增加、时间延误和能源浪费。那些依靠发货"准时性"的配送系统，尤其容易受到拥堵的影响。

（4）事故。运输模式和设施的使用从来就不是完全安全的。每辆机动车都存在危险和滋扰的元素。由于人为失误和各种形式的物理故障（机械或设施），都会产生伤害、损失甚至是死亡。事故往往与运输设施的使用强度成比例，这意味着交通量越多，事故发生的概率就越高。它们会产生重要的社会经济影响，包括医疗、保险、财产和生命损失。各自的安全级别取决于运输模式的使用和事故发生时的速度。没有任何模式是完全安全的，但是道路运输是最危险的运输方式，平均占到所有交通事故的 90%（OECO 国家统计数据）。中国是全世界车祸死亡率最高的国家之一，每年死亡人数超过 11 万（平均每天 300 人），其主要原因就是汽车的快速增加。

与运输活动有关的污染物排放会产生广泛的环境影响，必须由社会来承担，其产生的影响主要有四种：

（1）空气质量。来自交通运输产生的污染物排放，特别是内燃机产生的排放，与空气污染、酸雨和潜在的全球变暖有着密切的关系。一些污染物（NOx、CO、O_3、VOC 等）可能会引起呼吸困难并加剧心血管疾病。在城市地区，约有 50%的空气污染来自汽车交通。

（2）噪声。噪声作为一个主要的刺激物，会影响到人类健康和安宁。按照噪声产生的强度，可以表现出三个层面影响：精神干扰（烦躁、生气）、功能紊乱（失眠、工作效率低下、言语障碍）和生理紊乱（健康问题，如疲劳和听觉受损）。火车、货车和机场附近飞机产生的噪声和振动都是主要的刺激物。

（3）水质。交通事故和其产生的径流污染，例如石油泄漏，都是地表水和地下水的污染源。

（4）土地使用。考虑到交通设施和设备，交通运输是一个庞大的空间消费者。此外，对于这些构造物的规划不能总是一味考虑其美学价值，但是在城市公路建设中通常会考虑这些因素。这些视觉影响会对附近居民的生活质量产生不良后果。

6.4 运输与空间组织

6.4.1 交通运输空间组织

纵观历史，运输网络具有不同规模的结构空间。由于生产和消费的分散，以及资源、劳动力和市场的区位特点，产生了广泛的人流、物流和信息流。交通运输不仅有利于经济发展，而且对于空间组织也有影响。空间形成运输和运输形成空间差不多，这是运输和其地理相互作用的一个典型表现。这种相互作用可以通过以下两个方面来描述：

（1）涉及运输系统本身。由于运输系统由节点、链接以及流组成，所以它们支撑的这个系统空间组织就成为空间结构的核心明确组成。即使是那些不属于城市街道，它们也是以位置和关系形成组织的方式。同样它还适用于海上航运网络，即使不是国际贸易网络，但也反映了全球经济的空间组织。

（2）涉及依赖交通运输的活动。由于每个单一活动都具有一定的流动性水平，因此它们与交通运输的关系就会通过它们的空间组织中反映出来。小型零售活动往往以当地的可达性为条件，并依靠此来吸引消费者；而一个大型制造厂也必须依赖可达性来实现全球货物配送的输入和输出。

经济越是相互依存，交通运输作为支持和形成这种依存关系的重要性就越强。运输和空间组织间的关系可以从三个主要地域范围来考虑：全球、区域和本地（见表6.7）。

表 6.7　运输的空间组织尺度

全球	区域	本地
门户和枢纽（机场和港口）	城市区域	就业与商业活动
航空和海运线路	走廊（铁路、公路和运河）	道路和公共交通系统
投资、贸易和生产	城市系统和腹地	道路和配送

6.4.2　全球空间组织

在全球层面，交通运输通过国际贸易支持并形成了经济专业化和生产力。运输的改善正不断扩大市场和发展机遇，但这两种并不一致。全球经济的发展不平衡可以从它的空间组织和国际运输系统结构反映出来。全球化的格局已经形成了不断增长的空间流（贸易）并且增加了彼此的依存关系。通信、海洋运输和航空运输由于它们的服务规模，有效地支持了全球大多数流动。这些流动的性质和空间结构可以从两个方面来解释全球在增长和可达性方面的差别：

（1）"核心-边缘"现象。这里假设全球的空间组织促进了核心区域的发展速度高于边缘地区。由此，不同的增长速度造成发展水平的严重不平等。交通运输也因此被视为造成两极分化和不平等发展的一个重要因素。从这个角度来看，全球部分地区经济不断受益，因为它们具有更高的可达性，而其他的地区则被边缘化，且必须依赖于核心区域的发展。然而，如果国际运输成本能明显降低的话，这种趋势就可以实现扭转。这可以从许多亚太地区国家的显著增长中得到证实，它们选择了出口导向型战略，为此必须获得进入全球货物分配体系良好通道。因此可以说，"核心-边缘"关系是具有灵活性的。

（2）极化现象。交通运输在全球经济中起到关节的作用，由于运输基础设施、分配和经济活动高度集中，相应的旅客和货物流通也出现极化现象。这些极点受到离心力和向心力的作用，使得一些活动呈现出地理性集聚，而另一些活动则呈现出分散化。全球经济以货物配送为骨干，通过依靠网络的建立来支持其流动，并利用网络中的节点对流动起到调节作用。特别是那些涉及海洋运输和航空运输的网络，虽然其节点固定于自身的地理区域内，但是由于其灵活性，它会随着贸易的流动和衰涨而变化。

全球空间组织以其节点性作为先决条件。全球流量通过枢纽和网关进行处理，而且每一个都承担了一定比例的客流、货流和信息流。

（1）网关（门户）。一个向大型货物和旅客流通系统提供可达性的位置。网关（门户）具有良好的地理位置，如公路交叉口、河流汇合处、优良港口位置，并且运输设施往往集中于此，如枢纽和道路。网关（门户）通常是出发地、目的地和中转地，并会控制其所处地域或流域的出入。换句话说，它是区域、国家、大洲的中枢，也是联运的转换点。

（2）枢纽。它是为特定地区货物进行收集、分类、转运和分配的中心点。这个概念来自航空客运和货运术语，它被用于描述单一地点的收集和分配，如"枢纽辐射型"的概念。

服务业与制造业正不断呈现出不同的空间发展趋势。生产分散在世界各个成本较低的地区，而高级服务业则是越来越集中于少数大都市区域，如国际性都市。它们是金融服务（银行、保险）中心、大型跨国公司总部和主要政府所在地。因此，门户城市和国际性都市并不一定位置对应。尤其是对于集装箱运输的情况，它与新的制造集群关联，并起到媒介的作用，如海上枢纽。

6.4.3 区域空间组织

1. 区域空间组织的基本组成

区域通常是指由一组相互关联的城市组成的城市体系。城市体系的主要空间以一系列市场区域为基础，考虑到距离摩擦因素，这些市场区域中心的活动都呈现出一定的功能。大多数区域的空间结构可以被细分为三个基本组成：

（1）专业化工业场所。如制造业和采矿业，它们往往会根据原材料、劳动力、市场等区位因素而聚集在一起。这些产业通常是出口导向型产业，并且区域由此得到大规模发展。

（2）服务业场所。包括行政、金融、零售、批发和其他类似服务，往往会聚集到劳动力和潜在消费者可达性最佳的中心位置（城市）。

（3）运输节点和链接形式。如服务于主要经济活动中心的道路、铁路、港口和机场。

2. 区域空间组织的类型

这些组成共同定义了区域的空间秩序，并且大多数关系层面的组织都包含了人流、物流和信息流。许多概念模型已经被提出用于解释运输、城市体系和区域发展间的关系，不同发展阶段的"核心-边缘"理论和网络扩张理论就位于其中。三种概念类型的空间组织如下所示：

（1）中心区位-都市体系模型试图找出区域内城市规模、数量和地理分布间的关系。许多区域空间结构的变量被应用到中心区位理论。大多数都市体系都建立了完善的层次结构，并拥有一定的区域中心。交通运输在其中的作用特别重要，因为中心区位的组织往往基于距离摩擦的最小化。由中心区位理论描述的地域结构就是区域在追寻服务供给成本有效途径的结果。

（2）增长极。增长极的经济发展是由新型推进型产业引起的结构型转变，而这些推进型产业则是增长极。这些活动的场所成为区域空间组织的催化剂。增长极经历了萌芽、扩散和发展。它试图成为发展模式启蒙和扩散的一般性理论。在区域城市体系内，增长逐渐呈现出空间分布式的特点，但是这个过程并不平衡，首先是核心地区开始受益，然后是边缘地区。在增长极理论中，交通运输是加强极点重要性的一个可达性因素。

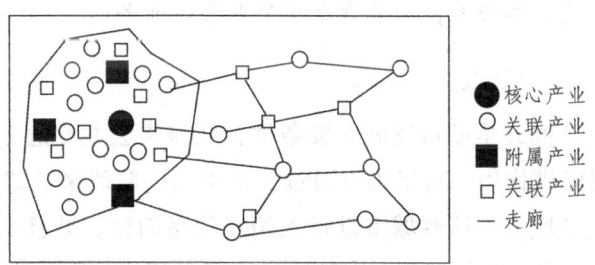

图 6.6 增长极理论

（3）运输走廊。运输走廊表现出流和各种运输模式设施的集聚，它们的发展与经济、设施和技术发展过程有关。当这些过程融入城市发展时，城市化走廊就会成为一个沿一定轴的城市体系，通常是河流或海岸线。走廊也会沿着调控地方、区域和全球不同层次流动的连接点而建设。历史上，城市化主要由河流运输和沿海运输所提供的沟通能力组织而成。许多城市地区如BosWash（波士顿-华盛顿城市带）或 Tokaido（东京-大阪城市带），它们都具有这一空间共性。

6.4.4 地方空间组织

1. 地方空间组织的组成

虽然运输是城乡空间组织的一个重要元素，但是在城市层面交通运输有着最明显的本地空间影响。城市化和运输是相互关联的概念，每个城市都依赖于对旅客（居住、工作、购物和休闲）和货物（消费品、实物、能源、建材和废物处理）的流动性需求，其中主要的节点是工作区。城市人口和空间演变可以通过空间内流动的宽度和广度所表现出来。就业区和吸引区则成为形成地方城市空间组织的最重要因素。

（1）就业区。工作场所和住所的逐渐分离其主要原因是机动化运输的成功，尤其是私人汽车。由于就业区远离于住宅区，通勤出行的次数和距离不断增长。郊区化之前，通勤完全由公共交通承担。但如今，汽车成了出行的主导交通工具。这种趋势在人口高度密集、工业化和城市化地区尤为普遍。

（2）吸引区。与运输模式相关联的吸引区是大多数人为了购物、专业服务、教育和休闲等各种原因而出行到达的地区。正如中心区位理论所说，城市地区的服务业具有一定的层次，从中央商务区提供的各种专业服务到小型地区中心提供的基本服务，如杂货店和个人银行业务。

2. 运输与城市发展

运输和运输模式是城市发展必要条件，从城市公共交通到汽车，都对空间的塑造起到促进作用。这里可以通过三个不同的阶段来了解：

（1）传统型城市。这些城市以行人相互关系而建，并且受这些关系的制约。因此这些历史悠久的城市通常都非常紧凑且规模有限。随着19世纪公共交通系统的第一次出现，城市向周边新地区开始扩张。不过行人的流动仍然占据了流动的绝大部分，当地的空间组织也仍然保持紧凑状态。当今许多欧洲和亚洲城市仍然保持着这种紧凑型状态。

（2）市郊化。随着更高效的公共交通系统和汽车的出现，城市的基本功能（住宅、工业和商业）不断分离，并由此产生了空间专业化。城市地区快速扩张，特别是在北美，形成了一个新的空间组织，虽然凝聚性不如从前，但仍然相对靠近现有城市布局。尽管这个过程于20世纪早期就开始出现，但直到第二次世界大战后才加速发展。

（3）超市郊化。流动性的额外改善促进了城市向农村地区的扩张，城市与农村活动开始逐渐融合。许多城镇成为大都市的延伸区域，并且具有广泛的专门职能，包括住宅区、商业中心、工业园区、物流中心、休闲区和高新技术开发区等。这些超市郊化发展也被称为"边缘城市"发展。

汽车已经明确地影响到了新的空间组织，但其他社会经济因素也对城市发展的形成起到影响，如中产阶级化和土地增值。汽车的扩散导致了城市的扩张。汽车虽然有利于个人流动性的需求，但会造成无序的增长和城市功能（住宅、工业、商业）空间划分的冲突。因此，尽管运输有助于本地的空间组织，但是它也必须适应城市的发展形态。运输网络和城市中心是相辅相成、相互制约的。

6.5 运输与区位

6.5.1 运输区位的重要性

交通运输，除了作为宏观和微观经济层面的发展因素，还与社会经济活动的区位有关，包括零售业、制造业和服务业。在市场经济中，区位选择要考虑许多的条件限制，交通运输就是其中之一。区位选择的目标就是寻找一个经济回报最大的合适位置。在经济地理学中的定位理论发展方面有一个悠久的传统，那就是要结合不同程度的市场，以及制度和行为考虑来对经济活动的区位逻辑进行说明和预测。在大多数区位理论中，运输具有明确或隐含的作用。由于没有绝对的规则能够支配区位选择，运输的重要性就只能通过不同程度的准确性来评价，最多也就是从交通运输模式、终端以及它们位置的重要性来观察。

（1）港口和机场。相关活动会汇集于这些终端周围，特别是港口，因为内陆配送成本往往较高。

（2）公路和铁路。根据可达性水平的不同，会呈现出不同的结构性和聚集性效应。对于铁路运输，其终端有着聚集效应。

（3）通信。通信对于地区没有特别的影响，但是良好的区域和国家通信系统质量会更方便于交易。

全球化与经营活动和市场的显著变化紧密关联。在这种环境中的管理经营变得日益复杂，特别是随着生产和消费区域的扩展。制造业的生产战略倾向于在不同地点建立不同的生产部门，以最大化实现各自的比较优势。为了组织相关的流动，运输需求也相应地增加。对长途快速运输的需求推动了航空运输的发展，特别是货物运输。航空枢纽就因此成为面向全球活动的重要的区位因素，且这些活动会聚集在枢纽周围。此外，长途贸易的激增使其具有了物流功能，即成为运输枢纽和配送中心，这也使得它成为区位考虑的第一要素。技术的变化也与工业甚至是服务业的迁移有关。全球通信设施可以将其部分服务外包给成本较低的地区，如印度呼叫中心。

6.5.2 区位因素

运输在活动的区位选择中起着重要作用，它是社会和经济发展的一个必要条件。经济活动位置的选取要优先取决于活动本身的性质和一定的区位因素，如位置属性、可达性水平和社会经济环境。尽管每种类型的经济活动都有一套自己的区位因素，但它们仍然有一些普遍因素，这些因素可以通过以下主要的经济领域来确定：

（1）主要经济活动。与区位有关的主要因素与环境禀赋有关，如自然资源。例如，采矿业发生在经济可采的矿藏地带，农业会受到环境的约束，如土壤肥力、降水和温度。因此，主要活动都与最基础的区位因素有关，并且由于这些区位很少能靠近需求中心，所以这些活动要强烈依赖于交通运输。在资源进入市场之前，必须对开采和配送设施进行大量投资。原材料的运输能力对地方开采活动的发展起着重要作用。

（2）次要经济活动。这些活动的区位因素会呈现出复杂的网络，它依赖于工业部门，并涉及劳动力（劳动力成本、技能水平）、能源成本、资金、土地、市场以及供应商距离。因此，区位就成为一个重要的成本因素（成本最小化）。由于工业和制造业活动种类广泛，因此对每个部门的基本原理进行了解非常困难，这由此也成为经济地理学一直调查研究的内容。全球化、供应链管理和全球生产网络的最近发展，由于受到许多中介机构出现和区位显著变化的影响，使形式变得更加复杂。

（3）第三类经济活动。涉及与市场最邻近的活动，因此销售产品或服务的能力是它们最重要的区位要求。由于许多这类活动是以销售为主，所以消费者距离以及收入至关重要，它直接会联系到销售水平。这类活动的主要目标是销售收入最大化，区位因此就成为一个重要的影响收入的因素。随着大型零售商场的出现，零售业发生了显著的变化，这些大型商场利用规模经济和本地可达性实现最大化销售。电子商务为零售业提供了新的活力，通过信息可以轻松实现交易，它为多样化产品的销售提供了新的销售市场商机。

（4）第四类经济活动。它是指一些与环境禀赋和市场进入无关，且与高水平服务（银行、保险）、教育、科研和高新技术领域相关的活动。随着通信的改善，很多这类活动几乎可以在任何地方进行，如海外呼叫中心。但是，仍然有部分活动（如高新技术活动）对区位的要求非常严格，它们需要邻近大学和研究中心，需要高素质的人才（以及廉价的劳动力）、有效的投资资金、高质量的生活和便捷的交通运输和通信设施。然而，由于通信设施在全球不断的广泛分布和使用，这种距离会变得越来越不重要。

每个领域都有自己的一套标准，主要体现在时间和空间方面。但是，基本的区位战略仍然以成本最小化或收益最大化为原则。深刻地理解区位因素有助于对全球经济动态和不同区域尺度（全球、区域和本地）的地域改变的认识。

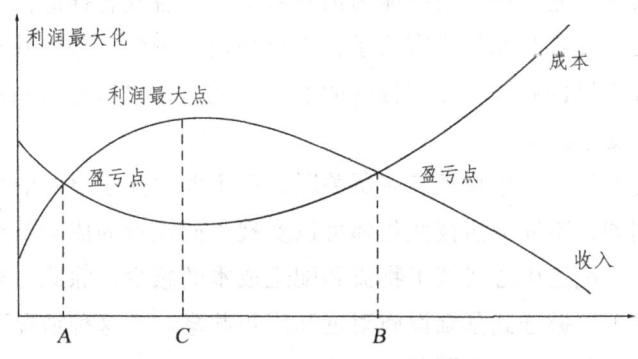

图 6.7 基本区位战略

6.5.3 可达性和位置

可达性的实现是交通运输活动的主要结果，即支持流动性的基础设施的能力，它体现着交通运输对区位的最显著的影响。因此，区位（可达性）和经济活动密切地联系在一起。可达性在对广阔市场带来大量消费者、提高配送效率（费用和时间）和服务人们工作方面起着重要的作用。虽然一些运输系统推动了社会经济活动的分散化（如汽车和市郊化），但仍有一些促进了这些活动的集中化（如集装箱码头）。所有的系统都担当了空间专业化和布局作用。其中影响布局的主要因素有：

（1）运输成本。它指出了旅客和货物运输成本最小化对区位产生的益处。这是经典工业区位理论的核心，其中依赖于运输的活动都试图使运输成本最小化。随着运输基础设施的扩张、制造业的转移、高新技术和物流管理新经济活动的出现，以及运输成本的整体下降，都使得成本最小化不再是进行区位考虑的最重要因素。然而，运输成本也不能完全不顾及，它必须在更广阔的背景下加以考虑，因为运输的质量和可靠性变得日益重要。已经证明，出行时间已经代替距离成为通勤范围的决定因素，这种认识也越来越多地应用于到货物配送中。

（2）集聚经济。它指出了不同活动位置聚集的益处，例如不同活动共同使用基础设施和服务。集聚性一直都是区位选择的影响力量，运输成本降低促进了销售、制造和分配活动在特定地点的集聚。例如，大型购物中心就是不同经济的集聚，它在同一场所能为消费者提供了各式各样的商品和服务。那些配送活动，就算是相互没有联系，也呈现出集聚的态势。甚至不想管的分配活动也有集聚的趋势。经济特区的发展，尤其是出口导向型的特区，也从集聚效应中受益匪浅。

（3）密度经济。与集聚经济有所关联，但主要关注于空间的覆盖范围和相邻程度。例如，不同商店彼此相邻可以实现不同类型的成本节约。这种结构通过共享一个配送中心实现了物流和配送成本的减少。除此之外，还有其他优点，如将工厂搬迁到基础设施附近和广告共享。在这种情况下，区位战略就成为与现有设施的距离程度。

由于运输能够提供可达性，所以新的运输设施会影响一系列的经济活动。当新的设施置于一个未开发区域时，它就会表现出强大的作用，并且在现有空间结构下会使区位决策变得更加简单和顺畅。活动的区位影响并不总是主动或明显的。只有当这些设施伴随着社会、经济和城市空间转化时，它们的作用才最明显。新的设施因此起到了催化作用，因为它们可以进行空间转化。

6.6 运输与商业地理

6.6.1 贸易和商业地理

经济系统是基于从专业化和效率要求相互依存的贸易交易。人们以劳动力交换薪水，企业则以输出交换资金。贸易就像是将财产转化为相关回报的传动器，如金钱。交易包括了交易本身及其相关的资本流、信息流、商品流、零部件流或成品流。所有的这些都需要对商业地理进行了解。

商业地理从产生因素、性质、来源地与目的地等方面研究了贸易和交易的空间特性，依赖于对贸易和合同的分析。从商店个人购物的简单的商业交易到跨国公司及其供应商间复杂的贸易网络，商业地理学研究规模和范围都发生着显著的变化。

1. 贸易产生的条件

贸易在来源地和目的地方面具有空间逻辑。它反映了相关市场的经济、社会和工业结构，同时也包括其他因素，例如运输成本、距离、政治关系、汇率及贸易中产生的互惠经济优势支持者。贸易的产生必须满足以下几个条件：

（1）有效性。商品，从煤炭到电脑芯片，对于贸易都应该是有效的，而且也必须存在对于这些商品的需求。另外，某地需存在盈余，而另一地应存在需求。盈余可以成为生产能力投资的一个简单问题，例如建立一个组装厂，也可能被复杂的环境因素所制约，如化石燃料，矿产和农产品。

（2）可转移性。对于可转移性主要存在三个障碍，即政策障碍（关税、海关检查、配额）、地理障碍（时间、距离）和运输障碍（移动交易结果的单一能力）。允许将商品从起始点运输到终点的交通基础设施有利于货物的转移。距离通常在贸易中扮演着重要的角色，像基础设施到线路及货物转运的能力。

（3）交易能力。首先交易必须合法化。这就意味着要对贸易流通以及对贸易发生地环境规定的法律制度认同，如税收。在全球经济贸易的背景下，贸易环境很复杂，但是对于促进区域、国家和国际层面上的贸易却是十分重要。

2. 贸易流的属性

一旦满足这些条件，贸易就可能实现，交易的结果就会形成流。流的概念涉及三个属性：

（1）价值。流具有协商的价值，并在同一货币中结算。美元已成为全球主要货币，用来结算和度量许多国际贸易。此外，各国必须保持一定的外汇储备，用于贸易结算和处理出入境资金流的关系，即所谓的收支平衡。虽然各国都试图保持收支平衡的稳定，但这种情况很少见。

（2）量。流的主要物理特性包括质量。当交易包括石油或矿物等原材料时，流的重量就成了一个重要的变量。然而对于消费品来说，相对于交易商品的价值而言，重量已没有太多意义。集装箱化引出了一个新的单位量——TEU（二十英尺标准单位），可以用来评估贸易流。

（3）范围。流具有一定的范围，并会在交易性质的基础上发生明显改变。零售交易往往发生在局部范围，而由跨国公司操控的交易则会发生在全球范围内。

6.6.2 商业地理的走向

当今商业环境的特点是日益增加的自由贸易和深度技术、工业和地理政治的改变。世界贸易组织的形成巩固了贸易自由化，为世界贸易和工业生产的增长提供了强大的推动力和积极的趋势。然而在真实的自由贸易环境中并不需要管理机构。然而管制解除的尝试，会容易使交易和贸易产生纠纷，诉讼和认知失调将会关注于谁是最大受益者。虽然这些情况主要出现在国际贸易中，但是国内省份/州郡之间的贸易限制也会引起这种情况。

在全球化的浪潮下，大多数的贸易仍然是在区域内进行的。世界贸易流的总体情况表明区域内部的贸易比地区间的贸易比重大，但长距离贸易正在稳步增长。数据显示无论在世界贸易出口还是进口方面，东亚尤其是中国所占份额越来越多（如图6.8），商品的流动也伴随着外国直接投资的大幅增长。随着世界各地相对优势的改变，生产力分布也有显著变化。这种趋势与企业全球范围的兼并收购有所关联。国际贸易分析进而揭示了需要采取不同策略来适应这些新的贸易环境。由于生产不断被重新布局，因此世界经济进出口结构也有重点的持续转移。

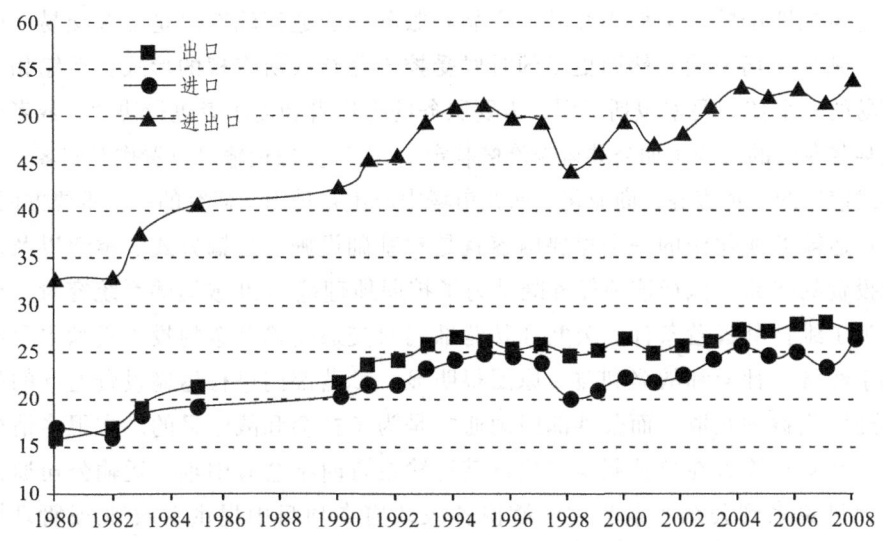

图 6.8　1980—2008 年亚洲占世界贸易总额的比重

生产组织中已经发生了重大改变。在全球制造业发展进程中，劳动力在设计、规划和装配的分工显著增加。制造业结构的产业链关系全球范围内的零部件和生产设备的供应贸易的增长。有三分之一的贸易产生于母公司与其国外分公司之间。这种变化有一部分是标准的采用，这一过程起源于 19 世纪晚期，目的是推动大规模生产。它使许多部门事业得到快速发展，包括铁路、电力、汽车以及最近的电信业（互联网，电子数据交换）。在经济活动全球化的领域内，国际标准化组织针对世界不同类型的企业制定了相应的 ISO 标准。这些标准适用于制造业和服务业，并且是其成长的必要工具。

商业地理改变的另一个重要力量即是个人消费的增长，虽然这种发生并不具有一致性。大部分的消费仍集中在少数几个国家，仅 G7 国家就占了全球本土生产总量的三分之二。因此，商业地理会受市场规模、经济消费水平（通常以人均 GDP 计算）以及世界各地不同增长潜力所影响。东亚及东南亚的经济增长已经成为影响当代商业环境改变的主要驱动力之一。商品化经济导致了零售、批发业的显著增长，以及与货物有关的活动。

6.6.3　运输业商业化

由于交易涉及货物、资金、人员和信息的流动，所以贸易自由化都是伴随着交通运输的增长而发展。运输行业的发展是与全球及区域内的相互依存与竞争相匹配的。类似于商品、产品和服务的交通运输有时是公开交易，受控于满足市场力量，然而更多的时候受控于公众或所有权的形式。运输相关贸易的一个核心要素包括费用，需要服务的提供者和需求者进行协商，或者服从某些专门的法令（如公共运输价格制定）。由于交通运输可以看作对旅客、货物或信息的一种服务，商业化如何在市场中产生是动力学研究的一个重要方面。

运输商业化中的一个重要内容就是对基础设施、运输方式、枢纽以及市场投资的研究。执行该项任务既是为了扩展地理范围和/或运输系统容量，也是为了维持其运营条件。公共和私营部门对交通运输基金的投入贡献主要依赖于经济、社会和战略利益。原因很明显，私营部门进行运输投资追寻的是为经济收益的获取，而公共部门则通常是为了社会和战略目的。在很多情况下，私营运输者在单独制定和执行其运输投资时都会有困难。运输公司通常以项目关系到公众利益为理由游说各级政府在项目中提供财政和/或管理援助。区域市场的巩固和跨境运输的增加，导致了运输公司在运输邮电部门中寻求全球联盟和更好的市场自由化，以吸引投资和提高生产力。

对运输行业的放松管制和资产剥离导致了各国政府退出了对国家运输工具、港口和机场的管理、运营和所有权。国际和国内运输部门的大规模重组推动了跨国运输公司的出现，这些公司控制了全球航空、海上和陆地贸易流以及机场、港口、铁路站场的管理。

6.7 客货流及其空间不均衡性

6.7.1 货流及其分类

1. 货流的概念

货流是指运输联系在地域上的具体化。它涉及货流的数量规模、货流的发生吸引点与它们之间的距离和货流的方向（地理走向）。由此，货流的单位为吨千米方向。交通线路一定路段的货流量称为货运密度。若计算全路段的货运密度，则可以用各路段运量与运距的乘积比全路段运距，其单位为吨千米/千米，公式为：

$$D = \frac{\sum_{i=1}^{n} A_i L_i}{\sum_{i=1}^{n} L_i} \quad (i=1,2,3,\cdots n) \tag{6.1}$$

2. 货流的分类

（1）按照调运方向。把货流分作"往""返"两个方向。在不同的运输模式下，其称法不同，如铁路分为上行和下行方向。在这两个方向中，货运密度大的称为主要货流方向。

（2）按照货物种类。即按照货物的种类将货流分为若干类型。

（3）按照枢纽性质。根据枢纽性质可以将货流分为始发货流、到达货流、中转货流和通过货流。

（4）按照经由区域。可以将货流分为区内货流、区间货流和过境货流。

（5）按照时间顺序。可以将货流分为历史货流、现状货流和规划货流。

6.7.2 货流的空间不均衡性

在现实世界中，由于受地域社会经济结构的不同，货流往往会在空间上表现出不均衡性。

货流的空间不均衡性通常用回运系数 K_v 表示，即货流在两个方向上的差异。以 $G_{轻}$ 表示轻载方向的货流量，$G_{重}$ 表示重载方向的货流量，则

$$K_v = G_{轻}/G_{重} \quad K_v \leqslant 1 \tag{6.2}$$

货流的不均衡性主要由生产力布局因素造成，例如采掘业的运输。此外，在城市中，居民对食品、能源、日用品的需求，导致这些货流在城市货流向内、向外的不平衡。货流的不平衡性在运营方面影响非常显著，由于货流的不均衡，造成了空车（船）运输，造成了能源的消耗和成本的增加，从而使运营费用增加。空率 α，即空车千米与重车千米的比，是描述空车（船）运输的一个重要指标。

$$\alpha = \sum_{空} n'l' / \sum_{重} nl \tag{6.3}$$

式中 n' 与 n 分别表示空车和重车的数量，l' 与 l 分别表示空车和重车行走的距离。货流的不均衡性导致了基础设施的投资的增加和设施能力的闲置，

这是因为设施的规划必须以重车方向来设计。因此，对于方向不均衡性的改善，最根本的是生产力布局的改善，使各产业合理布局以及结合在一起，使其充分利用回空方向运输。

6.7.3 客流及其空间不均衡性

客流的产生主要取决于人口分布和经济发展水平以及交通运输方便程度，城市化的发展对客流的影响巨大。随着城市化进程的加快，城市区域不断扩大，工作与居住的分离日益明显，由此产生了大量的通勤客流。客流在不同地域间的差异显著，这一方面与人口的迁移有关，另一方面还与经济联系有关。与货流的空间不均衡性类似，客流也在其空间上存在不均衡性，较常见的有方向不均衡系数 $K_{方向}$，即大单向客流与平均单项客流的比值。该数值一般情况不大于 1.2，当数值大于该值时，需要采取适当的措施来加以改善。

客流的方向不均衡系数的度量需要在一定的时间范围内进行计算，如按月份、季度、年等，尤其是城市内部或城际间客流，按月份和季度，甚至是按天、小时的计算非常重要。

另外一种对客流的空间不均衡性的度量为路线不均衡系数 $K_{路线}$，即高峰区段客流与平均区段的客流之比，它反映了不同交通路线在客流的分担情况，当该系数超过 1.4 时，则表明该路线压力较大，需要开辟新的路线以缓解压力。

6.8 市场区域分析

6.8.1 市场规模与形状

各种经济活动都需要区位来支撑，但它产生的不同需求（原材料、劳动力、零部件、服务等）和流动都需要一定的空间维度，即市场区域。市场区域是由供给和需求发生位置组合而成的平面区域。对于工厂而言，它包括了产品的运送区域；对于零售商店而言，则是能吸引到消费者的辐射区域。

交通运输对于市场区域的分析尤为重要，因为它不仅影响活动的区位，还影响其可达性水平。市场区域规模主要由其门槛和范围确定。

（1）市场门槛。它是支持经济活动的最低限度要求。由于每种需求都有不同的区位要求，因此门槛就是一个直接的空间维度，市场的规模与其门槛有着直接关系。

（2）市场范围。每个需求单元的最大距离是指为了获取某项服务而愿意出行的距离或产品运送到消费者的最远距离。考虑到中间机会，该范围是运输成本、时间或便利性的函数。为了实现盈利，市场的范围必须比门槛更大。

在单一市场区域的情况下，它呈现出同心圆形状，并且市场的射程为其半径。由于商业活动的目的是服务所有的有效需求，且活动范围有限，所以有可能的话需要更多的区域服务点。为了达成这个目标，在均质性的条件下，六角形结构的市场区域就成为最佳市场形状。这个形状可以通过非均质性条件来修改，这主要与密度和可达性有关，如图6.9所示。

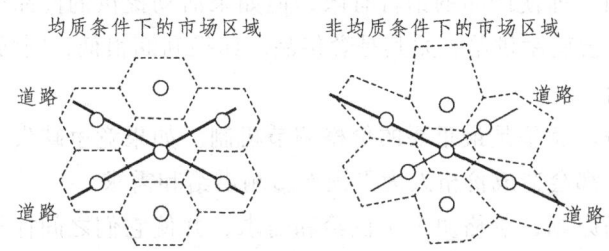

图6.9　均值与非均质条件下的市场区域形状

6.8.2　市场区域的经济定义

1. 影响市场需求的因素

市场取决于供求之间的关系，它充当了商品和服务的价格调控机制。需求是指消费者愿意以给定价格购买的商品或服务数量。商品价格低时，需求量就高，相反价格高时，需求量就低。除市场价格以外，需求还受到下列因素影响：

（1）实用性。作为必需品（如食品）的商品和服务，其需求波动不会太明显，但是那些实用性较低，甚至是无关紧要的东西，它们会随着收入的变化而变化。

（2）收入水平。收入，特别是可支配收入，直接与消费成比例。高收入者比低收入者更具有购买力。

（3）通货膨胀。通货膨胀导致资产、商品、货物和服务的购买价格上升，其原因通常是中央银行和政府超额发行货币所致。它直接影响到价格，并超出了供求关系的范围，如果工资不相应提高，则会导致购买力下降。

（4）税收。营业税和增值税可以抑制商品和服务销售，这是因为它们会增加产品成本，并会蚕食消费者收入。

（5）储蓄。储蓄存款数量提供了对消费品的潜在购买力。同样，在经济困难时期，由于人们会优先考虑储蓄，因此消费就会受到抑制。在法定货币体系下，信贷业务的广泛使用极大地扭曲了储蓄和消费的关系，它以牺牲未来的消费来换取当前的消费。

2. 影响市场供给的因素

供给是指企业或个人根据销售价格能够生产或提供的商品或服务的数量。除了价格，供应还受到下列因素影响：

（1）利润。即使产品的销售有限，但如果活动提供的商品或者服务利润很高，那么也会刺激供给，尤其是奢侈品。如果利润很低，则活动可能停止，从而降低供给。

（2）竞争。竞争是最重要的价格调节机制。如果竞争缺失（寡头垄断）或过度竞争，都会造成价格人为干预而影响供给和需求。

根据市场原则，价格决定了供给和需求，并使它们之间保持平衡。通常被称为均衡价格或市场价格。这个价格是企业期望的最高价格和消费者期望的最低价格的折中。

对于许多经济学家来说，市场只是进行商品和服务交换的点，而不是特殊的位置，因为它只对供求关系进行了简单抽象。在大多数时间中消费者必须通过移动才能获取商品或服务，所以在论证过程中细微的差别就非常重要。生产商必须将商品运送到消费者可以购买的地方，要么是商店，要么是其住所（网上购物）。市场的概念必须考虑距离的概念。因此，实际的价格就成为市场价格与市场到最终消费位置的运输价格之和。

6.8.3 市场区域的竞争

竞争是指为了吸引更多的顾客而进行的相似活动。竞争的核心是商品和服务的价格，它会受到某些空间战略的影响，其中最常见的有两种：

（1）市场覆盖。提供相同服务的活动会占据不同位置为整个区域提供商品和服务。这一点可以很好地用中心区位理论来解释，并且还可以通过将一些领域（快餐、咖啡厅等）进行市场空间饱和化来实现市场区域覆盖扩大的目的。可以说，每个位置的范围都是顾客密度、运输成本和其他竞争者位置的函数。

（2）范围扩张。现有位置都试图扩大其范围来吸引更多顾客。规模经济导致的大型零售活动（大型购物中心）就是这种趋势。单独开设的商店往往范围有限，但是它们集中开设时，就会从更大范围吸引更多的客户。首先，大型购物中心提供的商品或服务实现了互补，客户很容易地在同一地点购买到衣服、鞋子和个人护理产品；其次，它可以提供多样化的商品和服务，即使它们之间存在竞争；最后，提供了配套的相关设施，如安全、食品、室内健身、娱乐以及停车位等。

实现市场区域竞争模式的可操作性一直都是各种方法的目标。霍特林（1929）的早期工作以及他提出的市场竞争原则，开创了基于零售区位和距离衰减因素的市场区域分析基础。之后，诸如市场规模等因素也被考虑进来，使建立复杂的市场区域成为可能。由于市场区域往往不具有垄断性，因此这些市场区域因素就成为影响顾客前往特定位置概率的影响因素。虽然零售业分析与市场区域具有较强的相关性，但是该方法也同样适用于时间依赖型的活动，如货物配送。

6.8.4 GIS 和市场区域分析

GIS 是评价市场区域的有效工具，尤其是零售业。利用基本数据，如客户姓名地址录（或邮政编码），可以相对容易地对市场区域进行较合理准确的评价，但是这些数据的获取是事前一项复杂的任务。有了 GIS，那些零售商和服务供应商就可以运用这个实用的工具对市场区域进行抽象分析。市场区域是一个可以被衡量和执行操作的多边形，如区域交集（空间竞争区域）或联合（区域服务）。在众多的 GIS 方法中，可用来评价市场区域的方法有：

（1）同心圆。这是最简单的方法，它假设所有方向距离都具有均质性效果。其半径代表了顾客愿意出行的最大距离。有限的信息，对于情况的粗略了解非常有用。

（2）多边形划分。当数据用于分区时，如邮政编码，每个区都可以表示为对市场区域的划分。

（3）星状图。它由每个客户与市场位置间的直线组成。它能够表示出市场的广度和形状，尤其是与配送体系有关的区域，配送中心和客户关系可以清楚地被表示出来。

（4）空间平滑。一个基于实际客户位置的趋势平面。客户密度越高（可以对每个客户设定权重），市场区域的会员就越多。

（5）运输距离。对于零售或任何依赖于消费者可达性或按时交付的活动特别重要。对于距离的衡量，通常以设施出发的路段的驾驶分钟数来测算。

（6）手绘多边形。它基于对当地的了解、常识和判断，并可能考虑其他的方法。

6.9 德尔菲预测

德尔菲预测是一个非量化的预测技术。与那些能够定量分析的客观预测方法不同，德尔菲法根据的是专家的意见。已经证明，这种得出的预测结果至少可以像其他方法一样准确。该过程的实质就是利用许多专家大量的精心管理的意见进行预测评估。

德尔菲预测的最重要因素之一是专家的选择，受邀参加的专家必须对相关问题拥有丰富的知识，并能代表不同背景。专家的数量不能太少，这样会使评估的基础过于狭窄；当然也不能太多，以至于难以协调。人们普遍认为，10 至 15 名专家可以提供一个良好的预测基础。

德尔菲预测过程一开始，计划者或研究员要首先要对相关问题的性质、原因和未来的发展着手准备调查问卷。随后分别发放给受访者，并要求其做出评估和回复。最后汇总结果并确定提出的问题。

结果随后返回至专家进行第二轮咨询。他们被要求对因素进行排名或评估，并说明他们选择的原因。在第三次或随后的几轮评估中，问卷要提供上轮的评价结果和意见列表，根据此专家们被要求对因素重新评估，直到意见达成一致。有关文献表明，在第三轮通常就能够获得足够的共识。

该过程可以通过多种方式进行。第一步通常通过邮件进行。得到初步结果后，假设有可能的话，可以把他们聚在一起开展后续的专家会议，或者在随后的几轮再次通过邮件方式进行。电子邮件的使用已经极大地方便了此程序。基本步骤如下：

（1）问题的鉴定。研究人员需要对问题的预测进行确定。例如，港口 X 在 10 年内的运输量可能会怎样。研究人员要准备过去和现在交通运输活动的文件。问卷调查要覆盖对未来运输量的估计和可能会影响其发展的因素。根据问卷反馈的一致程度来选择，例如有80%的专家同意特定的流量预测。

（2）专家选择。在港口的这个例子中，可能就要包括枢纽管理人员、航运公司代表、陆运公司代表以及中间机构如货运代理、中介机构和学者。总之要注意选择的平衡，以避免某一团队的过分集中。

（3）问卷的管理。将相关的背景文件及调查问卷提供给专家，并要求在规定的时间内提交到研究者手中。

（4）研究者对回复的总结。在这个港口运输量预测的案例中，把实际的运输量预测结果制成表格，并对每类货物分别计算均值和标准方差。对专家提出的关键因素要进行汇编和列表。

（5）反馈。将表格返给专家，无论是通过邮件或者召开会议，以讨论第一轮的结果。会议的一个好处是，参与者可以对实际运输量预测和关键因素所产生的分歧进行辩论。但缺点是一些个人可能会对讨论施加个人影响，使结果左右摇摆，研究者必须保持警觉这种趋势，并设法使其平息。被邀请的专家重新审查他们原先的评估和选择的关键因素，并提交新一轮谈判的预测。

（6）这些新的预测列表通过电子邮件或者会议再次返回到专家的手中，看一致性水平是否能够满足原先可以接受的水平。对产生分歧的特殊领域要特意强调，要求专家根据所给的总体观点再次考虑他们的预测。

（7）这个过程一直持续到一致性达到原先预定的水平。如果在几轮之后没有达成一致，研究者必须终止该进程，争取找到分歧点，利用结果找出运输量预测过程中的具体问题。这个方法可应用在课堂上，学生可以被当作"专家"对特定问题进行评价。对当地机场或港口的运输量的预测就是一个不错的例子。在对运输量发展趋势及影响商业活动因素的认真考察基础上，班级通过协商来确定预测结果，然后再使用一些其他可替方法来进行比较，例如趋势线外推法。

6.10 空间互动性研究

6.10.1 概述

空间互动性研究，或空间相互作用研究是运输地理学中特别重要的一种方法，它研究如何估算位置间的流量，并能够评估运输服务的需求（现有的或潜在的）。

空间的互动性是人、货物或信息在出发地和目的地之间现实的移动。它是通过地理空间表达的一种运输需求/供应关系。空间相互作用覆盖了很广泛的移动，如工作出行、移民、旅游、公共设施的使用、信息或资金传输，以及市场区域内的零售活动、国际贸易和货物配送。

经济活动会产生（供应）和吸引（需求）流。这个简单的事实，即出发地和目的地之间产生的运动说明了空间互动产生的成本要低于其带来的利益。因此，通勤者更愿意自己开车一小时上下班，因为这种互动直接与收入挂钩，而国际贸易概念，如相对优势，强调了专业化和在较远位置间产生贸易流的优势。产生空间互动的三个关联条件是：

（1）互补性。在互动的位置间必须存在供应和需求。居住区与工业区就是相辅相成的，前者提供劳动力，后者提供劳动岗位。同样，商店与消费者之间以及工厂与供应商（货物运输）之间也具有这种互补性。

（2）介入机会。不能有另一个可以提供更好服务的出发地或目的地位置。例如，为了使顾客和商店产生互动，就不能有另外一个离顾客更近的商店提供类似的商品。

（3）可转移性。货物、旅客或信息的转移必须受到交通运输设施的支持，这意味着出发地和目的地必须连接在一起。克服距离的成本不能高于相互所带来的利益，即使存在互补和没有替代机会。

空间互动模型试图解释空间流动。因此它可以测量流量并预测影响条件变化后的结果。当这种属性已经确定时，就可以更好地分配运输资源，例如公路、公共汽车、飞机或船舶，因为它们能够更贴近地反映运输需求。

6.10.2　O-D 矩阵

作为类比，每个空间的互动都可由一对出发地/目的地（O-D）组成。每一对本身可以表示为矩阵中的一个单元格，在这个矩阵中，行表示出发地的位置（中心），列表示目的地的位置（中心）。这种矩阵通常被称为 O-D 矩阵，或空间互动矩阵，如表 6.8 所示。

O-D 矩阵的行之和（T_i）表示某一位置的总输出，而列之和（T_j）表示某一位置的总输入。输入的总和始终等于输出的总和。否则，会存在来自系统外部的输入和输出流动。输入或输出总和即系统内发生的总流量（T）。O-D 矩阵也可以根据年龄、收入和性别等来建立。在这种情况下，这些矩阵只在总流量中占据部分份额，所以它们可以被认为是子矩阵（见表 6.8、图 6.10）。

表 6.8 O-D 矩阵

O-D 对		目的地			
		A	B	C	总计
出发地	A	0	20	60	T_i: 80
	B	30	0	40	70
	C	0	50	0	50
	总计	T_j: 30	70	100	T

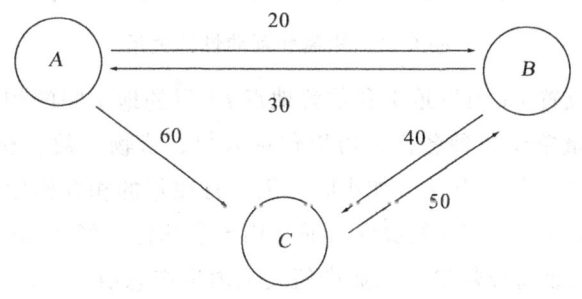

图 6.10 网络

在许多情况下，空间互动要依赖于规划和配置目的，因此 O-D 矩阵是不可用或不完整的，需要进一步调查。随着经济的发展，除了产生新的活动和运输基础设施以外，由于流适应了新的空间结构，空间互动也呈现出快速的变化态势。问题是，O-D 调查在精力、时间和成本方面都非常耗费。在一个复杂的空间系统中，如一个地区，O-D 矩阵往往非常大。例如，如果考虑 m 个出发地和 n 个目的地，这将意味着有 $m \times n$ 个独立的 O-D 对。此外，空间互动调查所搜集的数据可能由于经济和空间条件的变化而很快过时。因此，找到一种尽可能准确的方法来估计空间的互动性非常重要，特别是在经验数据缺失或不完整的情况下。一个可能的解决方案是使用空间互动模型来补充甚至是取代经验观察。

6.10.3 空间互动模型

很多关于空间互动的模型的基本假设都是将流量作为出发地和目的地属性,以及出发地和目的地间距离摩擦的函数。空间相互作用模型方程的一般形式可以表示为:

$$T_{ij} = f(V_i, W_j, S_{ij}) \tag{6.4}$$

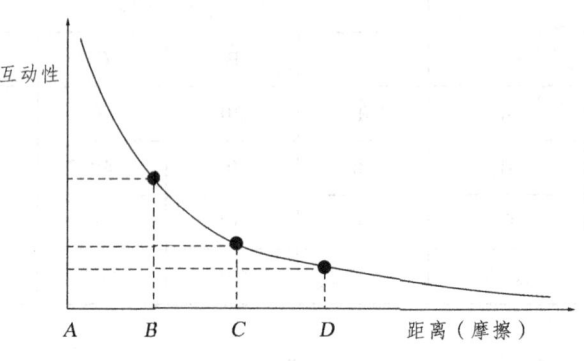

图 6.11 距离和互动性的关系

式中 T_{ij}——位置 i(出发地)和位置地点 j(目的地)间的相互作用,测量单位各种各样,可以包括人数、货物吨数、交通量等,它还与时间段有关,如小时、天、月或年的相互作用;

V_i——出发地位置 i 的属性,通常用于表达社会经济属性,如人口、就业岗位数量、工业产值或国内生产总值;

W_j——目的地位置 j 的属性,用于上述社会经济属性的表达;

S_{ij}——出发地位置 i 和目的地位置 j 之间的分离属性,也被称为运输摩擦。变量通常用来表示距离、运输费用或旅行时间这些属性。

V 和 W 属性往往是成对表达互补性的最好方式。例如,测量不同位置的通勤流(工作相关的移动)可能会考虑将工作年龄的人口作为变量 V,总就业人数作为变量 W。根据这个一般模型,可以构造出三种类型的互动模型:

(1)重力模型。测量所有可能位置对间的互动关系。
(2)势能模型。测量某个位置和每个其他位置间的互动关系。
(3)零售模型。测量同一市场上的两个竞争位置各自的市场边界。

重力模型:$T_{ij} = \dfrac{V_i \times W_j}{S_{ij}^2}$; \hfill (6.5)

势能模型：$T_i = \sum_j \dfrac{W_j}{S_{ij}^2}$ ； （6.6）

零售模型：$B_{ij} = \dfrac{S_{ij}}{1 + \dfrac{W_j}{V_i}}$ （6.7）

6.11 重力模型

1. 基本模型

重力模型（重力模型）为空间相互作用方法提供了一个很好的应用。其得名于使用了与牛顿万有重力模型相似的公式。两物体间的吸引力与它们的质量成正比，与它们之间的距离成反比。因此，空间相互作用的一般公式可以采用重力模型的基本公式来反映这些基本假设：

$$T_{ij} = k \dfrac{P_i P_j}{d_{ij}} \qquad (6.8)$$

式中　P_i 和 P_j——出发地位置和目的地位置的重要性；

d_{ij}——出发地位置和目的地位置间的距离；

k——比例常数，与事件发生率有关，例如是否考虑的空间互动系统是同一个系统，一年的互动 k 值是否高于一周的 k 值。

因此，位置 i 和 j 间的空间互动性与它们间的距离重要性成反比。

2. 模型扩展

重力模型可以扩展到包括以下几个参数：

$$T_{ij} = k \dfrac{P_i^\lambda P_j^\alpha}{d_{ij}^\beta} \qquad (6.9)$$

式中　P，d 和 k——与上述讨论的公式的变量含义相同；

β——表示运输摩擦参数，它与两地点间运输系统的效率有关，这种摩擦很少呈线性，移动越远，距离摩擦就越大，例如，两地间的公路的 β 值就比它们之间普通道路的值小；

λ——运动产生的势能，对于人口流动，β 值往往与社会整体的福利水平有关，例如，用此推断零售商品流就非常合乎逻辑，更高的收入水平将会产生更多的移动；

α——运动吸引的势能，与目的地经济活动的性质有关，例如，具有重要商业活动的中心将吸引更多移动。

3. 参数修正

空间互动模型的使用非常具有挑战性，特别是重力模型，主要是和它们的校准有关。修正过程存在于模型的每一个参数值（常量和指数），以确保估计结果与观察到的流量相似。如果不是这样，该模型就会变得毫无用处，从而也就无法预测或解释。通过将估计结果与经验证据相比较，就能够知道修正过程是否准确。

在已经介绍的这两种重力模型公式中，基本模型的公式在修正方面具有很好的灵活性，因为参数可以被修改。改变 β、α、λ 将会对评估的空间互动结果产生影响。此外，由于技术创新和经济发展因素，参数值可以及时改变。例如，运输效率的提高一般会减少 β 值（距离摩擦）。经济发展很可能会影响 α、λ 值，它反映了流动性的增长。

通常，先将参数给赋值为 1，然后逐渐调整直到估计值与观察结果一致。校准也可以根据年龄、收入、性别、商品类型和模式选择来考虑不同的 O-D 矩阵。运输和区域规划科学研究的很大部分旨在为空间互动模型寻找准确的参数。这通常是一个耗时耗费的过程，但是却非常有效。一旦空间互动模式在城市或区域中生效，那么就可以直接用于模拟和预测目的。例如，如果人口数量增加或提供更好的运输设施，那么将会产生多少额外流量。

4. 练习

经济活动的区位往往会产生运输需求，这意味着将会在不同地理位置产生一系列的"出发地—目的地"的点对。重力模型对估计不同位置间的运输需求提供了一种方法。对于一个运输公司，如果了解这一信息，将对其沿线的车辆调度安排会非常有用。这项练习主要是重力空间互动模型在虚拟航空公司调度活动中的应用。

某大型航空公司聘请了一名顾问来帮助他们重新整编中国国内航线和开发新的服务策略。事实上，该公司希望了解国内航空运输的潜在需求。了解了这种需求，能够更有效地进行航班分配，同时可以看到哪个增长前景更具吸引力。下列信息可应用于此空间互动模型：

假定在这一年里每位旅客都会回到自己原先的出发地，那么 λ、α 的值相等。但在现实情况中要更为复杂，因为一些旅客可能会前往多个目的地，而另一些则只乘坐单程航班。乌鲁木齐的 λ、α 值比其他城市更高，这表明了其他地区比乌鲁木齐有更好的陆地运输工具可替代航空（主要是铁路），同时也表明了人口位置的更密集。

表 6.9 发生和吸引数据

	人口/万人	λ	α
北京	1257.8	1.00	1.00
上海	1412.32	1.03	1.03
广州	806.14	1.04	1.04
成都	1149.07	1.06	1.06
西安	782.73	1.05	1.05
乌鲁木齐	243.03	1.10	1.10

表 6.10 目的地间平均距离　　　　　　　　单位：千米

距离	北京	上海	广州	成都	西安	乌鲁木齐
北京	0	1065	1889	1521	917	2417
上海	1065	0	1213	1659	1223	3269
广州	1889	1213	0	1234	1308	3282
成都	1521	1659	1234	0	605	2058
西安	917	1223	1308	605	0	2114
乌鲁木齐	2417	3269	3282	2058	2114	0

系数 k 的值是 0.000 01（每年值），所有出发地和目的地间的距离摩擦系数（β）都取 1.34。

（1）基本要求。

结果必须以报告的形式呈现在该航空公司的董事会成员手中。报告必须包括以下内容：

① 空间互动性的计算。通过使用现有数据（人口、λ，α 和 k 值），估计大陆间航空运输的旅客 O-D 矩阵。

② 模型准确性。如果这一年的实际航空旅客运输吞吐量是 3 亿人次。那么模型的准确性如何？

③ 映射。在地图上将矩阵中最重要的 10 个 O-D 对标记，以形成基本地图。

④ 市场占有率。已知该航空公司航空服务市场占有率为 6%，如果想知道在一天中航空运输需求要满足此占有率，那么 k 应该取何值？

⑤ 航班分配。已知航空公司每个航班能容纳 280 名旅客，那么需要多少航班（考虑其市场份额为 6%）才能满足一天内所有 O-D 对（所需航班矩阵）的需求？

⑥ 新条件。如果将成都的 λ, α 变为 1.00，会产生什么样的 O-D 矩阵？如果该航空公司想要满足这些增加的需求，同时保持其市场份额，那么每天每个 O-D 对需增加多少个新航班？

（2）问题的进一步扩展

① 不同的市场份额。将航空公司扩展到两个或两个以上，每个航空公司在各城市都有不同的市场份额，可以提出竞争与联盟（互补性）问题。

② 不同的 λ, α 值。考虑到外出务工流动，一个城市很可能有不相同的 λ 和 α 值。

第 7 章

城市交通运输

　　工业化、城市化的发展是世界社会经济发展的重要过程。随着工业的发展，大量的人口涌向城市的工业产业领域，并造成城市人口增加，由此产生了更多流动性需求。在这种趋势下，城市的交通运输的优良也就成了影响城市人与货物流动性需求的最重要因素。但是，从目前城市发展来看，城市的运输供给已经不能完全满足运输的需求，尤其在国际大都市中，交通问题尤为突出，如纽约、北京等城市。城市的交通还与城市土地利用密切相关，不同的土地利用形式产生了不同城市运输模式，如北美、欧洲和亚洲城市人口居住模式的不同，所依赖的交通工具呈现出巨大差异。传统上，城市交通更关注于乘客，因为城市被视为是人类与错综复杂的交通方式互动最激烈的地方，在这里会产生大量的通勤、商业交易、休闲与文化活动。然而，城市同样也是货物生产、消费和分配的地点。观念上认为，城市交通运输系统与城市形态和空间结构错综复杂地联系在一起。为了了解交通和土地利用的复杂关系和帮助城市规划，人们发展了很多模型，如交通运输/土地利用模型、劳瑞模型。

7.1 交通运输和城市形态

7.1.1 全球城市化

没有对城市化的概览，就无法讨论城市空间结构的产生，可以说城市化已经成为20世纪经济和社会变革经济的主导趋势，尤其在发展中国家。

城市化，是指从农村到城市社会的过渡的过程。从统计上来讲，城市化表现出城市区域人口比例的不断增加，它主要通过人口从农村至城市的迁移来完成。城市化水平就是居住在城镇的人口比例，并且城市化的这一比例仍不断增长。

这个转变过程在进入21世纪下半叶后将仍然继续。城市流动性问题随着城市化水平的提高而成比例地增加，城市规模的增大和城市人口比例的增长就是这种趋势。自1950以来，世界的城市人口已经翻倍。这归结于两个主要的人口统计学趋势：

（1）自然增长。它是城市地区出生率高于死亡率的简单结果，它直接作用于人口出生率。此外，它还与卫生保健体系有关。

（2）农村至城镇的迁移。它是影响城市化的一个强大因素，尤其在第三世界，迁移对城市增长的贡献率达到40%~60%。这一过程自19世纪工业革命开始持续至今，但现在最为普遍的是发展中国家。城市迁移的原因众多，可能涉及就业期望，由于农业生产率的改善而释放农村劳动力，甚至是政治或环境原因导致的人口从农村被迫撤离。

这个结果已经成为人类活动的社会经济环境中的一个根本变化，城市化出现了新的雇用形式、经济活动和生活方式。因此，发展中国家的工业化直接与城市化相关，中国就是最具有说服力的例子。中国沿海的工业化导致了历史上农村人口向城市的大规模迁移。根据联合国人口基金会数据，中国每年大约有1800万人从农村迁移到城市。而从当今全球来看每年增长的城市人口有5000万，相当于每周100万。超过90%的增长发生在发展中国家，从而加大了对这些地方的城市基础设施，特别是交通的压力。到2050年，将有62亿人，大约为全球人口的2/3，成为城市的常住人口。

7.1.2 城市形态

在城市,人口流动的增长已经通过城市交通基础设施的能力和需求而形成,这些设施包括道路、运输系统和简单的人行道。所以,城市形态、空间结构和与之相关的交通运输系统千差万别。

1. 城市形态与城市空间结构

城市形态是指城市交通运输系统和相邻物理设施的空间表象。它们共同赋予了城市的空间布局,如图 7.1 所示。

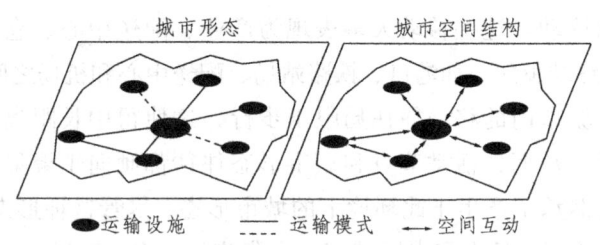

图 7.1 运输、城市形态与空间结构

城市(空间)结构是指由城市形态以及人、物和信息的潜在相关性引起的一系列的关系。

2. 基本结构元素

即使每个城市的地理属性具有很大的差异,但城市形态和空间结构都由两个结构元素连接而成:

(1)节点。它们是城市活动集中性的体现,并与经济活动的空间集聚或运输系统的可达性相关。终端枢纽如港口、火车站和机场,都是重要的节点,活动会聚集在节点周边的地方与区域。根据节点的重要性和对城市功能的贡献,如生产、管理、零售和分配,它们被分级管理。

(2)链接。它们是支持节点间流动的基础设施。最低等级的链接有街道,它们是城市空间结构的定义元素。这些链接具有一定的层次性,它们可以从区域道路、铁路上升到连接大洲的航空和海运运输系统。

3. 城市交通运输的组织类型

城市交通运输可以被组织为集体、个人和货物运输三种类型。在一些事例中,它们相互补充,但有时也会对现有的土地或运输基础设施的使用产生竞争：

（1）集体运输（公共交通）。集体运输的目的是在城市特定部分为公众提供便利的交通运输服务。它的效率在于其能够运输乘客的数量和达到的规模经济。这种模式包括有轨电车、公共汽车、列车、地铁和渡轮。

（2）个人运输。是指基于个人出行选择的模式，例如汽车、步行、骑车和摩托车。对于大多数人来说，步行就能满足他们的基本流动性需求，然而这个数量和城市有关。例如，东京内部的步行占所有出行流动的88%，而在洛杉矶则只有3%。

（3）货物运输。由于城市是生产和消费的中心，因此城市的活动会伴随有大量的货物移动。这些移动大多表现为产业、配送中心、仓库、零售活动之间以及主要终端枢纽，如港口、铁路站场、配送中心和机场之间的货物运输。

历史上，城市内的移动往往局限于步行，这使得中长距离的城市联系效率低下且耗时。从而，活动节点和城市形态往往都倾向于聚集和紧凑状态。许多现代城市继承了产生于此环境下的城市形态，尽管这种形态已不再流行。例如，在很多欧洲、日本和中国城市的密集市区，有1/3到2/3的常住人口通过步行和自行车来完成日常出行。在另外一些地区，如那些大多建立不太久远的澳大利亚、加拿大和美国的城市，往往表现为分散的城市形态，这对汽车依赖起到了促进作用，而城市链接也呈现出很高的流动性水平。许多主要城市同时也是海运港口城市，不仅在维持经济活力方面起到了持久的作用，而且在城市空间结构上，它们还是重要的节点。

城市的交通运输与空间形态紧密联系，并根据所使用的运输模式的不同而不同。但没有改变的是，城市都倾向于选择街道网格模式。罗马和许多美国城市就是这种情况。产生这种持久的原因其实很简单，网格模式可以对可达性和现有的房地产起到优化的作用。在机动化和强调个人移动的时代，越来越多的城市都在开发的空间结构，这导致了对机动化运输的更加信赖，尤其是私家车。城市的分散扩张，正在许多不同类型的城市中所发生，从中央密集型的欧洲大都市如马德里、巴黎、伦敦，到工业化快速发展的大都市如首尔、上海、布宜诺斯艾利斯，再到那些扩张迅速的城市，如孟买，拉各斯。

7.1.3 交通运输和城市形态的演变

交通运输的演变通常会导致城市形态的变化。运输技术变化得越彻底，城市形态改变的也越多。在这些最基本城市形态变化中，集群的出现体现出了新的城市活动和城市体系中的新要素关系。在许多城市，曾经是主要通勤者目的地，并有公共交通服务的中央商务区（CBD），已经被新的制造业、零售和管理实践所改变。传统的制造业依赖于集中式的工作区和交通运输，但技术和运输的发展使得当代工业更加灵活。在许多情况下，制造业如果不迁往新的低成本位置，那么一般会迁往郊区。零售和办公活动也呈现出郊区化，城市的生产发生改变。与此同时，许多重要的运输终端枢纽，即港口设施和铁路站场，在集装箱化引起的现代物流配送体系的新需求下开始在郊区出现。

20世纪50年代以来，郊区的增长主要集中在邻近的主要道路周围，并且中间留下了许多闲置或农业用地。之后，这些中间空间或多或少地逐渐有序地被填满。那些围绕城市和从城市延伸出的环路和公路，支持了郊区的发展和城市副中心的出现，使之形成具有吸引经济活动的与中心商业区相竞争的区域。结果，许多新就业机会转向了郊区，城市的活动系统发生很大改变。城市的不同区域根据其空间格局具有不同的活力。这些变化的产生会根据地理和历史环境的不同而不同。此外，城市的密度也会发生改变。而对现代城市形态产生实质影响的两个过程则是：

（1）在过去的50年里，分散型城市土地开发模式在北美一直处于主导地位。在这里，土地资源丰富、运输成本低，经济以服务业和科技产业为主导产业。在这种环境下，城市密度和汽车使用具有很强的联系也就不足为奇了（见图7.2）。对很多城市来说，区域建造的速度比人口的增长速度快。此外，与土地成本相比，通勤相对更便宜，所以很多家庭会选择在郊区附近购买便宜的房子。类似的模式也可以在许多欧洲城市被发现，但是其变化发生的速度和范围要更低更小。

（2）分散的活动会导致两种截然相反的结果。一种是，在一段时间内通勤时间仍相对稳定。另一种是，通勤时间变长导致人们开始使用私家车，而不使用公共交通。多数运输和道路系统被开发为服务郊区和城市，而不是服务于郊区和郊区之间的通勤设施。因此，郊区的公路常常和城市的公路一样拥挤。

尽管运输系统和旅行模式随着时间发生了相当大改变，但有一个特征始终没有发生改变，那就是大多数人在同一方向的旅行时间仍然保持在30到40分钟。总体来看，人们每天花费在通勤上的时间约为1.2个小时，不管发生在低流动性或高流动性的环境下。不同的运输技术与不同的运行速度和容量相关。因此，那些以非机动化运输方式为主的城市与机动化依赖型城市具有明显不同。交通运输技术在定义城市形态和多样化活动空间格局中起着非常重要的作用。

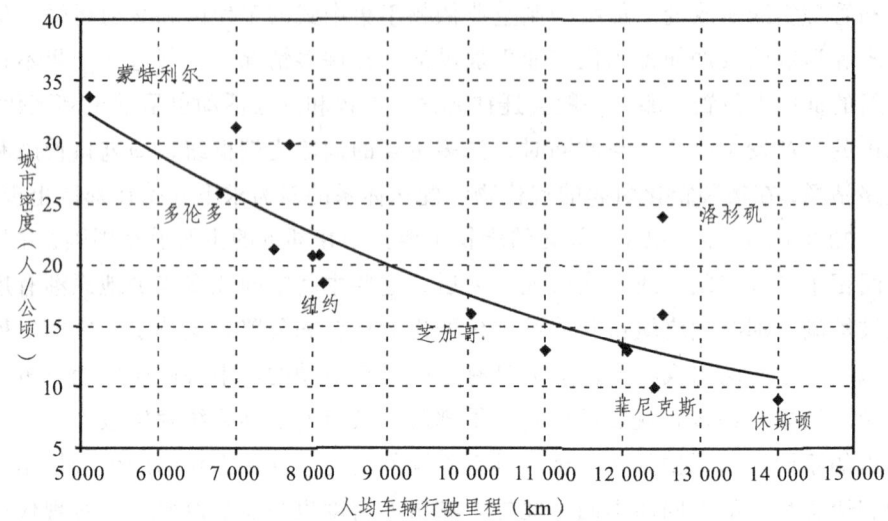

图 7.2　1991 年北美城市人口密度与汽车使用关系

7.1.4　城市交通运输的空间表象

分配给交通运输的城市土地数量通常与流动性水平有关。在汽车时代前，大约有 10% 的城市土地被用于交通运输，为步行者提供简单的道路。随着人口和货物流动性的提高，市区用于交通运输及其基础设施的土地份额不断提高。在不同城市之间以及城市不同区域之间，交通运输的空间表象具有很大的差异性，例如在中心和外围区域。城市空间表象的主要构成有：

（1）步行区。是指用于步行的空间区域。该空间通常以人行道的方式占用道路可行区域的 10% 到 20%。在中心区域，步行区的这一比例还要更高，甚至在一些情况中，整个道路区域都被用为步行区。然而，在机动化的背景下，大多数步行区都被作为服务人们通往运输方式的区域，例如停车场。

（2）道路和停车区。是指用于道路交通运输的空间区域，它用于服务两种活动状态，即通行和停放。在机动化的城市，平均有 30% 的地面用于道路，另有 20% 的地面用于路外停车。这意味着每辆车可拥有 2 个路外停车位和 2 个路边停车位。在北美城市，道路和停车场大约占总地面的 30% 至 60%。

（3）自行车行驶区。是一种无组织的形式，自行车简单地使用步行区和道路空间。然而，在城市区域正尝试在备用车道以及停车设施划分自行车专用区。

（4）大众运输系统。很多大众运输系统，例如公共汽车和有轨电车，由于与其他汽车共用道路，因此削弱了各自的效率。为了减轻拥堵，一些城市正尝试建立公共汽车专用车道用于全天候或特定时段（高峰时段）的公共汽车行驶。其他运输系统，如地铁和铁路，由于它们有自己的专用设施，因此拥有专有道路使用权。

（5）运输终端枢纽。指的是用于布设终端枢纽设施的空间区域，例如港口、机场、大众运输车站、铁路场站和配送中心。全球化无论在相对上和绝对上，都提高了人与货物的流动性，同时也增加了支持这些活动的城市空间。很多主要终端枢纽都位于城市的周边地区，因为只有这里能提供充足的可用土地。

每种运输方式的空间重要性会随着一系列的因素变化而变化，其中密度是最重要的因素。进一步说，每种运输模式都有其特有功能和空间消耗特征。最相关的例子就是汽车。它需要空间来行驶，同样它98%的静止状态需要在停车场度过。所以，相当数量的城市空间需要被提供给汽车，特别是当它停放和对经济社会无用的时候。在总体水平，很多措施都揭示了在发达国家道路运输的空间表象。在美国，用于汽车的土地要多于住房。在西欧，有15%~20%的城市地面用于道路，而在发展中国家，这个数字约为10%（中国的城市平均约为6%）。

7.1.5 交通运输和城市结构

由于世界范围内快速扩张的城市化，城市地区的出行日益增加。为此，城市通常会通过扩大运输供应和建设新的公路和运输线路来增加流动性。在发达国家，这意味着需要建设更多的道路来容纳日益增长的汽车数量，由此创建出新的城市结构。一些城市空间结构相应出现，而对汽车的依赖是其最主要的原因。在大城市中，可以定义以下四种主要类型：

Ⅰ型——完全机动化的网络。以中央集中性有限的汽车依赖型城市为代表。

Ⅱ型——弱中心。以许多美国城市为代表，它们的很多活动都发生在城市周边。

Ⅲ型——强中心。以具有高密度中心的城市为代表，在这里拥有发达的公共交通系统，尤其在欧洲和亚洲。

Ⅳ型——交通限制。以执行交通管制和在空间结构中具有模式偏好的城市为代表。通常，中心区域主要以公共交通运输为主。

交通运输系统对社区、地区和整个大都市区域有着不同规模的影响（见表 7.1）。例如，在城市结构中，运输最重要的影响体现在高可达性区域附近活动的集聚。运输对空间结构的影响在郊区尤其明显。尽管在郊区的发展中有许多其他重要因素，包括低土地成本、可用土地（大量）、环境（安静整洁）、安全性、汽车导向型服务（购物中心），但汽车的空间表象仍然是最主要因素。也许有人会说道路和汽车对城市扩张本身作用限制，但它们却是城市扩张的必要条件。郊区化最初出现在美国，但郊区的发展已经遍布全世界的城市。

表 7.1 不同规模尺度下的城市空间结构

规模尺度	空间结构组成
社区	街道、基本服务部门、住宅
辖区	主要道路、工作区域
城市	公路、公共交通系统、交通枢纽

面对市区的扩张、拥堵问题以及日益增长的城际流动，一些主要城市在其周围建设了许多环城公路。它们因此也成为城市空间结构的一个重要特征，特别是在北美。郊区的公路互通式立交就是新城市群发展的典型例子。城市区域的扩张（和过度扩张）产生了城市边缘地区。它们很好地处于城市核心和郊区外围区域，且位于合理的通勤距离内。

7.1.6 城市道路网的结构

城市道路网的结构一般形成于一定的自然、社会、经济条件，另外还与城市规划有关。因此，从每一个城市来看，其路网结构都各不相同。根据目前城市路网的格局来看，主要有棋盘式、放射式、环形放射式、方格-环形-放射混合式以及自由式。

（1）棋盘式。棋盘式道路网是最常见的路网结构，其具有设计简单、房屋朝向容易处理的优点。这种路网结构在美国除华盛顿外的城市，以及中国的大多数城市普遍存在。但这种路网结构也存在缺点，就是城市对角的距离增加。度量城市街道的指标通常为两个对角端点的非直线系数。在棋盘式路网结构中，该系数 ρ 为：

$$\rho = \frac{a+b}{\sqrt{a^2+b^2}} \tag{7.1}$$

（2）放射式。放射式路网是指道路以广场或市中心为中心，向各个方向放射的结构。这种结构意味着从一条道路到另一条道路时必须要经过放射中心才能到达，从而造成道路迂回。因此，只适合小城镇，不适合城市，它必须配合其他结构的路网才能在城市中得到很好的应用。它的非直线系数为：

$$\rho = \frac{a+b}{\sqrt{a^2+b^2-2ab\cos\alpha}} \tag{7.2}$$

（3）环形放射式。在放射式的基础上，增添了与中心的同心圆的环形道路，从而避免了放射式道路网的缺点。但其缺点是仍然会容易使市中心区域形成交通拥堵。这种结构在欧洲城市，如巴黎、莫斯科等城市较为常见，但在中国这种结构较为少见，较为典型的中国城市有成都。环形放射式路网结构的非直线系数通常介于 1.1~1.2，从这一点来看较棋盘式路网结构更具有优势。

（4）方格-环形-放射混合式。这种结构是前三种结构的综合布设方式。通常在市中心区域采用棋盘式结构，以避免中心区域交通的大量集中，在外围区域采用环形和放射式道路，从而减少了各端点间的距离。美国的芝加哥、中国的北京均是这种路网结构的典型代表。

（5）自由式。这种路网结构通常为地形较为复杂的城市的路网结构，道路的建设因地制宜建设而成，在山地较多或沿海城市较为常见。其缺点是土地占用较大，城市内任意两点的非直线系数较大。这种城市典型的代表有中国的重庆、大连、青岛。

7.2 城市流动性

7.2.1 城市流动性的演变

全球大多数城市的快速发展，使得城市区域内部产生了越来越多的旅客和货物流动量。这些流动逐渐向更长距离发展，但证据表明通勤时间仍然与20世纪相似，大约每天1.2个小时。这意味着通勤已逐渐转移到更快的运输方式，因此相同的时间就可以行走更远的距离。由于使用了不同的运输技术和运输设施，世界各地城市交通运输系统呈现出各种差异性。在发达国家，城市发展经历了三个主要时代，每个时代都具有不同的城市流动性：

（1）步行时代（1800—1890年）。即使是在工业革命的冲击下，外出的主要方式仍然是步行。城市直径通常不到5千米，从市中心步行至城市边缘也只需要大约30分钟。土地利用混杂，且密度很高（每公顷100~200人）。城市非常紧凑，其形状接近圆形。最初的公共交通发展以公共汽车服务的形式扩大了城市的直径，但没有改变整体的城市结构。铁路的出现促进了城市形态的第一次真正变化。这些新的发展往往位于铁路沿线郊区，它们是一些很小的节点，与城市分隔，同时彼此相互分离。这些节点与火车站位置相一致，并从市中心延伸出一个相当远的距离，通常为半个小时的火车车程。在市区，不仅同时铺设了铁路，并且马车也被用于公共运输。

（2）有轨电车时代（1890—1930年）。牵引电动机的发明城市出行彻底改变。首批有轨电车线路于1888年在里士满开通。电车的运行速度是马车速度的3倍。城市沿着电车线路向外延伸了20~30千米，形成了一个不规则的星形形状。城市边缘成为住宅快速发展的地区。电车走廊成为商业地带。城市核心进一步被提升为混合使用的高密度地带。城市的总体密度减少到每公顷50~100人。土地利用方式反映了社会阶层，中产阶级通常居住在郊外地区，而工人阶级仍然集中在城市中心。

（3）汽车时代（1930年以后）。汽车于19世纪90年代引入欧洲和北美，但只有有钱人才买得起这种新产物。从20世纪20年代开始，汽车拥有率急剧增加，亨利福特革新的流水线生产技术使得低价格成为可能。随着汽车逐渐普及，土地开发模式发生了改变。开发者被吸引到市郊铁路线之间的未开发区域，而公众则被吸引到这些用途单一的区域，从而避开城市的烦扰，主要是污染、拥堵和空间不足。运输公司遭遇财政困难，最终这些遍布北美和欧洲的公共运输服务不得不变成靠补贴维持的公有企业。随着时间的推移，商业活动也开始郊区化。在很短的一段时间内，汽车是北美城市的主要出行方式。汽车已大大减少了距离摩擦，并使城市不断蔓延。

在世界很多城市化刚刚起步的地区，并没有经历上述的阶段。在大多数情况下，快速的城市发展导致了争相提供运输设施，并且还往往表现出不足。

机动化和个人移动的分散化随着公共运输在城市流动性中比例的大幅下降不断呈现发展的趋势。

7.2.2 城市公共交通

公共交通是城市主要的运输模式，特别是在大型城市群。城市环境特别适合公共交通，因为它能为效率的提高提供基础条件，即可以满足高密度和短距离移动需求。由于公共交通是一种共享型的公共服务，它的潜在收益来自高密度的聚集经济和高流动需求的规模经济。公共交通系统运营的密度越低，需求就越低，从而可能运营中出现亏损。事实上，大多数公共交通系统并没有雄厚的财力，必须通过补贴运营。公共交通系统是由许多类型的服务组成，每种都适合特定的市场和空间范围（见图 7.3）。不同的运输模式在公共交通系统内充当补充服务，在一些情况下它还用于连接公共交通系统和其他运输系统。

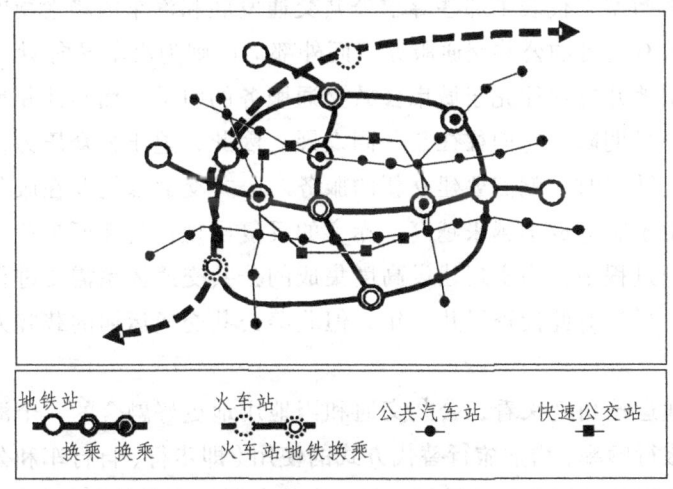

图 7.3 城市公共交通系统组成

现代公共交通系统往往是公有的，这意味着关系它们发展和运营的决定都出于政治动机。这与过去的公共交通系统形成鲜明的对比，过去的公共交通系统通常为私人所有，并受利润驱动。随着 20 世纪 50 年代汽车的快速扩散，很多公交运输公司都开始面临财务困难，由于投资的有限，它们的服务质量随着市场的下滑而下降。渐渐地，它们被公共机构所收购，并合并为大型机构，以提供流动性需求。因此，公共交通通常起到公共服务的社会功能，是一种维持社会公平的工具，没有任何经济作用。公共交通变得依赖于政府的补贴，它们几乎不参与任何竞争，工资和票价都被严格管理。因此，它们往往与市场力量相断开，需要依靠持续的补贴来维持特定的服务水平。随着郊区化发展，公共交通系统与经济活动的关系越来越少。

城市运输对公共交通的依赖往往在亚洲比较高，欧洲居中，北美最低。自从19世纪早期开始以来，城市综合运输系统对于城市形态和空间结构就产生了重大影响，但是这种影响正在减弱。根据城市与其公共交通系统的相互关系，可以将这些城市分为三种类型：

（1）公共交通导向型。其城市形态和城市用地发展与交通发展相协调。中心区域拥有充足的地铁系统服务，行人可以友好穿行，而外部地区则是沿铁路线而建。

（2）公共交通适应型。代表了那些以汽车为主要出行方式，公共交通只起到边缘作用的城市。城市形态表现为分散和低密度状态。

（3）平衡型。代表了那些寻求公共交通发展和汽车依赖平衡的城市。城市中心区域有充足的公共交通服务，而外部地区则为汽车导向型。

现代土地开发往往先于城市公共交通服务的引进，而与此相反的是，在城市增长的早期阶段它们往往是共同发展。因此，迫于公众压力，一旦认为运输需求足够多时，就需要建立新的服务。公共交通部门要在服务许可下进行运营，由于服务成本越来越高，赤字的反复出现也就在所难免。这导致了在城市规划过程中，为实现建设高度集成的公共交通体系需要进行一系列的考虑研究，尽管对此投资了几十年，但北美公共交通运输的载客人数依然没有改变。

从交通运输角度来看，公共交通和当地用地更好融合的一个潜在好处是它会减少旅行频率，增加旅行替代方式的使用（即步行、自行车和公共交通）。但支持这种期望的迹象仍然显得不足，公共交通载客量的份额不断持续下滑。社区设计可以对出行方式产生显著影响。土地利用计划应与其他规划和应对汽车依赖的政策计划相协调。然而，由于态度的消极，普通民众对公共交通有着强烈的偏见，特别是在北美，而在全球持这种态度的人也越来越多。由于个人的出行被视为身份和事业成功的标志，因此那些乘坐公共交通的人们会被视为最不成功的人群。这种偏见可能会破坏公共交通在普通人群中的使用形象。

7.2.3 城市的流动类型

城市的流动与城市的活动和其土地利用有关。每种土地利用类型都会产生和吸引特定群体的流动。这种关系比较复杂，它与收入、城市形态、空间积聚、发展和技术水平因素有关。当它们与预定的活动有关时（如家庭到工作场所的流动），城市的流动往往具有强制性；但当自由决定日程安排时（如休闲），这种流动就呈现出自发性。

1. 城市的流动类型

最常见的城市流动类型有：

（1）钟摆式流动。这些是强制性的流动，包括住所和工作场所之间的通勤。它们具有高度周期性，因为它们可被预测，并会在大多日常时间有规律地反复发生，因此称其为钟摆。

（2）职业性流动。这些流动与职业性和基层工作活动有关，如会议和客户服务等活动，它们一般都发生在工作时间内。

（3）个人型流动。这些是与商业活动位置有关的自发性流动，包括购物和娱乐。

（4）旅游流动。这些流动对具有历史和娱乐功能的城市非常重要，它们与标志性建筑和便利设施如酒店和餐馆相关联。它们往往具有季节性特点或在特定时刻发生。大型的体育盛事，如世界杯或奥运会在它们召开期间对所在城市流动的发生非常重要。

（5）配送流动。这些是关于满足消费和生产需求的货物配送活动。它们与配送中心和零售网点有关。

2. 城市流动的因素

对城市流动的考虑，主要涉及其产生、所选用的运输方式和路线，以及目的地。

（1）出行生成。平均来说，一个城市居民每天出行3~4次。城市区域内的流动通常是为了满足就业、休闲、购物和享受服务的目的。每满足一次目的，就会产生一次出行。出行量的时间变化也是观察的重要内容。

（2）模式划分。它是指城市出行所采用的交通模式和模式选择呈现的结果。模式的选择取决于很多因素，如技术、可用性、偏好、时间和收入。

（3）出行分配。它涉及城市中所使用的路线。例如，开车上班族通常都会选择固定路线。如果出行线路遭遇拥堵或有其他相关活动（如购物），那么线路可能发生更改。影响出行分配的几个因素中，最重要的两个是运输成本和可用性。

（4）出行目的地。城市地区经济活动空间分布的变化，导致了出行目的地很大的改变，尤其是与工作相关的活动。中心城市曾经是出行的主要目的地，但其比例已在广大地区大幅下降，郊区现在占据了大量的城市流动。

汽车在城市出行中的份额的变化与城市位置、社会地位、收入、公共交通服务质量和停车场数量有关。大众公共交通运输往往经济实惠，但其市场主体都是些特定社会群体，如学生、老人和穷人。根据年龄、收入、性别和伤残情况的不同，其流动性也有着显著的差异。所谓的流动性性别差异是社会经济差异的结果，这是因为个人运输的实现往往与收入有关。因此，在有些情况下，模式的选择更像一种与经济机会有关的模式约束。

在中心地区，一般很少存在运输可用性的问题，因为这里都具备了私人和公共交通设施。然而，中央核心以外的区域则只有通过汽车方可到达，如果很大一部分人没有汽车，那么他们就相当于被隔离。有限的公共交通和昂贵的汽车购置造成了受空间限制（流动性被剥夺）人群的出现（见图 7.4）。他们在郊区不能获得服务，不过更重要的工作开始越来越多集中在这些地区。

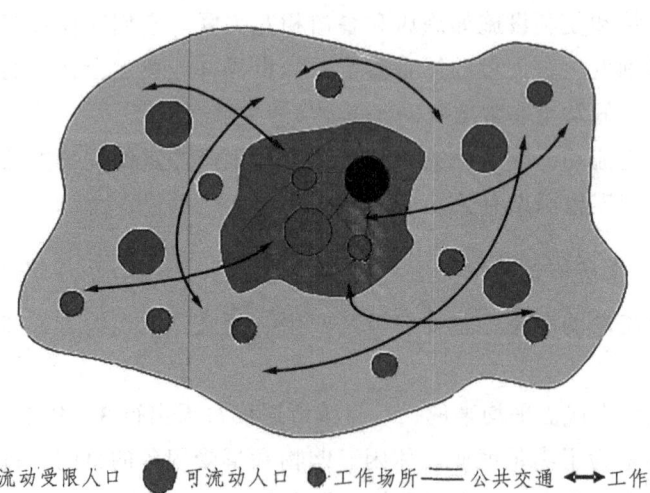

● 流动受限人口　● 可流动人口　• 工作场所　—— 公共交通　←→ 工作场所

图 7.4　城市区域就业可达性

7.3 城市交通问题

7.3.1 城市交通面临的地理挑战

城市是经济活动高度积聚和集中的地区，也是由运输系统支撑的复杂空间结构。最主要的交通问题往往都与城市有关，由于种种原因，运输系统不能满足城市大量的运输需求。城市生产力高度依赖运输系统对多地间的劳动力、消费者和货物的运输效率。此外，重要的交通枢纽，如港口、机场和市内铁路场站，也会造成一系列具体的问题。有些问题是古老的，如拥堵（困扰着类似罗马的一些城市），还有些是新问题，如城市货物配送或环境影响。其中最显著的运输问题是：

（1）交通拥堵和停车困难。拥堵是大城市群中最普遍的交通问题之一。特别是因为机动化和汽车的扩散，这大大增加了对运输基础设施的需求。然而，基础设施的供应却往往赶不上流动性的增长。由于车辆需要花费大量的时间进行停放，因此机动化的发展也扩大了停车空间的需求，特别是在中心地区。

（2）公共交通的不足。许多公共交通系统，不是超负荷使用就是使用不足。在高峰时段，人群拥挤使乘客产生不适，而乘客太少却又使得财政上难以维系，特别是在郊区。

（3）行人的困难。这些困难既是交通繁忙的结果，也是基础设施设计缺乏对行人的考虑的结果。为此，行人和车辆的流动都受到损害。

（4）公共空间的缺失。大部分道路都是公有并且免费通行的。交通流量的增加对公共活动产生不利影响，如市场、集会、游行、阅兵、运动会和社区活动。这些都逐渐被汽车取代而消失。在很多情况下，这些活动都已转移到大型购物中心，而在其他情况下，它们被完全放弃。交通流量影响了居民的生活和交往，也影响了他们对街道空间的使用。更多的交通流量还妨碍了社交和街道活动。当交通流量很高时，人们更愿意选择走路或骑车。

（5）环境影响和能源消耗。由车辆流通产生的污染，包括噪声，已经严重影响到生活质量和城市人口健康。此外，城市交通的能源消耗急剧增长，并且对石油的依赖越来越强。

（6）事故和安全。城市日益增长的交通量与越来越多的事故和死亡人数紧密相关，特别是在发展中国家。随着交通量的增加，城市道路交通安全隐患越来越多。

（7）土地消耗。在大城市，约有30%~60%的区域都用于交通运输，这是对城市某些交通模式过度依赖的结果。

（8）货物配送。经济全球化和物质化使大城市内部产生了越来越多的货物流动量。由于货物运输会与旅客流动共同分享了基础设施，所以城市的货物的流动性成为日益严重的问题。为此，可以构建城市物流战略来减轻市区货物配送面临的各种挑战。

在城市交通问题的几个方面中，大部分都与汽车的普遍使用有关。

7.3.2 汽车依赖性

1. 汽车依赖的影响

汽车的使用显然与其各种优势有关，如流动性需求、舒适性、身份地位、速度和方便性。这些优势共同说明了为什么汽车保有量在全球持续增长，特别是在城市地区。一旦有机会选择时，大多数人都会喜欢使用汽车。有些因素也会影响车辆的总体增长，如持续的经济增长（收入和生活质量的提高），复杂的城市个人出行模式（许多家庭拥有不止一辆汽车），更多的闲暇时间和郊区化发展。车辆总体数量的急剧增长导致商业区和整个大城市区域的主要街道高峰时段严峻的车辆拥堵。

城市是流动产生的重要发生器和吸引器，但它创造出一系列的地理矛盾。例如，专业化会导致额外的运输需求，集聚会导致拥堵。随着时间的推移，汽车的依赖性出现，导致了其他模式作用的减少，从而进一步限制了城市流动性替代品。除了这些拉动增长的因素外，另有两个因素对汽车依赖有着影响：

（1）抑价与消费者选择。大部分道路基础设施因为其公共服务性质而受到补贴。因此，司机不承担汽车使用的全部费用。像"公地悲剧"一样，当某种资源（道路）免费使用时，它往往会出现过度使用和滥用（拥堵）。

（2）规划和投资活动。规划和公共资金分配旨在改善道路和停车设施，从而避免拥堵的发生。由此其他可选择运输模式往往被忽视。在许多情况下，分区规则中对道路和停车服务的最小标准都有强制规定，这事实上加强了对汽车依赖的控制。

根据土地利用方式和流动性替代选择，相应的存在几个层面的汽车依赖性。与汽车依赖性最密切的指标是车辆保有量水平、人均车辆行驶里程和用汽车使用占总通勤出行的比例。当汽车使用占总通勤出行比例的 3/4 时，就可以认为其具有高度汽车依赖性。对于美国，这一比例在近几十年来一直保持在 88% 左右。尽管认为对于汽车的依赖往往具有负面效应，但其结果还是反映了个人的选择。

2. 限制汽车流动的策略

20 世纪后半叶见证了许多北美和欧洲城市适应汽车流动的过程。机动化运输被视为现代化和发展的一种强大象征。公路的建设、街道的拓宽和停车场破坏了现有城市结构。然而，从 20 世纪 80 年代开始，机动化的负面性被逐步看到，一些城市还实施了相关策略来限制汽车的流动，这些策略有：

（1）限阻。虽然汽车流动被允许，但它受到法规和实体规划的阻碍。例如，停车空间可能受到严重的限制，铺设减速带迫使汽车速度降低。

（2）禁止市区流动。一天中大部分时间禁止汽车驶入市区，但晚间允许送货车辆驶入。这种策略往往用于保护历史城市的特色和设施。

（3）收费。对停车和进入城市部分区域的车辆征收费用。然而，大部分证据表明司机还是愿意承担这些额外的费用，特别是对通勤者而言。尽管如此，将拥堵收费作为一种措施已经逐渐被考虑。

一些尝试性的办法被提出，如交通规划措施（同步交通信号灯和规范的停车场）、选定区域进行车辆流动限制、升级自行车道和公共交通运输。在墨西哥城，车辆使用按照车牌号和日期来限制（奇偶数）。富裕的家庭通过另外购买新车来解决这个问题，从而使得形势越发严峻。新加坡是世界上唯一通过对汽车所有者征收重税和购买"拥车证"来成功控制其车辆数量和增长的国家。

对于汽车依赖有许多可替代选择，如联运（结合个人和大众运输的优势）或拼车（受美国政策和法规鼓励）。然而这些替代品只能部分执行，因为汽车仍然是提供城市流动性的首要选择。可是这种方式的选择也会产生强大的抵消力量，即拥堵。

7.3.3 拥 堵

拥堵常常发生在运输需求超过运输供给的特定运输系统部位。在这种情况下，每辆车都会损害到其他车辆的流动性。

　　过去几十年道路在农村，尤其是城市地区不断延伸。这些设施按照高速度和高容量标准来设计，但是城市汽车流动量的增长往往却高于预期。着眼于提供城市和区域可达性的投资来自不同层次的政府。通过提供高水平的运输供应，强烈地刺激了道路运输的扩展。这造成了拥堵的恶性循环，加剧了额外道路能力建设的支持和对汽车的依赖。城市拥堵主要涉及两个领域的流动，它们通常共享同一设施：

　　（1）旅客。在世界的许多地区，由于收入显著增加，因此每户家庭拥有一辆或多辆汽车变得很常见。汽车运输灵活性的显现，取决于出发地、目的地和旅行时间。由于对汽车的青睐，使得减少了运用其他运输模式的出行，包括通勤。例如，汽车占了美国通勤的绝大部分。

　　（2）货物。由于很多产业都将它们的运输需求转为货车运输，从而增加了道路设施的使用。由于城市是货物流动的主要目的地（无论是为了消费还是进行转运），因此货车进一步增加了市区的拥堵。"最后一千米"的问题在城市地区的货物配送中仍然普遍存在。拥堵通常与送货频率有关，在保持服务水平稳定的情况下，通过增加额外的运送能力可以降低送货频率。

　　基础设施的供给无法跟上车辆数目增长的步伐，更不用说车辆周转量。在基础设施的改善和建设过程中，容量的削弱（减少可用车道、道路封闭）更容易导致拥堵的产生。当达到或超过容量极限时，会造成严重的行程延误，这种情况几乎会在所有的大城市地区发生。在像伦敦这样的大城市中，道路交通速度实际比100年前还要慢。边缘地区的延误也开始增加，行车速度由于人口密度也变得问题辈出（见图7.5）。大城市变得几乎每天都要拥堵，而拥堵程度也日益严重。另一个重要的考虑是停车，它需要消耗大量的空间。在汽车型城市，这更加受到约束，因为每项经济活动都必须提供与之相对应的停车空间数量。停车变得越来越消耗土地，并使得城市用地极度膨胀。

　　日常的出行可能是"强制性"（工作场所—住所）或"自发性"的（购物、休闲、拜访）。前者往往具有固定的行程安排，而后者的行程安排则是变化多样。强制性行程主要对高峰时间的流动量产生影响，这意味着市区有一半的拥堵会在每天的特定时间和特定路段重复发生（见图7.6）。剩下的另一半则是由随机事件所导致，如事故和异常天气（雨、雪等）。就事故而言，它们的随机性会受到交通量水平的影响，某段路交通量越大，发生事故的可能性就越高。交通量的空间集聚导致交通运输设施负载达到极限点，由此产生的拥堵就可能导致交通的中断。汽车的大量使用不仅会对交通流动和拥堵产生影响，同时也会导致公共交通运输效率的降低，尤其是它们共享同一道路时。

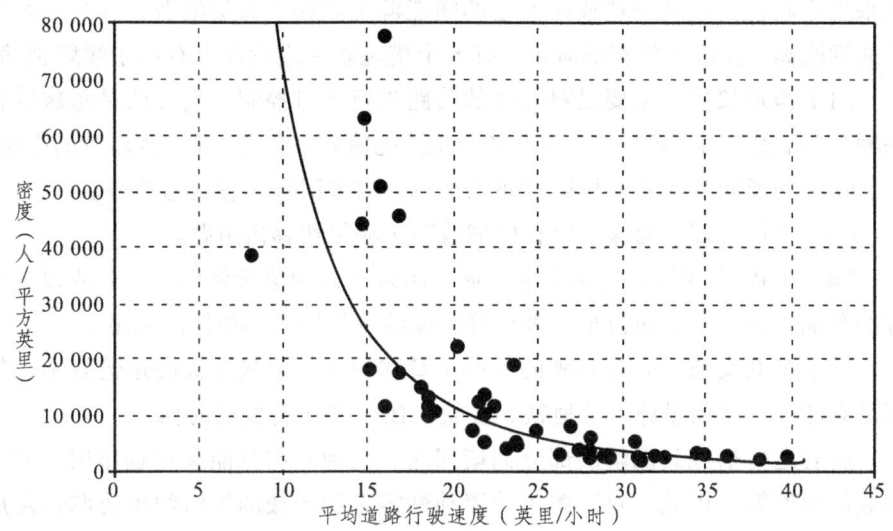

图 7.5　城市密度与行车速度（全球部分城市）

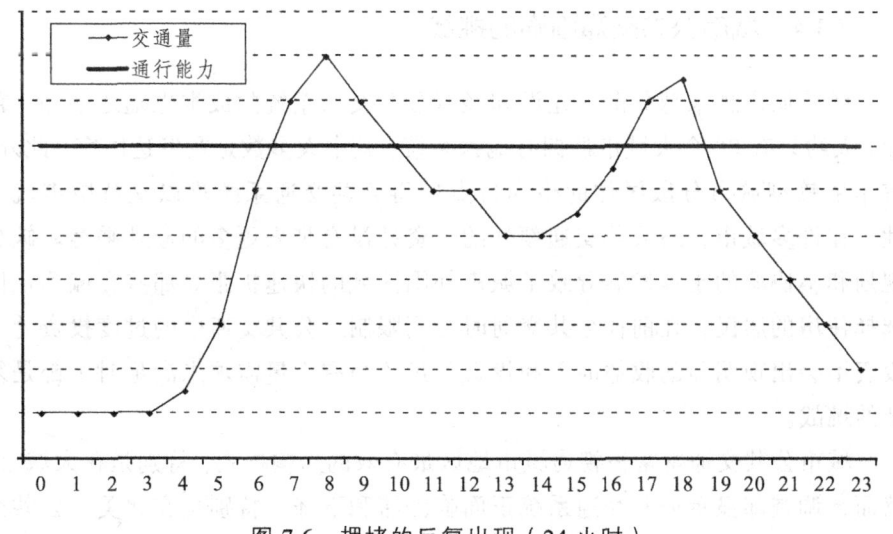

图 7.6　拥堵的反复出现（24 小时）

在有些地区，汽车是唯一一种被提供设施的模式。这意味着使用替代模式的能力非常有限，如公共交通、步行和自行车。在一定密度水平下，没有任何公共基础设施的投资能够得到合理的经济回报。由于在平均时间内通勤出行距离延长，其产生的结果，如用地分散化和拥堵水平将越来越明显。在主要公路的交通汇合处是一些低密度的地区，它有着很高的汽车拥有量，但其乘坐率较低。其结果造成在拥堵期间能源（燃料）大量浪费，并且还增加了通勤距离。在汽车依赖的城市，有5个措施在一定程度上有助于缓解拥堵：

（1）匝道仪控。主要是对拥挤的公路进行入口控制，其方法是每次放行一辆车而不是一群车辆进入。这样的结果是能使公路交通流量实现较少的中断。

（2）交通同步信号。根据时间和车流方向来同步调整交通信号。

（3）事件管理。确保事故和机械故障车辆尽快移出道路。

（4）HOV专用道。高乘坐率车辆（HOV）专用道确保拥有2名或以上乘客的车辆（公交车、面包车、拼车等）能够专门使用不拥挤的车道。

（5）公共交通。它是驾驶的一种可替代模式，能显著提高运输效率，特别是它能在自己的设施上（地铁、轻轨、BRT等）行驶的时候。

所有这些措施只能解决部分拥堵问题，因为它们只能起缓解作用，而不彻底解决问题。因此，对于解决使流动性需求和严峻的供给约束协调性发展仍然需要不断的尝试。

7.3.4 城市公共交通面临的挑战

随着城市越来越分散，建设和经营公共交通系统的成本也随之增加。例如，大约只有80个大城市群拥有地铁系统，其中大多数是在发达国家。此外，汽车依赖型城市分散居住的格局特点使得公共交通系统难以支持城市流动性。在许多城市，对公共交通额外的投资并没有带来更多的额外乘客。缺少规划和不协调的土地发展导致了城市外围区域的快速扩张。那些在偏远地区选择住房的居民，在前往公共交通时受到限制。公共交通中的过度投资（当投资不会出现明显的收益时）和投资不足（当有大量需求未满足时）都是复杂的挑战。

城市公共交通常常被视为城市地区最有效的运输模式，特别是在大城市。然而，调查却显示公共交通系统正面临停滞和下降，特别是在北美。公共交通的经济性受到质疑。尽管在缓解交通拥堵方面投入了大量资金和补贴，但大多数城市的公共交通发展仍然非常缓慢。这种矛盾可以部分通过现代城市空间结构来解释，现代的城市往往是面向个人服务需要，而不是集体服务需要。因此，汽车仍然是城市最钟爱的交通运输模式。此外，由于公共交通运输属于公共所有，这意味着它是一种经济回报有限的政治目的服务。即使是在欧洲这些公共交通导向型城市，公共交通系统大部分还是依靠政府补贴。它们的工资和票价受到监管，不允许参与任何竞争，不能随意调整票价来改变乘客数量。因此，公共交通通常是具有社会服务功能的公益性服务，因此它提供了与经济活动关系有限的可达性和社会公平性。城市交通面临的最困难的挑战是：

（1）分散化。公共交通系统并不是设计用来服务那些低密度和正逐渐成为主导景观的分散城区。城市活动越分散，公共交通对城市地区的服务就越困难和成本越高。

（2）固定性。一些公共交通系统的基础设施都是固定的，特别是铁路和地铁系统，但城市是动态的，即使它的改变需要几十年。这意味着出行模式会发生改变，并且用于服务出行的公共交通系统会面临"空间过时"。

（3）连接性。公共交通系统往往独立于其他模式和终端枢纽。因此很难实现乘客转运。

（4）竞争。由于低廉和无处不在的道路运输系统，公共交通面临着激烈的竞争。汽车的依赖程度越高，公共交通的服务水平越难以合适。那些提供给大众的服务仅仅在便利性方面就被汽车所超越了。

7.4 城市土地利用与交通运输

7.4.1 土地利用——交通运输系统

1. 城市土地利用类型的表现形式

城市土地利用由两个元素组成，一是土地属性的利用，它与这里产生的活动相关；二是空间的积聚水平，它表明这些活动的强度和集中度。中心区域拥有高水平的空间积聚和相应的土地利用水平，例如零售，而在周边地区这种积聚水平要低些。大多数经济、社会或文化活动表明了大量的功能，例如生产、消费和分配。这些功能发生在特定的位置，是活动系统的一部分。因此，活动通常都具有空间表象。在这些活动中，有些是例行活动，因为它们的发生具有规律性，并且可以预知，例如通勤、购物。而其他一些常见的活动，往往没有规律性，它们由生活方式（例如运动和休闲）、特殊需要（例如保健）所决定。另外与制造和配送有关的生产活动，它们的联系可能是当地、区域或全球。个人、机构和公司的行为模式都具有土地利用的表象。这个表象需要通过使用土地的类型来进行表现，它可以是形式上的或功能上的：

（1）形式化用地。它与空间的定性属性有关，例如它的自然形状、样式和外观。

（2）功能化用地。它与活动的经济属性有关，例如生产、消费、住所和运输，它们主要是空间的社会经济学描述。

土地利用，无论从方式表现形式还是功能表现形式，都说明了与其他土地利用之间的关系。例如，商业用地涉及与供应商和顾客的关系。与供应商的关系主要和货物运输有关，与消费者的关系则是人的运动。因此，对于这两个流通系统必须具备一定水平的可达性。由于每种土地使用类型都有自己特殊的流动性需求，运输就成为活动的区位因素，它与土地利用紧密联系。

2. 运输/土地利用系统

在城市体系内部，每个活动都会占据一个合适，但未必是最优的位置。运输和土地利用的相互作用大多会考虑活动之间的追溯关系，这些活动与土地利用相关联，而可达性水平则与运输相关（见图 7.7）。这些关系很难明确触发产生变化原因，究竟是交通运输先发生变化还是土地利用先发生变化很难确定。

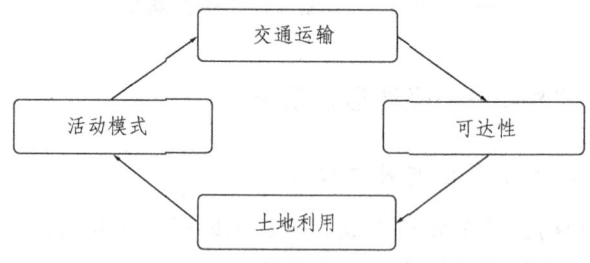

图 7.7　交通运输与土地利用相互关系

城市交通运输的目的在于满足不同城市环境下的多样化城市活动的运输需求。理解城市实体的关键在于对城市模式和运输/土地利用系统过程的分析。这个系统高度复杂，并且包含着交通运输系统、空间互动和土地使用之间的关系：

（1）交通运输系统。主要考虑支持城市旅客和货物运动的交通基础设施和运输模式。它通常代表了可达性水平。

（2）空间互动。主要考虑城市中旅客和货物运动的性质、程度、发生地和目的地。它们考虑交通运输系统的属性和产生、引起运动的土地使用因素。

（3）土地利用。主要考虑活动的空间积聚水平和与它们相关的流动性需求水平。土地利用一般与人口统计和经济属性相关。

7.4.2 城市土地利用模型

对于交通运输和土地利用之间的关系，有着非常丰富的理论描述，它们对地理科学有着巨大的贡献。随着时间的推移，对城市土地利用的一些描述和分析模型不断发展，并且已经提升到很复杂的层面。所有这些都将运输作为解释城市土地利用的考虑因素。

（1）杜能区域土地利用模型是最老的模型。它于19个世纪早期发明（1826），最初被用来分析德国农业土地利用方式。它利用经济租赁的概念来解释空间组织，在那里不同的农业活动为土地利用展开竞争。这个模型的基本原则已经成为许多其他与经济相关模型的基础，即地租和距离衰减理论。该模型的核心假设是农业用地是以围绕市场的同心圆的形式存在。许多与该模型一致的现实案例都已经出现，特别是在北美。

（2）伯吉斯同心圆模型是最早尝试调查城市层面空间模式的模型之一。尽管模型设计用来分析社会阶层，但它却发现运输和流动性是在城市区域空间组织的重要因素。模型的形式化用地表现源于从中央商务区出发的通勤距离，由此形成同心圆。每个圆都表示了一个特定社会经济的城市景观。该模型从理论上讲直接改自于杜能城市用地模型，它同样利用同心圆来进行表示。

（3）扇形和多核心土地利用模型用于研究同心圆模型忽视的众多因素，即交通轴线和土地利用和增长的多核心影响。它们都考虑了机动化的出现对城市空间结构的影响。

（4）混合模型试图将解释城市土地利用过程中的同心圆、部门和核心行为都包含进来。它们尝试将每种方法的优点进行整合，因为没有一种方法能够完全做出令人满意的解释。因此，像由伊萨德开发的混合模式，考虑了节点的同心圆效应（中央商务区和次中心）以及交通轴线的辐射效应，所有的这些形成了土地利用格局。此外，这种混合模型非常适用于解释城市空间结构的演变，因为它们结合了影响城市土地利用的不同交通运输空间因素。因此，在不同的时间点可使城市用地呈同心或辐射状。

（5）地租理论的发展也同样是为了解释市场的土地利用，在这一市场中不同的城市活动会为同一位置的土地利用展开竞争。位置越理想，租金就越高。动可达性和距离衰减方面来看，交通运输是解释地租和影响土地利用的重要因素。然而，传统的地租表现正受到现代城市结构变化的挑战。

大多数这些模型本质上属于静态模型，它们只说明了土地的使用模式，而没有明确地考虑那些创建或改变它们的过程。

7.4.3 交通运输和城市动力学

土地利用和交通运输都是受外部影响的动态系统的一部分。由于技术、政策、经济、人口甚至是文化价值的改变，系统的每个组成都不断的演进。因此，土地利用和交通运输间的相互作用成为居民、企业和政府做出决策的结果。通过对城市空间结构的演进的相关性进行研究，城市动力学领域扩展了传统土地利用模型的范围，这些传统的模型往往是描述性的模型。这导致产生了一个复杂的模型框架，它包括了各种各样的组成要素。支撑城市动力学的众多概念都用反馈的形式对此问题进行描述，它们认为系统的每一要素都会影响其他要素。每一要素的变化都会返回来对初始要素产生积极或消极的影响。在城市动力学中最重要的组成要素有：

（1）土地利用。这是系统动力学中最稳定的要素，用地结构的改变需要花费相当长的时间。这也就不足为奇为什么大多数房产会至少保持几十年的时间。城市动力学中土地利用的主要影响是对运动的产生和吸引功能。

（2）交通网络。这也被认为是城市动力学的一个相当稳定的要素，因为交通运输基础设施都是长远建设。特别是大型交通枢纽和地铁系统，它们都能运营相当长的时间。例如，有很多火车站都已经有一百多年的历史。运输网络对城市动力学的主要贡献是其提供了可达性。运输网络的改变将会对可达性和运动产生影响。

（3）运动。系统中动态性最大的要素是会因为旅客或货物的运动立刻发生变化。因此，运动往往被视为城市动力学的结果，而不是形成它们的原因。

（4）就业和工作场所。它们在城市动力学中起着显著的诱导作用，因为许多模型通常都会将就业视为外部因素。尤其是劳动力导向型或出口导向型的经济部门，如制造业。通勤量是就业与工作场所数量直接作用的结果。

（5）人口和住房。因为住宅区是产生通勤的来源，因此它们充当了运动发生器的作用。由于收入、生活水平、喜好和种族特点的不同，其在城市空间结构的反应也不同。

有关如何表达这些关系的问题仍然存在，特别是在当前地方、区域和全球进程相互依存的背景下。全球化实质上是模糊了交通运输和土地利用的相互关系以及它们之间的动态性。曾经影响区域环境的内生因素现在已经成为外生因素。因此，那些能提供就业和多重效益的经济活动，如制造业，由于受到全球范围力量的驱动，使得它对区域的动态作用甚微。例如，资金投入可能来自外部，并且大量的产出直接面向国际市场。

7.5 交通运输/土地利用建模

7.5.1 模型类型

为了更好地理解城市的行为，一些可操作的交通运输/土地使用模型（TLUM）被发展起来。使用 TLUM 的原因很多，例如它可以基于一系列的经济假设来预测未来城市模式，以及评估与环境标准相关的法规的潜在影响。TLUM 的其他应用还有城市系统理论、政策和实践的测试。运用仿真模型，不仅可以评估城市理论，还可以衡量政策影响，如增长管理和拥堵定价。这并不稀奇，因为 TLUM 本身就是一种规划工具，其发展和应用主要靠政府的交通运输、区域规划和环境相关部门来完成。

1. 模型的类型级别

大体来说，模型其实就是一种用于表达和处理一系列概念、思想和理念的信息构架。模型拥有语言，常用数学语言来建立与现实对应的关系。根据交通运输和土地利用关系，模型建立有四个复杂级别：

（1）静态建模。通过对代表变量的分类和运算操作对给定时间点的系统状态进行描述。可达性衡量可被视为一种静态建模。

（2）系统建模。根据给定变量的关系对系统行为进行描述。重力模型就是一个系统建模的例子，因为它试图评估运动的产生和吸引。

（3）系统关系建模。它试图将几个模式整合成一个巨系统（庞大而复杂的系统）。交通运输/土地利用模型就是这种观点（见表 7.2）。

表 7.2　交通运输/土地利用模型组成

模型组成	
土地利用	基本经济理论 区位理论 交通生成和吸引模型
空间互动	空间互动模型 距离衰减参数 交通方式划分
交通运输网络	交通分配模型 运输能力

（4）决策环境建模。这不仅仅是交通运输/土地利用模型的应用，其结果的分析报告也是为了寻找决策和提供建议。地理信息系统就是一个很好的工具，它能够建模、绘图，同时它还是一个能够进行决策的平台。

2. 模型的优缺点

通常来说，模型的建立与约束条件和模型结构问题有关，在良好的模型结构中要有特定数量的变量、明确的目标和稳健的技术方法。由于城市系统是一个复杂实体，这就大大限制了 TLUM 的适用性。这些模型同样具有优缺点：

（1）优点。它促进了城市经济和空间过程的概念化。城市和区域科学的进步往往与建模的进步有关，特别是概念性代表，如土地经济。虽然从城市概念到城市模型只是向前迈进了一步，但它却是重要的一步。TLUM 数据的需求通常都是进行调查的诱因，通过调查可以收集到关于城市流动性和空间结构有用的信息。这些信息还有额外的作用，它能促进相关的研究，这些研究未必与 TLUM 有关，但能够帮助进一步理解城市系统动力学。

（2）缺点。在城市动力学中，模型可能变得很机械化，从而导致过程割裂。这使得"跳出框框思考"变得很困难，不能成功把握重大经济、科技和社会变化。因为它把所有的主要要素都考虑了进来，所以可能会给人产生系统可被有效控制的印象。因此，这个问题的解决就是一个参数调整的问题。TLUM 由此成为政府部门的专用工具，因为它们适合用于缺乏想象力的思维。

7.5.2 四阶段交通运输/土地利用建模

TLUM 的核心基础涉及两个组成部分,即土地利用和交通运输。土地利用部分基于住房、工业和商业活动的位置,往往比高度动态的交通运输部分更稳定。大多数 TLUM 已应用于区域,主要是在城市级别,应用区域越大,模型越复杂。交通运输部分的建模尤其重要,它将出行需求的评估分为四个连续的阶段:流动的起点,如何分配,采用的模型和使用的运输网络部分。

(1) 第一阶段被称为出行生成。用于在区域水平内进行出行率评估。最常用的出行生成方法是交叉分类法(也指类别分析)和多元回归分析。交叉分类法试图确定具有相同出行生成特征的特定社会经济群体。区域的出行生成将成为其组成的结果。回归分析则是将评估的区域生成出行量作为一系列自变量的函数来分析。

(2) 第二阶段被称为出行分布。用于描述空间运动模式,即出行发生地和目的地间的联系。最常用的出行分布评估模型是重力模型。重力模型的形式和其校准技术有多种。交叉分类法和多元回归模型也可用于评估区域内出行的吸引量。

(3) 第三阶段是模式划分。即汽车、公共交通、自行车和步行所占的比例。Logit 模型(分类评定模型)是最常用的模型,它会对每一位出行者在特定出发目的地的交通工具使用可能性做出评价。

(4) 最后一阶段为交通量分配。一旦估计出各种模式的运动空间格局,就可以将出行分配到不同运输环节中。它通常运用运筹学中运输网络出行费用和时间最小化的方法来实现。

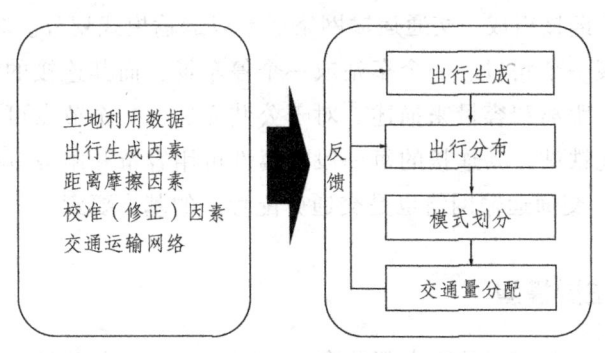

图 7.8 四阶段交通运输/土地利用模型

7.5.3 数据获取

TLUM 的应用需要广泛的数据，大部分涉及空间单元、土地利用、空间相互作用和运输网络。不过对 TLUM 最重要的信息是 O-D 数据。有很多方法可用于这个数据的调查，包括问卷调查、电话采访和详细活动建模。数据的可用性和有效性是这种模型适用性的重要因素，在数据获取的时候要权衡获取满意数据的成本和获取补充数据的收益。另外，数据需要根据人口、经济和技术的变化不断地更新。这就是为什么交通运输/土地利用的建模过程虽然在理论上和概念上看似合理，但不能全面应用的主要原因之一。在主要的变量类型中，需要确定的有：

（1）土地利用数据。包括与调查区域有关的社会经济变量，如人口、就业、收入水平和商业活动等。这些数据用来评估或校准每个区域产生吸引的出行量。

（2）出行生产因素。考虑到可用的土地利用数据，这些因素估计了行程、人和货物数量，以及经济活动产生的每个层次。它们考虑了诸多问题，如收入模式偏好和消费水平。其中大多数信息可以通过调查或从其他观察推断获得。

（3）距离摩擦因素。它们表示了调查区域不同位置的旅行难度，通常以时间和成本距离衡量。它们根据模式和出行目的的不同存在显著差异。距离摩擦因素能够用来评估出行分布和划分模式。

（4）校准因素。未经校准的模型所产生的结果并不符合实际。因此，校准因素用来使产生的结果与观察、调查或常识数据相匹配。校准往往是一个模糊的过程，因为它试图将模型本身不能解释的因素引入进来。

（5）交通运输网络。它是对调查区域结构和运输几何形状的一种表示，主要由节点和链接组成。交通运输网络通常以运输模式划分。对于公路运输，节点可以代表一个路口、一个车站或一个停车场，而其连接的每一段的属性则可用速度、距离和容量来描述。对于公共交通，一个节点可以代表一个公共汽车站或地铁站，其连接的每一段的属性可用容量和服务频率来表示。连同 O-D 矩阵，交通运输网络也是交通分配程序的基本要素。

7.5.4 主要模型

TLUM 种类繁多，其中大部分在 20 世纪 60—70 年代地理学转型中的计量革命中发展起来。其中最著名的有：

（1）劳瑞模型。它被认为是第一个交通运输/土地利用模型，它连接了两个具有空间互动性的要素。首先计算基础就业活动和居住区域的空间互动性；其次计算服务性就业活动和居住区域的空间互动性。后面会详细讨论劳瑞模型的使用。

（2）ITLUP。即一体化交通与土地利用软件包，它由住宅分配模型、就业分配模型和出行需求模型组成。

（3）MEPLAN。它基于经济基础理论，是劳瑞模型的一个衍生模型。它将交通运输系统和土地利用系统看作市场的两个组成，一个市场面向土地利用，另一个市场面向交通运输。

（4）TELUS。即运输经济土地利用系统，用于评估运输改善对区域经济和土地利用的影响。

大多数交通运输/土地利用模型的核心都类似于区域经济预测，它们用于对基础就业部门位置的预测和分配。因此，它们很依赖于宏观经济和微观经济预测的可靠性和准确性。通常来说，这种预测往往不是很准确，因为它不能评估经济、社会和技术变化的影响。例如，全球化和全球商品链的出现大大改变了区域经济的活力。

此外，很少有 TLUM 能够处理货物运输问题。这是因为城市地区的旅客运输往往由政府部门高度管理（如公共交通），而货物交通运输主要由私人实体所控制。

7.6 劳瑞模型

7.6.1 基本概念

劳瑞模型是最早的交通运输/土地利用模型之一，它于 1964 年在研究匹兹堡地区发展时所创建。尽管它的方程相当简单，但它却很好地描述了交通运输和土地利用的关系。它的前提也被其他一些模型使用，即所谓的"劳瑞型"模型。劳瑞模型的核心假设是假定区域和城市增长（或下降）是基础部门扩张（或收缩）的函数。基础部门的就业转而对两个其他部门——零售部门和居住部门的就业有影响。

（1）基础部门。满足非本地需求的就业。它生产和提供的商品和服务销往到城市以外，同时产生向心资金流流入城市，从而实现经济发展和贸易盈余。大多数工业部门就业都属于这一类。人们普遍认为这一部门较少受到城市选址问题的限制，因为当地市场并不是它们主要关注的。这是劳瑞模型中的外生因素，必须考虑。

（2）零售部门（非基础部门）。这种就业主要满足本地需求。它不会外销任何制成品和服务，并将本地区作为其主要的市场区域。它占据了大多数如零售、食品和建筑服务。由于该部门严格服务于本地或区域需求，因此位置就是一个很重要的问题。就业水平被假定与当地人口有关。它是劳瑞模型的一个内生因素。

（3）居住部门。居民数量与提供的基础和零售业岗位数量有关。住宅地区的选择与工作地点紧密相关。这也是劳瑞模型的一个内生因素。

基础部门的就业影响了人口和服务型就业的空间分布。这种影响程度与运输成本或距离摩擦有关。距离摩擦越高，就业位置（基本和非基本）和住宅区位置就越近。总体而言，劳瑞模型有三个假设：

（1）居住部门和城市土地利用都是就业的一个函数。这个函数的计算假设了基础和非基础部门就业的乘数效应。每个工作岗位都会牵连到一定规模的人数。

（2）总就业是基础部门就业的一个函数。零售业就业是基础部门乘数效应作用的结果。

（3）人口的位置是前往工作地点费用的函数，即基于重力的摩擦距离函数。

7.6.2 数据处理结构

该模型的目的是建立对住宅结构和城市地区就业和服务的表示。根据基础部门就业的外源空间分配和地区间的一系列运输成本，该模型计算了地区的总人口和就业规模。它由受约束的经济子模型和空间分配子模型组成。第一个子模型建立了基础就业对非基础就业和总人口的影响；第二个子模型建立了吸引和运输成本的人口分布函数。它可通过重力空间互动模型来完成。

这两个子模型需要大量的基础数据集合，并可以通过下列方法来解决：

（1）给定基础就业空间分布假设；

（2）根据位置概率矩阵确定基础部门工人的位置，其本身是距离摩擦函数最小值；

（3）根据每一工人乘数的人口数量，计算每一区域的住宅区；

（4）计算服务人口的每一区域的非基础工人数量，它是人均乘数的非基础工人数量的结果；

（5）根据位置概率矩阵确定非基础工人的位置；

（6）根据每个工人乘数的人口，对总人口进行修订；

（7）计算工人总数和总人口数量，是基础和非基础就业以及与基础和非基础相关人口的总和；

（8）重复过程（4到7）直到满足收敛性要求，这是按照一系列的约束（如密度）的模型方程系统的优化过程。

7.6.3 变量和模型

该模型可以是单一约束，唯一的约束是基础就业的固定位置，如下列方程组所示。它也可以是双重约束，即固定的基础就业和住房位置。单约束的劳瑞模型方程如下：

$$T_{ij} = \frac{E_j \cdot LPR_{ij} \exp(-\lambda d_{ij})}{\sum_i LPR_{ij} \exp(-\lambda d_{ij})} \quad (7.3)$$

$$S_{ij} = \frac{(\beta P_i) \cdot TPS_{ij} \exp(-\lambda d_{ij})}{\sum_i TPS_{ij} \exp(-\lambda d_{ij})} \quad (7.4)$$

$$P_i = \alpha \sum_j T_{ij} \quad (7.5)$$

$$LPR_{ij} = \frac{WTTR_{ij}}{\sum_j WTTR_{ij}} \quad (7.6)$$

$$LPS_{ij} = \frac{WTTS_{ij}}{\sum_j WTTS_{ij}} \quad (7.7)$$

$$WTTR_{ij} = \frac{1}{d_{ij}^{\lambda}} \quad (7.8)$$

$$WTTS_{ij} = \frac{1}{d_{ij}^{o}} \quad (7.9)$$

$$ES_{ij} = \sum_i S_{ij} \quad (7.10)$$

$$E_j = EB_j + ES_j \tag{7.11}$$

$$\sum_i T_{ij} = E_j \tag{7.12}$$

$$\sum_j S_{ij} = \beta P_i \tag{7.13}$$

式中 T_{ij}——居住区 i 到工作区 j 的相关性（工作相关的出行）；

S_{ij}——居住区 i 到服务区 j 的相关性（服务相关的出行）；

P_i——区域 i 的总人口数量；

E_i，EB_i 和 ES_i——区域 i，基础部门（B）和服务部门（S）的总就业数；

d_{ij}——区域 i 和 j 之间的欧几里得距离（千米）；

α——基础部门就业人口乘子；

β——服务部门就业人口乘子；

λ——居住区区相关性的摩擦因素；

o——服务部门相关性的摩擦因素；

$WTTR_{ij}$ 和 $WTTS_{ij}$——区域 i 和区域 j 之间前往居住区（R）或服务区（S）的意愿；

LPR_{ij} 和 LPS_{ij}——区域 i 和 j 之间前往居住区（R）或服务区（S）的位置概率。

劳瑞模型具有明显的局限性。它是一个静态模型，它没有反映出任何与交通运输/土地利用系统演进有关的内容。此外，目前的经济改变主要发生在服务（非基础）部门，它们在很多大都市地区形成了城市生产力和动力的基础。在这种情况下，在当今这些服务导向型的大城市中，模型的应用可能并不准确。克服这个问题的一个方法是将非基础服务就业看作基础就业。劳瑞模型并没有考虑城市地区的货物运输，这点非常重要，因为它会对距离摩擦产生影响。

7.7 城市交通运输质量评价

7.7.1 经济评价

经济评价（也称为评估或分析），是指在个人、企业和社团在决策（包括权衡）过程中，用于确定政策、工程或项目价值的各种方法。经济评价是交通运输决策的重要组成部分。具体评价方法如表 7.3 所示。

表 7.3 评价方法

评价方法	使用目的
成本效用	用于对实现特定目标的不同方案进行成本比较，例如建设特定的道路或交付特定数量的货物。由于产出（效益）保持不变，所以只有一个变量，即投入成本。
成本效益分析	用于比较了每个方案的总增量成本和总增量效益。它并不局限于单一目标或利益。例如，根据所建设成本和服务质量（速度和安全）的不同，选定的公路路线可能不同。
生命周期成本分析	是整合了货币时间价值的成本效益分析。生命周期成本分析可以对在不同时间产生收益和成本的工程或项目进行比较。例如，一种方案相对于其他方案来说可能在实施速度上更快，但却会产生较大的成本或较少的收益。生命周期成本分析对于确定长期基本设施维护项目的最佳方案非常重要。
最低成本规划	是成本收益分析的一种类型，它主要对同等扩容规模下的需求管理进行考虑。只有最低成本规划的成本有效时，才允许实施交通需求管理。
多因素评价（综合评价）	是一种同时包含定量和定性标准的分析方法，它用于影响因素无法货币化的时候。每个方案都有各自定级的标准。

通过这些方法，可以对政策或工程的经济影响（成本和效益）进行评价，从而帮助确定净收益或净值（增量收益减去增量成本）。经济分析并不局限于市场（货币）影响，它还包括诸如旅行时间、碰撞风险、环境影响和平等目标的非市场影响。有多种技术可以用来确定这些非市场商品的货币价值（即人们愿意支付多少）。

交通运输决策往往会产生不同程度的影响。例如，增加道路容量对减少交通拥堵和提高车辆通行速度具有直接的影响。第二个层次的影响是这种增加的速度和便利性会从其他线路和时间吸引额外的出行，包括额外的车辆出行，并且由此必须对步行和自行车建立隔离。第三个层面的影响要从长远来看，由于人们和企业会对更方便的驾驶和不方便的非机动车出行做出反应，因此会导致土地利用模式的改变。

在大部分的规划情况下，评价关注的是增量影响，如交通运输基础设施或服务的改善或减少。例如，规划师可能要对新的人形天桥、道路容量扩展或公共交通的改善进行增量效益和成本比较。这就是所谓的边际分析。它很少需要计算运输基础设施或服务的总收益，如所有行人、道路或公共交通出行的总收益。

为了进行清晰和一致的评价和对比，评价框架明确了分析的基本框架。该框架通常定义了：

（1）评价方法。如成本效用、成本效益和生命周期成本分析等。

（2）评价标准。它们是分析过程中各种因素和影响，包括间接和长期影响所需要遵循的。影响可以被定义为目标或目标的对立面问题（例如，减少拥堵是一个目标，拥堵就是一个目标对立面问题），它们还可以被定义为成本和效益（例如，拥堵减少的收益可以通过减少的拥堵成本来衡量）。规划者倾向于使用目标和问题形式（大多为定性），而经济学家倾向于使用收益和成本形式（大多为定量），所有这些都可以被看作评价相同影响的不同方法。

（3）建模技术。它用来预测政策变化或方案将如何影响出行行为和土地利用方式，以及测量由此引起的增量效益和结果。

（4）基本情况。意味着在没有政策或项目的情况下会发生什么。

（5）比较单位。如每车道千米、车千米、旅客千米、增量高峰期出行成本等。

（6）基准年和贴现率。表明了如何调整成本来反映货币时间价值。

（7）视角和范围。如考虑的影响的地理范围。

（8）不确定性的处理。如敏感性分析或其他统计测试是否需要使用。

（9）表示结果。使更容易对不同评价结果进行对比。

7.7.2 经济评价的一般步骤

一个典型的经济评价涉及以下常规步骤。

（1）对每个方案进行描述，包括基本情况和一个或多个替代方案。

（2）定义分析框架（如上所述），其中要确定所有的影响（成本和效益）和分析中考虑的目标。将影响分类以避免重复计算。

（3）将每个方案的影响合理的量化和货币化（货币价值的衡量）。

（4）计算总体货币收益和每年考虑的成本（主要投资项目通常为 10~20

年),并将未来影响进行折现。将收益现值和成本现值累加,从而得出净现值。

(5)尽可能地描述和测量不适合货币化的影响(如大众发展战略目标的公平性和效果)。根据每个替代选择对目标的正面性或反面性,对其进行排序。

(6)进行敏感度分析来确定关键假设对结果的影响程度。

(7)报告结果。可以用多种方法来说明选方案的重要区别和描述它们的含义。例如:通过制图来说明关键影响的差异;通过制表或矩阵来比较每个方案的目标成本、效益和等级(如是否支持或违背公平和大众发展战略目标);确定影响的分布(哪些个人或集团承担费用或获得收益);进行简要总结,描述这些关键差异和引起这些差异的因素。

当然,这些步骤可以根据需要进行调整和重复。例如,利益相关者可能有时会需要更多的方案选择、影响或目标或进行额外的分析来确定影响的分布。

7.7.3 绩效评价

绩效评价是指对实施的政策、方案和项目进行监控和分析,以确定它们相对于预期目标的表现。这有助于确定规划决策是否合理,找出潜在问题,并提供优化指导。这往往对于创新方法特别重要,如 TDM。

绩效指标(也被称为有效性措施)是对向既定目标发展的有效测量方法。有各种各样的绩效指标可用于评价运输系统质量和 TDM 项目的效用。这些通常包括流动性和可达性的两个量化指标,以及用户认可度和满意度的定性测量。在大多数情况下,单一的指标是不够的,因此一个指标集合可以反映各种目标和观点。选择哪些指标,以及如何确定它们的权重和其含义要根据不同的目标而确定。

一个成功的绩效评价体系需要:

(1)包括一个有限的几个关键性测量平衡集;

(2)及时做出有效的合理的成本费用报告;

(3)展示信息,并使可用的信息能够方便的被团队共享、理解和使用;

(4)能够支持团队的观点以及其与客户、供应商和受益者的关系。

良好的绩效指标要能够:

(1)能被客户接受并对客户具有重要意义;

(2)能够指出目标如何被很好地实现;

(3)简单、易懂、逻辑性强、可重复验证;

（4）能够显示趋势；

（5）具有明确的定义；

（6）相关经济数据能够获取；

（7）及时性强；

（8）灵敏度高。

传统绩效指标：传统的运输指标主要基于机动车环境，如下所示。

（1）道路服务等级（LOS）。用以指示特定路段和路口的车辆行车速度和拥堵延误水平。等级越高越好。

（2）平均行车速度。假设越高越好。

（3）平均拥堵延误。按年人均延误计算，越低越好。

（4）停车便利性和价格。更高的便利性和更低的价格是认为最好的。

（5）每车千米的事故率。事故率越低越好。

因为它们只考虑了机动车的行车条件，基于这些因素来评价运输系统往往有利于在汽车方面的改进，而不是其他目标和方法。例如，对道路和停车设施进行调整扩容，往往会创造更多的汽车导向型运输和加大土地利用，提高了人均车辆出行，减少了步行、自行车和公共交通出行可能性。随着人均汽车拥有量和使用量的增加，导致了资源消耗、污染排放量和土地消耗的增长，并加剧了非驾驶人员的出行问题。

综合绩效指标：这是一个更全面的绩效指标体系，它考虑了更广泛的出行模式和可用于评价交通运输系统质量的影响要素。在特殊规划情况下可以根据需要进行选择和修改，以反映价值、需要和条件。如下所示。

（1）通勤可达性平均通勤时间，越短越好。

（2）土地利用混合度。离居住地30分钟出行距离内的就业机会和商业服务量，越高越好。

（3）土地利用可达性。住宅区步行距离内基本服务（学校、商店和政府办事处）的平均数量，越高越好。

（4）儿童无障碍性。可以从家步行或骑自行车到学校、商店和公园儿童数量的比例，越高越好。

（5）电子信息接入率。使用互联网服务的人口比例，越高越好。

（6）运输多样性。社区中可用的交通运输种类的多样性和质量，越高越好。

（7）模式分散度。步行、骑自行车、拼车、公共交通和远程工作产生的出行分散度，越高越好。

（8）公共交通服务水平。公共交通服务的质量，包括覆盖范围（距离居住地 15 分钟公共交通服务距离、5 分钟步行距离内的家庭和工作岗位比例）、服务频率、舒适性（旅客坐着出行的比例和拥有遮篷公交车站的比例）、支付能力（票价占最低收入的比例）和安全性（每十亿人千米的伤亡人数）。

（9）机动化运输的选择。航空、铁路、公共交通、轮渡、拼车和出租车服务的数量和质量，越高越好。

（10）拥堵延时。人均交通堵塞延时，越低越好。

（11）出行费用。家庭用于交通开支的比例，越低越好。

（12）可承受性。家庭用于交通开支比例达到 20% 的低收入家庭的比例，越低越好。

（13）设施成本。道路、交通服务和停车设施的人均支出，越低越好。

（14）货运和商业运输效率。货运和商业运输的速度、质量和可购性，越高越好。

（15）配送服务。配送服务的数量和质量（国际/城际快递和提供配送服务的商店），越高越好。

（16）市场准则。运输系统能够反映市场准则的程度，包括价格反映全部成本和中型税收政策的程度，越高越好。

（17）规划实践。运输机构能够反映最低成本规划和投资活动的程度，越高越好。

（18）用户评价。运输系统和用户服务的整体满意度，越高越好。

（19）公众参与。运输规划过程中的公众参与度，越高越好。

（20）事故成本。平均事故死亡人数、伤残人数和经济损失，越低越好。

（21）规划过程。运输规划中考虑的解决方案，越高越好。

（22）健康和健身。经常使用主动运输方式（步行和自行车）的人口比例，越高越好。

（23）社区宜居性。运输活动增加的社区宜居性（当地环境质量）的程度，越高越好。

（24）文化保护。运输规划决策中反映和保护的文化和历史价值程度，越高越好。

（25）横向公平（公正）。价格反映全部成本的程度，除非能具体说明补贴，越高越好。

（26）进步程度。运输政策倾向于低收入人群的程度，越高越好。

（27）非驾驶人员流动性。为非驾驶出行人员提供的可达性和运输服务质量，越高越好。

（28）残疾人士移动性。为残疾人士（如坐轮椅者和视障人士）提供的运输设施和服务质量，越高越好。

（29）非机动车运输。步行和骑自行车环境的质量，越高越好。

（30）影响气候的排放。人均化石燃料消耗和二氧化碳等其他影响气候的排放，越低越好。

（31）其他空气污染物。常见空气污染物（一氧化碳、挥发性有机化合物、氮氧化物和颗粒等）的人均排放量，越低越好。

（32）噪声污染。暴露在高水平交通噪声污染下的人口比例，越低越好。

（33）水污染。车辆平均水体损失，越低越好。

（34）土地利用影响。平均投入到交通设施的土地量，越低越好。

（35）栖息地保护。在交通设施建设和发展中对高级野生动物栖息地的保护程度（湿地、原始森林等），越高越好。

7.7.4 交通问题、成本和目标

下面是可以用作评价交通运输系统质量的绩效指标的具体交通问题或成本。每个问题或成本也可以定义为一个交通改善目标。例如，如果交通拥堵是一个问题，那么减少拥堵就可以成为交通改善的目标。

（1）交通拥堵是指道路使用者相互干扰造成的增量成本。拥堵会降低流动性并增加司机压力、车辆成本和污染。交通拥堵被认为是城市交通的主要问题之一（在这里，"城市"包括郊区，甚至是在旅游旺季或其他开展主要活动的度假村及社区），也是最常见的交通改善的目标之一。测量拥堵的方式很多，包括道路服务水平（LOS）、平均交通速度，以及与自由流动交通相比的平均拥堵延迟。道路的容量取决于各种设计因素，如车道宽度和路口布局配置。

（2）道路和停车设施成本。大多数社区每年人均要在道路、交通管理服务（如交通规划、治安和紧急服务）和停车设施上花费数百美元。减少这些成本（或将费用的增长最小化）的策略非常有益。例如，汽车与公共交通的换乘服务的改善有益于减少对目的地停车设施的需求。

（3）消费者运输方案和节省。运输方案（也称交通选择或交通运输多样性）是指提供给个人或集体的交通运输服务的数量和质量，同时考虑他们的

特殊需要和能力。消费者会往往受益于具有多种出行选择的多元化运输系统。不同的交通运输模式会服务于不同的对象。没有任何一种模式能够满足所有目标。提高交通运输系统的多元化有助于营造出更高效和更公平的运输系统，因为它使得每种模式都能最大限度发挥其自身优势。这对于满足在经济上、物质上或社会上处于弱势的群体的基本流动性需求尤为重要。世界上最发达的地区越来越依赖汽车，因为驾车相对实惠、舒适和安全（虽然在某些城市地区由于拥堵使驾车速度在一定时间内降低）。此外，土地利用方式的分散，也使得除了汽车没有其他模式可以实现到达。因此，那些能够买得起车人一般可以通过开车就能满足他们的基本运输需求。另一方面，非汽车的出行方式往往服务和环境较差，且步行和骑自行车又很困难和危险。大多数家庭每年在交通运输花费的数千美元主要都是用于汽车。因此，降低运输成本和改善出行方式（如步行、自行车、拼车和公共交通），或减少运输需求（如通过土地利用混合模式实现更高的土地利用可达性）的策略可有效节约消费者的交通运输费用。特别是如果减少家庭汽车拥有量或推迟对旧车的更换，则节省空间更大。

（4）交通事故。道路风险是对道路交通事故社会成本的总称。交通安全研究员会对撞车（也成为碰撞、事故或事件）、受伤、死亡和损失进行衡量。受伤和死亡统称为伤亡。许多道路安全专家更倾向于将撞车描述为事故，因为"事故"更具有随机性，而"撞车"则强调这类事件的原因（司机失误、机械故障、道路设计得不合理等），因此是可以预防的。事故成本指的是由碰撞引起的损坏（也称为损失）和避免碰撞的活动造成的损失。总事故成本包括货币和非货币性两种损失。货币成本包括车辆损坏、医疗费用、由于残疾和死亡导致的劳动力的丧失、紧急服务和用于减少事故损失的安全程序和设备的支出。非货币成本包括疼痛、悲伤、由受伤死亡所导致的生活质量的损失和由撞车风险所导致的非机动方式流动性减少。道路风险代表了主要的社会成本，平均每年每辆机动车达数百美元，比汽车使用相关的其他大部分成本更高。

（5）环境影响。机动车是能源的主要消耗者，也是空气、噪音和水污染的来源。交通运输设施（道路、停车设施、铁路线、港口和机场）和它们所使用的交通工具也会影响环境，它们会破坏绿地（未开发的土地和农田）、增多不透水地面，并对野生动物的移动产生屏障。

（6）社区宜居性。社区宜居性指的是居民、雇员、客户和访客认为的某个地区的环境和社会质量。包括道路风险、噪音、当地污染物（如灰尘）、保存的独特文化和环境资源的保护（如历史建筑、古树木、传统建筑风格）、街道吸引力、娱乐休闲的条件、社会关系，特别是邻里关系。一个宜居的社区直接会造福其中的居民、工作者或访客，也会增加地产价值和商业活动，同时可以改善公众的健康和安全。

7.8 运输活动的测量

管理专家经常说："你无法管理你不能测量的事物"。测量什么，如何测量，以及数据如何表示，往往都会影响问题的界定和评价的方法。因此，一种方法在测量某一方面时可能是最佳方法，而在测量另一方面时则可能完全行不通。

例如，棒球比赛的表现可以通过平均击球率、安打率、打点和胜负比来衡量，更不用说各种位置的防守统计。表现统计可以通过计算每轮、每局、每场比赛，以及每赛季或整个职业生涯来获得。每一位运动员在某组统计数据中可能表现非常优秀，但在其他数据中则可能显得较差。

这是一个不同的测量方法如何影响事物评价的例子。通常情况下，没有单一的方法或单元能够表达评价所需的所有信息。不同的测量单元代表了不同的角度，并突出了不同的特点。因此，决策者可能需要考虑各种不同的统计。重要的是，人们使用这些信息来了解他们使用的单位中隐含的不同观点和假设。

本章讨论了用于测量城市交通的不同方法和它们代表的不同观点，以及选择的方法如何影响交通运输和土地利用规划决策。

7.8.1 交通、流动性和可达性

交通运输系统可以利用不同的技术来进行评价，这些技术可以从几个视角来反映交通运输特征、问题界定和最好解决方案的确定。这主要有三个视角，即交通、流动性和可达性。以下将从使用者、模式、土地利用、交通问题与对策、测量等方面对它们进行描述和比较。

1. 交通——交通是指车辆的流动

（1）使用者。从这个视角看，交通使用者主要是乘驾人员（包括司机、乘客和商业物流相关企业）。在大多数社区，大部分家庭都拥有机动车辆，且大多出行均是依靠机动车，乘驾人员要支付主要的运输税，所以说非乘驾人员通常是少数且规模相对较小的群体。

（2）模式。这里着重强调汽车行驶。由于公共交通和自行车只占了总车辆里程的一小部分，因此讨论它们的价值不大。此外，这里将步行视为连接停车设施目的地的方式，或者是一种消遣形式，所以为非机动车交通设施投资的资金极少。

（3）土地利用。这个视角将进出主要公路的便利性和大量的停车看作最重要的土地利用因素。重要活动中心最理想的位置是直接与主要公路或主干道相连的城市边缘地区，在这一中心能够进行大量的免费停车。由于道路拥堵和高昂的停车费用，市中心的位置不是令人满意的。

（4）交通问题及对策。这一视角从成本、障碍和乘驾人员风险方面界定了交通问题。对此，它倾向于通过增加或提高道路和停车设施容量、道路设计速度、车辆所有权和最小化驾驶成本的方案来解决。从这个角度来看，解决非驾驶人员面临的障碍问题的最好方法就是让他们能够方便和负担得起使用汽车和出租车服务，从而帮助他们成为乘驾人员。

车辆交通相对容易测量。大部分行政区都有机动车登记、驾驶执照和车辆行驶里程的数据。绩效指标包括交通量、平均行车速度、道路服务等级（LOS）、拥堵延误、停车设施供应、车辆费用和事故率。

2. 流动性——流动性指的是人或货物的流动

流动性假定越长的行程提供越高的社会价值，越快的运输模式越具有优越性。它支持用集成的观点来研究交通运输系统，同时关注不同模式之间的衔接。例如，由于大多数公共交通至少要通过一次步行才能衔接，所以它认为步行和公共交通具有互补性。

（1）使用者。从这个视角来看，交通运输使用者主要是乘驾人员，因为机动车提供和占据了绝大多数的货物运输和个人行程，但在某些运输通道上有足够多的公共交通使用者、拼车乘客和骑自行车者，因此需要特别考虑。只有少数居民会偶尔使用汽车以外的模式。

（2）模式。这一视角认为汽车最重要，但是在拥堵的道路上公共交通和拼车也需要重视。此外，步行和自行车在某些区域也非常重要，如大学城和度假区。这里支持用集成的观点来研究交通运输系统，同时关注不同模式之间的衔接。由此有必要对公共交通、高载量交通车道（HOV）和自行车出行投入适当的资金支持。

（3）土地利用。该视角认为便利的高速公路出入口和停车设施最为重要，但是在高密度和骑自行车人口集中的区域公共交通和 HOV 也同样重要。因此，主要活动中心的最佳地点是与公路连接方便、停车位置足够，以及具有公共交通服务和拥有公共交通的中央商务区的地区。

（4）交通问题及对策。流动性视角倾向于通过增加运输系统能力和速度的解决方案来改善公路、公共交通、拼车出行、旅客联合运输、运输设施、高速列车和航空。它往往很少考虑步行和自行车出行，除非它们能连接机动化运输模式，因为它们只占了很一小部分周转量。从这个角度来看，解决非驾驶人员面临的障碍问题最好的办法是改善流动性选择，包括汽车、出租车、公共交通和非机动交通模式。

流动性常用人·千米、吨·千米和行驶速度来测量，有时还会用"门对门"来衡量，它考虑到每个行程环节，包括步行至停车场或公共车站。但这个相对比较难以衡量，因为这不仅仅需要跟踪车辆，还有人员和货物，包括每个环节和每个环节的等待时间（如步行至车辆或等待公共汽车的时间）。近几年来交通工程师已经开发了计算行人、自行车和公共交通服务水平的标准化方法，就像他们在汽车交通所做的一样。

3. 可达性——大多数交通运输的最终目的是可达性

这里的可达性，即获得所需的商品和服务、参与活动和前往目的地的能力（统称为机会）。但有一小部分的出行却是例外，其移动本身就是目的（如乘观光车、骑马、散步），通常休闲旅游都有目的地，如度假胜地或露营地。从这一视角来看，车辆交通的目的在于实现流动性，而流动性的目的则是实现可达性。可达性的评价主要基于机遇实现所需的时间、金钱、不便性和风险（广义成本）。对于个人来讲，往往都会选择最方便、最容易的方式来达到个人的目的。

可达性可以根据许多不同的地理尺度进行评价，如表 7.4 所示。

表 7.4 不同地理尺度的可达性

不同地理尺度的可达性	
在较小范围内	可达性受步行条件质量和商场、学校和小区活动聚集程度的影响。例如，带状商业发展的可达性往往要低于商业中心，因为在商业中心消费者、客户和员工仅需要步行，而不需要开车就能进行商业活动
在社区层面	可达性受人行道和自行车设施质量、街道连通性、地理密度和混合度影响。例如，可达性高的社区往往在其内部或邻接居民区具有商店和公共服务（如学校），因此一些事情可以通过步行、骑自行车、公共交通或短途汽车行程来完成
在区域层面	可达性受街道连通性、公共交通服务、地理密度和混合度影响。可达性较高的地区具有成网的道路（而不仅是几条主要干道）和高效的公共交通服务，在区域内可以使用汽车或公共交通方便的出行
区域间	可达性指的是公路、航空服务、公共汽车、火车服务以及航运服务的质量

从这一视角来分析：

（1）使用者。从这个视角来看，交通运输使用者由购买商品和服务、参加活动或前往目的地的人或企业组成。它认为大多数人会使用多种获取或进入方式。

（2）模式。此视角认为任何获取或进入方式都具有潜在的重要性，包括步行、自行车、公共交通，以及能替代物理运动的通信，它们更能方便利用土地。它支持用集成的观点来研究交通运输和土地利用系统，同时重视模式间和交通运输与土地利用方式间的衔接。它根据这些模式满足使用者需要的能力而不是速度来断定其价值。它支持最广泛的交通运输资金的使用，包括流动性管理和土地利用管理策略，如果它们能增加可达性的话。

（3）土地利用。这一视角认为，土地利用和运输流动性质量一样重要，不同的土地利用方式会提供不同类型的可达性。土地利用的聚集程度、混合程度、网络连通性和步行条件都会影响到可达性。例如，重要活动中心的最佳位置是公路出入方便、拥有公共交通且可以步行到达的地方。

（4）交通问题及对策。基于可达性的规划扩大了交通运输问题的范围和需要考虑的潜在对策。从这个角度来看，运输问题包括了阻碍人们实现预期机遇的任何费用、障碍或风险。对策可以包括交通和流动性的改善、寻找流动性替代品（如远程办公和快递服务），以及更方便的土地利用。

可达性是最难以测量的属性，这是因为它受到各种运输模式质量和土地利用因素的影响。例如，就业可达性必须考虑到合适的工作数量，同时居民能在合理的通勤时间内到达这些工作地点，并且在出行过程中能够享受到足够舒适、价格适中、安全的运输条件。虽然可达性是地理学和城市经济学中众所周知的概念，但对于许多交通运输从业者还是一个全新的概念。近几年来，交通运输专业人士已经开始基于可达性来探索交通运输规划，而不再是以前的交通或流动性。

但是，只有当交通运输用可达性定义时，各种运输模式和土地利用可达性改善的全部益处才能被得到充分认可。只要流动性还被认为是交通运输的最终目的，那么速度更快的运输模式和更分散的土地利用方式就仍然会在交通运输规划和投资决策中更受青睐。

7.8.2 不同运输模式的作用

不同的运输模式在提供流动性和可达性方面发挥的作用各不相同。例如，非机动模式常服务较短距离行程，而机动化模式则服务较长距离的流动。此外，有些模式更适合行动不便或低收入人群，而另一些模式对于特定产业来说则尤为重要。

通常的交通运输统计数据都表明汽车远比其他运输模式更重要，这意味着其他模式对于可达性提供的作用非常有限。出行调查显示，在大多数北美社区，超过90%的家庭都拥有汽车，并且超过90%的出行由汽车完成，而非机动化出行只有约5%，公共交通更是不到2%。这表明了，显著改善交通运输的唯一方式就是改善汽车出行，而且90%以上的交通运输资金应该投入到汽车相关方面的改善中。

但是，对汽车的高度重视和对其他模式的忽视部分受到相关数据的收集和描述的人为因素干扰。大多数出行调查只统计了相对较大交通分析区（TAZs）间的主要运输模式，而且有些只统计了高峰时段出行或通勤。由此，他们少统计了短途出行（TAZ中）、机动化出行的非机化衔接、非高峰时段出行、非工作出行、儿童出行和休闲出行。虽然只有大约5%的出行完全由非机动化模式来完成，但是步行和自行车出行在一些公用道路上的交通量至少是机动车交通量的4倍还多。例如，大多数调查不会统计从停车场到工作场所的5分钟步行，或者从工作场所到附近餐馆吃午饭的10分钟步行。如果出行者先骑10分钟自行车到公共汽车站，然后乘坐5分钟公共汽车，最后步行5分钟到目的地。这种"自行车-公共交通-步行"的出行模式通常会被简单视为公共交通出行模式，尽管其中非机动化行程时间多于机动化行程时间。

虽然大多数家庭都拥有汽车，但许多家庭成员却无法驾驶或者必须依靠其他司机开车出行。当汽车出现机械故障或其它问题而无法使用时，乘驾者通常会使用其他替代模式。此外，越来越多的出行者由于个人或经济原因，选择了步行、自行车或公共交通出行，即使他们可以选择开车。虽然在总行驶里程中公共交通只承担了大约2%的里程，但约有5%的美国成年人都表示他们主要依靠公共交通出行，甚至有12%的人在每两个月内至少会乘坐一次公交交通。在交通问题众多的繁忙城市通道中，公共交通通常承担了相当比例的城市高峰时段出行量。

在大多数社区，除了在市区高峰条件下或者相邻街区和商业中心内的出行，驾车往往相对比较方便和便宜。而这也正是公共交通和非机化模式最有效的时候。因此，对公共交通和非机动化运输模式的改善往往比减少现有交通问题更有效。

7.9 土地利用可达性

7.9.1 土地利用可达性

土地利用方式对可达性有着重要影响。活动和目的地的位置会影响可达性，不同的土地利用方式种类适合于不同的运输模式。土地利用可达性通常被描述为方便性，也就是到达活动和目的地位置的容易程度。如果某一商店消费者相对容易到达，则此商店被称为便利店，如果某一家庭靠近公共场所，那么就可以说它处于便利的位置。一些影响可达性的土地利用因素有：

（1）密度。指单位土地面积内的人口或工作数量。密度会减小公共目的地的距离和增加使用运输模式的人口数量，同时还会增加对步行、自行车和公共交通出行模式的需求。

（2）土地利用的混合程度。指在某一位置集聚不同种类的活动，如住宅区内或其附近的商店和学校。土地的混合利用减少了前往公共活动场所出行需求数量。

（3）聚集程度。指的是如商业区、购物商场、娱乐中心等这些目的地能一次出行到达的程度。

（4）网络连通性。指的是连接两个地理区域的道路或路径数量。连通性越强，相互直接出行到达的程度就越高。互通性指标可以用来评价道路或公路网连接目的地的能力。

大多数人会依赖于 10 分钟出行时间内的商业和公共服务，在选择工作时，也会选择 40 分钟通勤时间内的工作（虽然有许多例外，但这些都是合理的参考值）。这意味着，例如在从开车前往商业和公共服务部门中的一段非机动化行程中，无论是步行还是骑自行车必须在 10 分钟内完成。此外，适宜的工作地点要位于 40 分钟步行或自行车时间范围内。

一些交通运输学专家认为提高土地利用密度会呈现出弊端，即它会增加交通拥堵。这种说法正确与否取决于交通运输如何测量。基于交通的测量单位，如服务水平或公路特定路段的平均行车速度，它表明了密度的增加会降低运输系统的性能。然而基于可达性的测量，如前往公共场所的广义成本，就表明密度的增加能够改善整体的可达性水平。人口和商业密度每增加一倍，平均行车速度就会降低 25%，而随着居民区附近活动的增加，其平均出行距离也会减少一半。

7.9.2 不同可达性种类间的权衡

不同形式的可达性之间存在着内在冲突，这主要是由于车辆空间要求所致。随着车辆速度的增加，其面临的风险和噪声影响也随之增加。此外，土地利用方式虽然对某一种运输模式来说是最优的，但对于其他模式则未必。这些冲突具体表现在：

（1）有限的出入口设计用来保证公路车辆流动性最大化，但这样却降低了公路可达性（少量的匝道、车道和路口），如果道路按照最大可达性来设计（大量匝道、车道和路口）则不能安全地保证高速的车流。

（2）汽车最大化利用的用地方式（干道沿线和公路交叉口的低密度发展）往往会使公共交通的使用降低，而以公共交通为导向的用地发展（有限的停车位和良好的行人通道）则通常会引起交通和停车问题。

（3）宽阔的道路和较高的行车速度往往会对步行形成障碍，所以在设计车辆和行人街道时常常面临冲突。

例如，从交通的角度来看，公立学校（或其他主要目的地）的最佳位置是城市边缘毗邻主要道路的地方，这里土地便宜，并可为教职工和学生提供大量免费的停车位（这里假定大多数学生通过汽车或校车到达学校）。从流动性角度来看，最佳的学校位置则是在有足够停车场、频繁公共交通服务或有自行车道的繁华城市街道（这里假定大多数教职工和学生通过汽车到达，另有一些骑自行车或使用公共交通到达）。从可达性角度来看，最佳的学校位置是在居民区内部，即使这里不便使用汽车且停车位有限（这里假定大多数学生和个别教职工步行和骑自行车）。

虽然通过周全的设计可以缓解这些矛盾，但在某些程度上还是无法消除。例如，人行天桥可以方便行人跨越繁忙公路，但如果在每一个可能需要使用的地方修建则费用会相当昂贵，而且使用起来也不很方便。同样，立体停车场比地面停车场虽然能够减少用地数量，并且可以改善步行条件，但这却显著增加了建设成本。

正是由于这些内在的联系，才使得在规划决策中能够对所做出的决策影响进行预知。例如，如果学校规划者将学校选择在汽车最方便使用的位置，那么将会生成更多的汽车出行和停车率。但是，如果学校被选在居民区内，且具有很高的非机动化模式可达性，则大部分的学生和教职工就不需要使用汽车。

目前，交通规划的做法往往偏向于牺牲汽车以外的模式来进行。这些规划常常认为，只要增加了道路和停车设施的容量就是交通被"改善"了，但这种认识却忽略了它们对步行和自行车出行的负面影响。

7.9.3 参考单位

参考单位是帮助人们理解和对比影响作用的标准化测量单位。通常的参考单位包括每人（人均）、每千米、每趟、每车和每单位美元等。例如，某城市的交通预算可以通过人均来衡量，并以此来同其他类支出、其他年份和其他地区进行比较。公路项目成本可以通过"每车道·千米"成本来与其他公路项目比较。哪些参考单位的使用能影响到问题的界定和决策方案的选择，如以下所示：

（1）"车·千米"，可以用于交通视角中的汽车出行，通常其具有很高的值；

（2）"人·千米"，可以用于流动性视角中的汽车和公共交通出行评价，但是对于非机动化出行模式的评价价值不高，主要因为这些出行往往行程都较短；

（3）"每趟（次）"，可用于可达性视角中可均等地对汽车、公共交通、自行车、步行和远程办公进行评价；

（4）"出行时间"，可用于可达性视角，在这一视角中，步行、自行车和公共交通具有较高优先权，因为它们通常占据了较大的出行时间；

（5）"停留时间"反映了某人或群体使用特定设施或处于某影响状态的时间。较慢的运输模式和沿街等待的人比使用机动车的旅客的停留时间要长。

同样，一个路段可能有载有6000名乘客的5000辆小汽车、载有2000名乘客的100辆公共汽车、500名行人、200辆自行车和100个邻近的家庭和企业。在基于交通的分析中，可用"车·次"来衡量，在这里乘驾人员是道路使用的主要群体，该单位用以帮助调整道路设计满足车辆最大通行量和速度。在基于流动性的分析中，可用"人·千米"来衡量，它同样认为乘驾人员是道路的使用主体，但是公共汽车和拼车所贡献的值也很高，因此可以用它来确定具有优先权的高乘坐率车辆（公共交通、中型客运共乘、拼车车辆）。在基于可达性的分析中，可用"人·停留时间"来衡量，由于行人、自行车出行者和居民会花费大量的时间在道路上，因此他们的贡献的值比较高。所以，根据这一数据可以重点对步行和自行车出行进行完善和对城市交通秩序和车辆进行规范和限制。

测量单位应能反映增量效应。例如，为了减少拥堵和增加城市道路通行能力的项目成本应该用每次高峰时段出行的成本来衡量，而不是道路每天的总出行量，因为它不会直接受益于非高峰期的出行者。衡量不同年份发生的成本需要通过通货膨胀和折旧来调整。

7.9.4 建 模

目前的规划实践主要是对交通量进行测量，而对流动性和可达性的测量还不足。出行调查和交通监控通常较少统计短途出行、非工作出行、儿童出行、休闲出行和与机动化出行衔接的非机动化出行。那些"步行-汽车-步行"或"步行-公交-步行"的出行方式通常被视为"汽车"或"公共交通"出行，其中的步行部分并没有统计在内。

非机动化出行的实际数量通常远高于传统的调查数据。例如，如果出行调查只统计了全部行程为步行的出行,则步行只占总行程的大约 5%。但如果调查统计了所有的步行行程,则步行会占到总行程的 20%。

同样,交通模型可以精确地预测道路的改善可能对车辆行驶产生的影响,但一般却不能预测对行人流动性土地利用方式的影响。因此,用来评估交通的数据和模型往往比较精确,但是用于评估流动性或可达性时则不太准确。评估流动性和可达性可能需要牺牲精确度来提高整体准确度。

车辆交通和流动性可以作为物理活动来进行测量和评估。但是,可达性却难以测量,这是因为它会受到各种因素的影响,包括距离、交通模式选择和出行成本。因此,评估可达性需要使用包含自然和经济因素的交通运输/土地利用综合模型,通过此可以计算和比较由交通运输系统和土地利用方式改变而导致的总成本的变化。

7.10 远程办公和办公空间

随着信息社会的出现,经济组织结构彻底发生变化。工业和信息时代组织形式间的差异非常显著,它从纵向组织形式(官僚制)转换到横向组织形式(网络型)。网络化组织的特点是它是一种基于团队、人际网络、新型工作、通信和协作式的知识型工作。从城市地理角度来看,纵向组织形式(官僚制)需要建立能有效维持垂直管理的办公部门。而横向组织形式(网络型),只要能保证通过通信系统可以使各工作单元能有效衔接,那么就仅需要较少的集中办公空间。过去 50 年,计算机、网络和相关信息技术一直都是持续推动大都市向外扩展的离心力量。

1. 办公室和办公空间

第二次世界大战以来,零售商场和写字楼都以优越位置和大型建筑为主。事实上,更新的大型商场已经超越了小型零售商,并建立了新的分配结构。20 世纪 50 年代标准的市场面积为 2000 平方英尺,到了 60 年代超级市场达到 20 000 平方英尺,而 90 年代更是发展到 50 000 平方英尺。办公场所的发展也有类似趋势,公司的小型办公室开始搬入市中心摩天大楼中,而且用于办公的空间也马上有了显著的增加。

竞争和技术的变化迫使企业领导者意识到不动产也是一种管理的资产，因为租金已经成为企业第二大开支。通信的发展可能对一些企业的空间需求产生变化，因为越来越多的服务可以通过更少的办公场所和办公空间转移来实现。远程办公就是办公室工作在办公空间外重新选址的结果。

大多数企业将远程办公视为一种降低成本的办法，并且还不需要向雇员增加额外的福利，即使他们同时在做两项任务。为员工提供办公空间的成本非常高，远超过租赁或空间修建和维护的成本。在某些情况下，对每位雇员的花销可高达 20 000 美元。1999 年，美国有近 2000 万人（大约占总劳动力的 10%）每月至少有一次远程办公。远程办公者可以更系统地安排工作时间，因此工作效率很高，更重要的是他们省下了通勤的时间。

2. 远程办公和交通运输

减少汽车使用是远程办公的主要优点之一，因为它减少了家庭到工作场所的出行。通过对远程办公者研究，了解到与汽车使用相关方面的数据都在下降。远程办公者每天会减少两次出行，汽车污染物排放减少，燃料消耗降低，使环境质量得到改善。

通信和汽车一样，也已经成为北美城市地区改变土地利用和交通运输的重要力量。对于使用新通信技术的新成立和较小的企业，选择低廉的郊区地点办公尤为重要。通信能力的增长使得企业和其他组织能够更灵活的选择办公场所，这似乎有些自相矛盾，因为通信往往可以支持能源低效空间结构。

我们可以将通信的影响归纳为对办公空间和总体城市环境两部分，如下所示：

（1）电子通信的快速扩散，如传真、移动电话、局域网和电话会议，都促进了远程办公的存在；

（2）远程办公是组织结构从层级管理向网络化协作转换的典型范例；

（3）远程办公通过淘汰一些落后的结构和最小化存货成本使部分零售业部门得到改变；

（4）远程办公通过将任务分散化到较低的成本环境中（如郊区或家里），有助于降低办公空间需求。这是提高劳动生产率的企业战略；

（5）远程办公减少了城市交通系统的使用，由此出行减少、出行距离变短，从而减少了拥堵；

（6）远程办公由于有广泛的位置选择，因此它提高了办公活动的灵活性。

第8章
交通运输环境影响与安全风险

不可否认，交通运输对促进社会经济发展起到的重要的贡献，但从其外部性来看，交通运输对环境产生的影响也不容忽视。一般来说，在交通涉及的地理范围内都会涉及大量的环境问题。自然环境受到的影响不仅与运输模式自身有关，还与其动力能源供应系统、排放物和交通设施有关。运输工具在消耗大量能源的同时，还会排放大量的诸如二氧化碳、氮氧化物等污染物和产生了大量的噪声，且交通运输设施的建设还造成土地等生态系统的破坏。目前，由交通运输系统带来的许多环境影响已经越来越显著，这意味着少数人在享受到交通运输益处的同时，整个社会要承担其成本代价。经济活动的空间结构，特别是在土地利用方面，也越来越多地与环境影响联系在一起。交通运输产生的另外一个影响是其产生的安全事故，因此有必要对安全风险进行评估。

8.1 运输与环境问题

8.1.1 背 景

交通运输和环境问题在本质上是相互矛盾的。一方面，交通运输活动能有效支持越来越多的旅客和货物流动性需求。另一方面，运输活动则会导致机动化和拥堵水平的不断增长。由此，交通领域与环境问题的联系变得越来越紧密。由于内燃机技术很大程度上依靠于碳氢化合物的燃烧，因此运输系统对环境的影响就主要表现为机动化的增长。近年来，交通运输的不断发展已经成为污染物排放和环境污染的主要因素。交通运输对环境的影响主要有三种类型：

（1）直接影响。交通运输活动对环境的直接作用。这种影响的起因和结果通常显而易见。

（2）间接影响。交通运输活动不直接作用于对环境系统，但产生的影响后果往往高于直接影响产生的后果，且其影响关系难以正确理解和确定。

（3）累积影响。它是交通运输活动累加或协同产生的环境影响。它会对生态系统产生各种各样不可预知的直接和间接影响。

由于这些问题的复杂性使得在环境政策和运输作用方面产生了许多分歧。交通领域往往能受到社会的资助，特别是建设和维修一些免费的基础设施，但是运输活动所产生的全部成本却通常不需使用者来承担，尤其是环境成本。所以，对交通运输实际成本的考虑不足是引起一系列环境问题的主要原因。例如，外部成本占到汽车成本估计的30%以上（见图 8.1），但如果环境成本不被列入这个估计成本内，那么就意味着汽车的使用将会由整个社会来承担，并且环境污染成本将不断增加。随着机动车辆，特别是汽车数量的稳步增加，环境成本必须将其考虑在内。

图 8.1 汽车成本估计比例

8.1.2 运输与环境的联系

运输和环境之间的关系是多方面的。其中有些方面未知，但另一些如 20 世纪 70、80 年代发现的酸雨和氯氟烃却致使环境政策的巨大改变。到 90 年代，全球环境问题提上议程，表现为对气候变化和人为影响的日益关注。交通运输成为可持续发展的一个重要方面，并有望成为未来几十年运输活动的首要工作重点。面对这些迫在眉睫的发展，需要对自然环境和交通设施之间的相互关系形成深刻的认识。在自然环境中需要考虑的主要因素有：地理位置、地形地貌、地质构造，气候、水文、土壤、自然植被和动物生活。

交通运输对环境的程度影响与以下因素有关：运输的起因、活动以及运输系统的输出和结果（见图 8.2）。在这些方面之间建立联系是一项艰难的任务。例如，一氧化碳的排放量与土地利用方式的关系有多大？更进一步，交通运输已经融入环境循环体系，特别是碳循环。通过以下两个观测可以发现运输与环境的错综复杂关系：

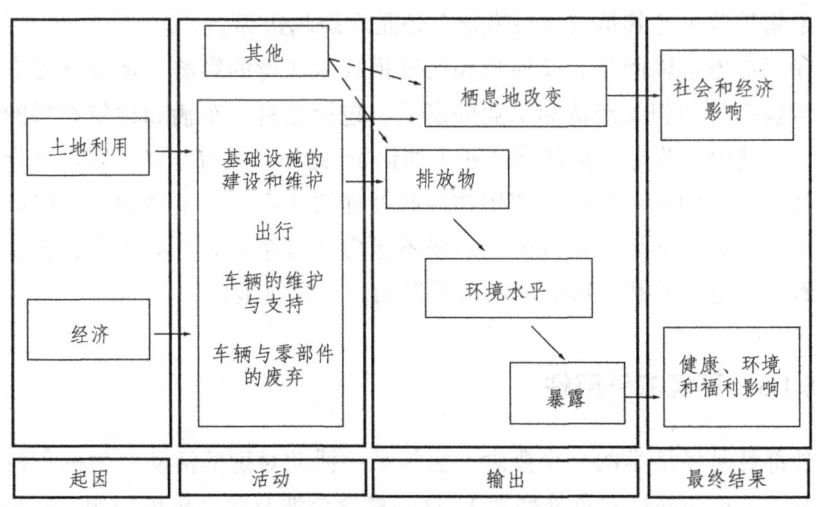

图 8.2 交通运输的环境维度

（1）首先，运输活动会由于人为和自然因素，直接、间接和累积引起环境问题。在某些情况下，他们可能是主导因素；而在其他情况下，其作用可能是微乎其微、难以琢磨的。

（2）其次，运输活动会在不同的地理范围产生不同的环境问题，从局部的噪声污染和二氧化碳排放到全球的气候问题，还有跨国家或区域的烟雾和酸雨等问题。

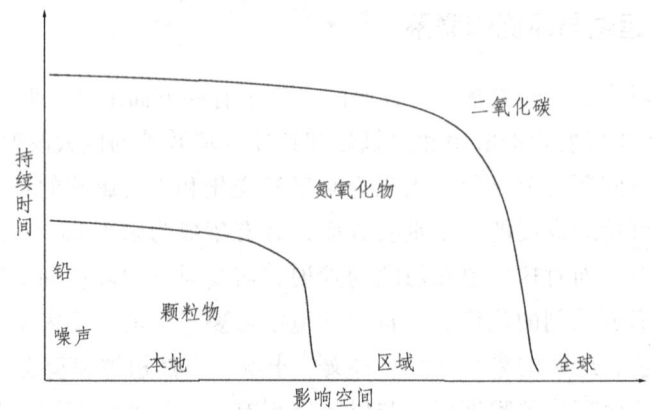

图 8.3 环境影响的空间与持续时间

因此,建立交通运输相关的环境政策必须考虑到其影响程度和地理范围。一个典型的例子是,一项强制要求燃煤工厂将烟囱建高的区域性政策会引起酸雨在整个大陆板块的扩散。因此,即使政府实施了足够多的环境政策,但是污染物扩散(尤其是空气污染物)还是会跨越边界。

除了考虑运输网络、交通量和运输模式对环境的影响,还应该考虑维持交通运输系统的相关经济和工业的发展。包括燃料、车辆和建筑材料的生产和制造,其中一些还是高耗能产业(如铝);此外,还有车辆、零件和设施的回收处理。它们都有生产、使用和回收处理的这样一个生命周期。因此,如果在进行运输与环境关系评价的时候不考虑环境循环和产品周期,就会难以全面看清形势,并甚至可能制定出错误的估计和政策。

8.1.3 环境的外部性

外部性是经济学的一个概念,它指某一活动对别的活动产生的积极或消极的影响(正外部性和负外部性)。这一概念会涉及很多环境问题,这是因为其产生的消极影响(负外部性)都是由整个社会来承担。对交通运输活动而言,它对环境产生的外部性包括环境的损害和社会成本的增加。对于其外部性的认识,常常会存在一个错误的观点,那就是对满足少量群体需求(如汽车的使用者)而产生的成本需要由整个社会(汽车的使用者和非使用者)来承担。相对而言,认识环境外部性的起因较为容易,但对损失和成本的评估却难以在政府机构和非政府机构之间达成比较标准。其面临的困难主要有三个:

（1）关系。需要对交通运输和环境之间关系涉及的属性及其程度进行了解。

（2）量化。需要对关系进行量化，并对环境外部性的值进行估计。

（3）决策。如何制定和执行正确的措施来缓解和消除交通运输对环境产生的负外部性。

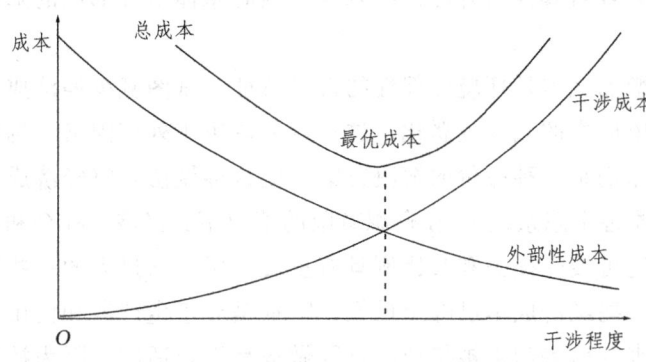

图 8.4　外部性成本与干涉成本

环境外部的成本通常可以从经济、社会和环境方面来考虑。对环境而言，交通运输产生的最基本的负外部性就是空气污染、水污染、噪声污染和有害物质。确定和量化环境外部性是一项复杂的工作。由于量化工作仅仅处于起步阶段，因此许多污染户常常利用这一点来游说并左右政府的环境措施（如酸雨、氟氯烃和气候变化）。此外，涉及的地理范围越广泛，环境问题就越复杂，究其原因主要是地域管辖权的问题。

污染排放者很少会承担其影响后果和社会成本。这意味着首先，在关注的污染源中，如道路运输，其使用者只需要承担运输的直接成本消耗（车辆购买、燃料消耗和保险等）。对于一些运输模式而言，运输工具的所有权通常是唯一的凭证和成本花费。与此同时，社会却扮演了提供和维护基础设施的角色，并承担了诸如构筑物和设施破坏、生产力（农业和劳动力）的消耗、清洁、公共健康和生态系统破坏等带来的间接损失。其次，污染源和被污染地区被严重地理分隔。酸雨和气候变化是最明显的例子。在某一地方，一个社区受到的噪声影响可能会超过产生地的影响（尤其是靠近公路地区）；在通勤时间，一些地区（郊区）可能只受到微弱的影响，而对别人却会产生很大影响。

对环境外部性而言，在总成本不变的情况下，其影响正从直接影响向间接影响转变。例如，在美国和其他发达国家空气污染物排放量的绝对水平已经大大下降。这是因为汽车作为直接的污染物排放者,可以通过不同措施来有效解决。但是,取而代之的新的外部性问题又出现。所以,这只能说明汽车对空气污染影响的相对份额正在减少,并不能说明汽车数量在减少,基础设施投资和噪声污染的增加又增加了属于它们的负外部性。降低某种类型的负外部性会导致对其他负外部性的忽视,因此总体负外部性的降低才是最重要的目标。

转移和增加成本是环境外部性的常见特征。试图减少经济成本往往会导致社会和环境成本的减少或恶化,这一点要取决于外部因素。例如,将盐作为主要的除冰剂是一种廉价的解决方案,但这种做法会将经济成本转化成为环境成本(损害生态系统)。在资源有限的情况下,经济、社会和环境成本的分配对于确定可接受损失和其比例具有重要作用。从过去的一些策略中可以看到,虽然一些经济成本已降至最低,特别是对于生产者和使用者,但对社会和环境带来的后果却常被忽视。这种做法是不合适的,因为社会不会愿意承担各种各样的外部性成本和后果。

经济、社会和环境成本的量化非常困难,但如果进行一些简化和一般化的话这也是存在可能的。交通和环境之间复杂关系的一个核心内容就是能源,这也是下一节研究的主要内容。

8.2 运输与能源

8.2.1 能 源

人类紧密依赖于使用各种能源来完成各项工作。从物理学的角度来看,能量是一种运动或创造运动的可能性,它可以是有序的(机械能),也可以是无序的(热能),并以势能和动能的形式存在。能量含量是指单位质量或体积的能源资源所能提供的能量。因此,能量消耗越多,做的功也就越多。与人类活动相关的自然改造主要有四种类型:

(1)环境的改变。为人类活动创造合适的空间,比如农业用地的开垦、兴修水利(灌溉)、建立配送设施、建设和创造封闭结构(温度和光)。

(2)资源的转移。是指为满足人类需求而从进行的农产品初加工和资源开采（矿产、石油、木材等）。此外，还包括废弃物处理。在发达的工业社会中，废弃物的安全处理是一项重要的工作。

（3）资源的加工。根据经济需要对农产品、原材料和半成品进行加工。在过去的 200 年里，有关加工生产的工作已经实现了机械化（如自动装配线）。

（4）转移。它涉及货物、人和信息的转移，其目的是通过克服距离来减少资源空间分布的不均衡。单位运输量能源消耗越少，越说明这种转移不重要。全球经济的空间克服需要大量的功和能源消耗。

通过对人类能源使用的历史研究可以得知，能源的选择取决于很多效用因素。根据时间的推移，能源的使用经历了从固体到液体，最后到气态的过程。自工业革命以来，人类一直尽最大的努力使工作机械化，从而提高劳动生产率。在 21 世纪初，化石能源的使用使能源使用进入了新阶段，特别是石油，已经占据了主导地位。全世界每年大约消耗 15 太瓦的能量，其中 86% 来自化石燃料。

最近，能源使用的目的也呈现出新的转变趋势。随着货物、人和信息运输和传输相关工作的显著增加，维持和改善人类活动范围的交通运输占总能源消耗的比例也不断增长。能源消耗与经济发展水平密切相关，目前在发达国家中，交通运输能占到总消耗能源的 20% 至 25%。

8.2.2　运输和能源消耗

运输和能源之间具有直接的联系，但根据所涉及的不同运输模式可以呈现出不同的理解，如图 8.5 所示。通常，根据预期的经济收益，往往会在速度和能源消耗之间寻求一种平衡。对于实现规模经济的海上运输，单位运输量的能源消耗很低，但其速度也随之降低。相对而言，航空运输则能源消耗很高且速度很快。许多与交通运输相关的活动也会消耗能源：

（1）车辆运营。主要用于提供车辆动力，即燃料。

（2）汽车制造和维修。车辆制造的能源消耗与车辆的复杂性和尺寸直接相关。

（3）设施建设和维护。交通运输设施的建设，包括终端枢纽，需要庞大的能量支持。由于它与广大的网络和大规模的交通量有关，因此它直接与车辆运营相关。

（4）能源制造。能源的生产与制造同样需要消耗能源，所以运输活动使用的能源越多，能源生产所需要消耗的能源也就越多。

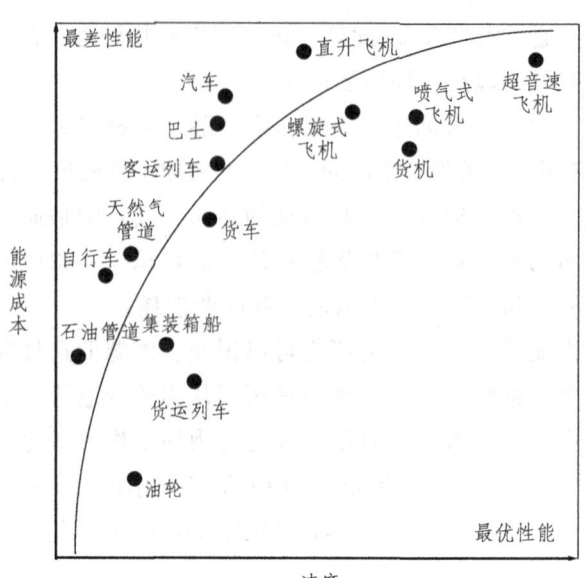

图 8.5 不同运输模式的能源效率

从 20 世纪 50 年代开始，在发达国家的石油总消耗中，交通运输所占的份额越来越大。在全球范围内，交通运输领域的石油消耗超过全部石油消耗的 57%。更确切地，交通运输对石油产品的消耗更是占其消耗总能源的 97% 以上。对于其他经济领域，如工业和发电，石油的消耗量一直保持相对稳定。因此，对石油需求的增长主要还是运输需求的增长。能源消费在不同的运输模式中变化很大：

（1）陆路运输。陆路运输占据了运输能源消耗的绝大部分。在发达国家，仅道路运输就消耗了运输领域总能源的 85%。然而，这种趋势并非在所有的陆路运输领域内都一致。在过去的 25 年，道路运输几乎成为唯一需要额外能源需求的运输模式。

（2）海上运输。即使海上运输承担了全球 70% 的货物运输周转量和 96% 的世界贸易，但由于其自身性质和规模经济，它仍然是能源效率最高的模式。它只大约利用了所有运输活动能源消耗的 3% 至 5%。

（3）航空运输。航空运输虽然只消耗了所有运输能源消耗的 5%，但它也只承担了所有旅客运输周转量的 0.5%。随着更高效的发动机和更先进的空气动力学等技术的革新，每一代飞机的能源效率都会得到不断提高。

20 世纪 70 年代以来，受能源价格增长和能源调控的影响，尽管私家车的能耗性能有了很大改善，但其能耗仍然表现不佳。事实上，在汽车所消耗的能源中仅有12%真正提供了动力。基于这一表现，交通运输部门通常将汽车保有率水平作为能源消耗的一个直接指标。

8.2.3 碳氢化合物的燃烧

由于几乎所有的运输模式都依赖于内燃机，因此有必要对碳氢化合物的燃烧远离进行研究。对于大多数内燃机，汽油是最主要的燃料（C_8H_{18}，四冲程奥托循环发动机），同时如甲烷（CH_4，气体涡轮机）、柴油（主要是货车）和煤油（涡轮风扇喷气式飞机）等燃料也被广泛使用。汽油完全燃烧的化学方程式如下：

$$2C_8H_{18}+25O_2=16CO_2+18H_2O+energy \quad (8.1)$$

汽油每千克燃烧产生的热量约为46 000 Btu，这意味着需要16至24千克的空气参与反应。通过燃烧释放的能量导致燃烧产物温度的上升。此外，一些因素和条件会影响到内燃机燃烧提供的动力和运行状况的有效稳定。温度的高低取决于能源的释放率、有效率以及燃烧物的质量。空气是氧气的最可靠来源，但由于空气中含有大量的氮气，因此氮气也成了燃烧物的主要组成。燃烧率的提高可以通过增加燃料表面积的形式来提高化学反应率；此外通过与空气的混合也可以提供必要的氧气量，从而来提高燃料的燃烧率。

如果所有的内燃机都按照上述方程式进行反应，那么由交通运输产生的排放物和环境影响几乎就可以忽略不计（二氧化碳除外）。但问题是，内燃机不会实现完全燃烧，其原因有两个：

（1）燃料和氧气的不纯净导致不完全燃烧。尽管精炼过程会提供"纯净"的燃料，很显然汽油中还是会含有硫杂质（0.1%至5%），有时还会含有铅（被淘汰的抗爆剂）和其他碳氢化合物（如苯和丁二烯）；而空气也不纯净，它由78%的氮气和21%的氧气构成。因此很显然，其他化学成分也是燃烧过程的一部分。

（2）发动机技术也是其主要原因。这两个原因一起共同导致不完全燃烧，并产生其他残留物。发动机平均每秒进行25次的燃烧，这难以为进行一次完整的燃烧过程提供足够的时间。除了二氧化碳和水，普通的内燃发动机还会产生一氧化碳（CO）、碳氢化合物（苯、甲醛、乙醛和丁二烯）、挥发性有机化合物（VOC）、二氧化硫（SO_2）、微粒和氮氧化物（NO_X）等，这些燃烧产物都是交通运输影响环境的主要污染物。

除了对碳氢化合物的不完全燃烧，车辆特性、驾驶习惯和大气条件这三大主要因素也会影响燃烧的速率，从而影响着污染物的排放。

8.2.4　替代燃料

在其他因素不变的情况下，寻找最低成本的能源一致都是永恒的任务。正是由于石油相对容易储存且在内燃机中能有效燃烧，所以它才成为最主要的燃料。运输领域在很大程度上依靠于石油燃料。其他化石燃料（天然气、丙烷、甲醇）也可被用作燃料，但需要建设更复杂的存储系统。此外，大规模使用车辆可替代燃料所面临的一个重要问题是它相对传统燃料需要更大规模的配送设施建设投资。另一个问题是能量密度，这些替代燃料的效率要比汽油低，因此相同的行驶距离内它需要更大的存储空间。随着石油储备的减少，石油需求的增加以及有害污染物排放减少需求的增加，那些可替代的非石油资源正不断得到重视：

（1）生物燃料。如能源作物（甘蔗、玉米、谷类等）发酵产生的乙醇和生物柴油都属于生物燃料，但其生产必须以农作物大丰收为条件。据估计，一公顷小麦年运输燃料生产量不到 1000 升，相当于一辆小汽车每年行驶 10 000 千米的燃料。这与植物吸收太阳能进行光合作用的能力有关。这种生物燃料的低生产率不足以满足交通领域的能源需求，只能作为缓解措施来使用。

（2）氢气。氢气常被称为未来能源。氢气由电解水而产生，能形成天然气或气化和氧化成其他化石燃料。虽然氢燃料电池的效率是汽油的两倍多，但却还存在很多问题。在氢气的生产、运输和存储过程中有大量的能源会遭到浪费。氢气的生产需要电力。氢动力车与电动车相比需要 2~4 倍的能源，这就决定了它不是高成本效益的能源。此外，由于氢气高度易燃，因此不易储存。

（3）电力。电力被认为是又一种石油燃料替代品。发展电动汽车的主要障碍是电量存储系统的容量，因为它难以满足传统汽车的行驶距离和速度要求。一个电动车要以不到 100 千米/小时的速度行驶 100 千米，需要进行 4~8 小时的充电。混合动力汽车（内燃发动机和电池）的最新发展提供了一个将远距离行驶和高效电力相结合的机会。

进入到运输领域的非化石燃料具有严重的局限性。面对着急剧增长的汽油需求，昂贵的燃料回收技术不得不被广泛使用，其结果就造成了石油价格的继续攀升。但是，高油价会产生通货膨胀，导致经济衰退，并使寻找替代能源速度减缓，同时在短期内石油的需求也会降低。目前，常规石油产量达到顶峰，而这也导致了煤炼油项目的出现。煤炭液化技术使煤炭在高温和高压环境下经过一系列步骤后转化为成品油。虽然该技术的成本效用尚待证实，但在像中国一样煤炭资源丰富的国家，这项技术显然在运输燃料战略上具有重要意义。

在交通运输领域使用化石燃料替代能源的成本要高于其他类型的经济活动。这表明了为工业、家用、商业、电力和热力部门服务的竞争优势已从石油依赖转移到依靠太阳能、风能和水力发电的更大竞争优势中。以可再生能源为基础的交通运输燃料与石油燃料相比缺乏竞争力，除非未来在各种环境燃料税的影响下其价格不断上涨。

8.2.5 交通运输和石油峰值

在所有的运输燃料中，哪种化石燃料将持续成为主导资源，并且会持续多久一直都是热议的问题。一些研究估计，全球的石油资源约为一万亿桶。这意味着以现在的消耗速度只能用30年。但是，曾经相当大的供需之间的缺口正在缩小，这是全球石油产量达到了峰值的效果。中国和印度对石油需求的不断激增，使得每天需额外产油2~3万桶，这从而引起了社会对主要石油生产商生产能力的关注。虽然目前石油还没有耗尽，但现有的储量已不可能满足世界日益增长的石油需求。石油可不像地下湖泊一样可以容易地开采提炼，它会受到许多地质条件限制。这表明，需要找到一个能每天生产4~5万桶的新油田来弥补现有油田产量的下降。就连阿拉斯加、西非近海或里海盆地新增的储量都不足以弥补这种日益增长的需求。因此，面对当前石油供不应求的形势，要推动建立一种包括通过调高油价的机制来控制石油需求。此外，石油价格的上涨也会由通货膨胀所引起。所以，即使像石油这些资源能充足供给，它的价格也会因为中央银行和政府的货币政策而变高。

也有其他研究认为石油工业的历史具有短缺和过剩的周期性。石油价格的上涨会给石油开采困难地区的石油生产恢复或低质石油产地提供有效的成本补偿。深水钻井或焦油砂提炼就可以因此恢复生产，以增加石油供应量。

但是在世界各地，由于技术的限制，发现并提炼更多石油的能力仍然有限，科技发展始终无法赶上需求的速度。用于增加石油开采的钻探设备、发电厂、炼油厂和管道的建造十分复杂，且耗时耗费。目前所关注的是，每天能抽送到地面的石油量有多少，这些主要油田是否已经达到高峰生产能力。在这种情况下，石油价格必将有一个实质性的提高，同时会向交通运输市场发送重要的价格信号。关于运输市场将如何应对和适应石油价格增长一直备受争论。以下是可能的潜在后果：

（1）公路。就汽车而言，高油价可能触发几个阶段的变化。起初，通勤者仅会通过减少其他方面开支或进行贷款的形式来接受高油价。根据生产力水平的不同，许多经济体可以显示出明显的恢复能力。接下来，通勤的模式会发生变化，并且开始尝试使用公共交通和采用高效燃油汽车，同时寻找可替代方式。以适应这是应对高油价。随着汽车相关领域的不可持续性越来越明显，现有的空间结构也开始受到压力。由于高昂的通勤费用和通货膨胀引起的高油价日益明显，越来越多的人无法负担得起郊区的生活，城市开始变得越来越拥挤。货运业务也会表现出类似的情况，首先降低利润和节省经营开支，但有时候，他们会将高昂的费用转嫁给客户。

（2）铁路。此模式将极大地受益于高昂的能源价格，它是陆地上最节能的运输方式。铁路运输的能效大约是货车运输的 3 倍以上。但是它能为旅客和货物提供服务的程度依然不确定，这将取决于目前的市场份额和它能提供的服务水平。在北美，铁路客运的潜力有限，但在欧洲和亚太地区铁路客运潜力已经占据了很大的市场份额。对于铁路货运，北美的货物配送有着很大优势，它占据了货物周转量的绝对份额，而对于世界其他地方来讲其优势就要小很多，这主要取决于运输距离和系统的分散程度。在许多情况下，在长距离运输上必须发展电气化运输和发展高效的货物装卸设施。因此，根据地理环境和现有系统的状况，不断增长的能源价格可能会不同程度影响到长距离的铁路运输。

（3）航空。无论客运航空还是货运航空都会受到能源价格上涨的严重影响。航空运输是一个高度竞争的行业，利润空间往往很低，仅燃料就占了航空全部运营费用的 15%，但由于其他大部分费用属于固定费用，所以能源价格的任何变化都将会直接反映在机票价格中。长期的能源价格增长会直接影响航空旅行的自由度（主要是旅游业）；但对于货运航空，由于其货物价值高，受到的影响较小。

（4）海运。由于其节能性最高，其受到的影响最小。从长远来看，能源价格的上涨可能因为长途货运需求的减少影响到海运。此外，它会促进近海和内河航运服务的发展。

随着石油开采逐渐到达峰值，之后的石油供给将会变得越来越不稳定，石油短缺将会变为常态。从宏观角度看，由于交通运输是一个非常复杂的系统，因此评估高能源价格产生的影响仍然十分冒险。向更节能的运输模式和高度集成的运输模式转移会加倍能源使用效率，这一点是未来比较合理的发展趋势。

8.3 交通污染和环境外部性

8.3.1 空气污染的外部性

空气污染是交通运输引起的最重要的环境外部性。虽然空气污染物的性质已明确，但它们对生物圈影响的程度和范围仍然受到很大争议。从积极的一面来看，尽管车辆数目在不断增长，但最有害的空气污染物（如一氧化碳和挥发性有机化合物）的排放量还是呈现下降。随着交通工具使用量的增长，二氧化碳的排放量也相应地增加。在所有的交通运输产生的环境外部性中，空气污染的成本是最广泛的，这主要是因为大气会使污染物快速扩散。对于所有的外部性来说，其成本都很难评估，这是因为对一些影响结果仍然无法理解，并且这些问题可能由其他领域产生，或者与其高度关联，难以有效确定问题的起因。造成空气污染的主要有两类主要因素，特别是在城市地区：

（1）结构性因素。其本质上与经济消费的规模和水平联系在一起。如收入和教育水平等因素往往与排放量成比例。

（2）行为因素。其主要与人的个性、消费观念和运输偏好有关。由于汽车的方便性和能够体现的身份地位，即使有其他模式可供选择，它也会成为首选的交通工具。

从一般的角度来看，由交通运输引起空气污染成本可分为经济、社会和环境三方面的成本。表 8.1 列出了每种类型的外部性、影响领域和程度。

（1）经济成本。它涵盖了各种各样的外部性，如财产、结构和设施的损失，劳动力的损失和农作物产量的下降。酸雨、烟雾和臭氧污染使得投资兴建的交通设施寿命不断缩减，严重者还需要及时更换。例如，某设施的使用寿命在 20~30 年，但由于其结构逐渐受到氧化，其可能会损失 1~5 年的使用寿命（依赖于建造原材料）。大多数坐落于交通繁忙市中心的历史建筑都不可避免地受到氧化和去矿化损害，由此增加了修复成本。此外，除了医疗费用，空气污染也直接影响着劳动生产率，这是因为居家时间、看病时间和照顾病人时间占用了大量的工作时间。农作物和木材产品也直接受到空气污染的影响，它会使得农作物单位面积产量减少。

表 8.1 空气污染的外部性

类型	影响领域	影响程度
经济成本	建筑物和基础设施	使用寿命的缩短（不动产）
		更换和维修费用增加
	劳动生产率	单位时间工资减少
	农业生产率	单位面积产量减少
		生物质（如木材）复原的时间延长
社会成本	公共健康	医疗服务费用增加
		预期寿命减少
环境成本	生态系统的危害	物种的多样化降低和可持续发展减弱

（2）社会成本。几乎所有的空气污染都会对人类的各个生理系统产生影响，但这常见的是对心血管系统和呼吸系统的影响。有些影响是清楚直接的，如一氧化碳；而有些则是危害性很强且为间接的，如铅、碳氢化合物和挥发性有机物。例如，很难将肺癌归因于一般的空气污染还是吸烟等因素，更不用说交通污染排放。考虑到大部分人口生活在城市地区，且会长时间暴露在空气污染环境中，因此交通应当承担主要的社会成本。据估计，在美国只要降低 35% 的挥发性有机化合物的排放就能节省 20 亿美元的医疗费用。医疗费用与空气污染相关，并且受其影响范围非常广。如果要衡量交通运输所带来的影响，那就是预期寿命的减少。

（3）环境成本。它是指对生态系统产生的一般性破坏，除了具有经济效益的人类活动（如农作物）。环境成本是最难以估计，如果需要的话，要利用综合的工具。它会对生物多样性和可持续性产生影响,空气污染物对此影响力很高。

8.3.2 水污染的外部性

几乎所有与水污染有关的外部性都是间接产生的后果。因此,难以评价和估量交通运输带来的影响。下表列出了每种类型的外部性、影响领域和程度。

表 8.2 水污染的外部性

类型	影响领域	影响程度
经济成本	商业捕鱼和垂钓	单位体积产量减少
		娱乐性垂钓收入减少
	娱乐设施	使用人数降低
		租赁费用减少
	水的净化	处理成本增加
		检测成本增加
	事故/泄漏	清理成本增加
社会成本	公共健康	医疗服务费用增加
		预期寿命减少
环境成本	生态系统的危害	物种的多样化降低和可持续发展减弱
		湿地水资源再生和净化能力降低

(1)经济成本。一旦某地区的水生生态系统遭到破坏,商业捕鱼和水产养殖的利润就会受到影响。在一定的捕捞方式基础上,通过对商业捕捞活动进行一段时间的平均产量比较,就会从一些指标上发现水污染造成的经济损失。另一个方面,其还会对娱乐设施产生损坏,尤其是淡水湖泊周围。这一点可以从游览人数和其价值上体现出来。水资源的净化的成本,包括水的处理和检测都会在市政预算中占据很大比例。由于水的供给和需求都产生于城市区域,因此克服其外部性非常困难。想要对大城市提供安全可靠、无污染的饮用水,需要进行大量基础设施投资建设(水坝、泵站、水厂、污水处理厂等)。最后,油轮(石油产品)泄漏的清理也需要高昂的费用。

(2)社会成本。受污染的水对人体是有害的,但有害的程度依赖于污染物的性质和表现的类型。在发达国家这样的伤害发生有限，主要是因为较高的公众意识和先进的水处理设施。而在发展中国家，这个问题截然相反，有很多国家水资源处理不足，甚至很多人还要依赖于户外水源。

（3）环境成本。除了对水生生态系统产生大面积的破坏，对湿地具有的水再生和净化功能的关注不足也是引起生态系统的主要方面。这些湿地遭到大量交通设施的破坏。

8.3.3 噪声污染的外部性

噪声（空气和设施振动）是交通运输的固有特性。从根本上说，噪声是不受欢迎的声音。噪声的强度用声学度量单位——分贝（db）来表示，其范围从1分贝至120分贝。噪声的产生源头分为点（车辆）、线（公路）和面（一组街道产生的大范围噪声）。噪声污染与前面讨论的两类污染不同，它只是作为振动而存在。内燃机燃烧、车辆在地面的摩擦都会产生噪声。严格说来，噪声的影响都是局部性的，因为振动会随着距离和自然景观（树木、丘陵等）阻碍而减弱。

表 8.3 噪声污染的外部性

类型	影响领域	影响程度
经济成本	资产价值	分贝的上升导致租金的下降
社会成本	公共健康	医疗服务费用增加
环境成本	生态系统的危害	高分贝导致的生活区域的减少

（1）经济成本。研究表明，噪声水平会对机场周围的地产价值有着重要影响。噪声每提高1分贝，其影响区域的房产价值就会贬值0.4%~1.1%，其平均值为 0.62%。而对于公路，其每提高 1 分贝产生的房产价值损失会达到 8%~10%。

（2）社会成本。关于由交通噪声导致的医疗费用的信息非常有限。有也只能是通过推断而得出的交通噪声导致的部分听力受损。此外，由于长期暴露于噪声或缺乏睡眠，致使身心压力不断增加。

（3）环境成本。由噪声排放造成的环境成本是很难评估的。据推测，野生动物不可能进入一些生活区，这是因为由不同交通运输模式（如城际公路）造成的高分贝噪声。

8.3.4 危险物质的外部性

危险物质是指在商业运输中会对健康、安全和财产构成风险的物质。考虑到运输系统的大量货物运输,危险物质就成为一个值得关注的问题。一些危险物质(危险品)的泄漏或释放非常惊人可怕,尤其是涉及超级油轮或火车时。然而,虽然危险品一旦泄漏量会非常多,但是从美国的海上运输的情况来看,危险品意外事故只占到全部事故的 0.1%。因此,其他运输模式才是危险物排放的主要来源,即使它们每次泄漏释放的量很少。除了安全法规,用于处置交通运输危险物质泄漏事件的信息非常有限。

陆路、铁路和航空分别占到危险物质泄漏或释放的 84.1%、12.5%和 3.2%。虽然危险物质相关事故数量已得到有效控制,但它们所造成影响(尤其是伤亡),由于缺少清理成本,却显著增加。管道也是危险物质泄漏的一个重要来源。

危险物质的泄漏的影响是确定的、强烈的。其影响与事故和危险物质类型有关。它可能是危险物质泄漏很少的小规模事件,也有可能是需要及时进行阻止和人群疏散的重大事故。

表 8.4 危险物质的外部性

类型	影响领域	影响程度
经济成本	事故/泄漏	清理成本增加
		安置成本增加
社会成本	公共健康	医疗服务费用增加
环境成本	生态系统的危害	当地环境受到污染

(1)经济成本。其成本主要体现在清理成本和安置成本(当危险品事故发生在居民区时)。危险品事故产生的经济成本往往与社会成本、环境成本呈相反的关系。在严格管理的发达国家,社会和环境成本通常最小,但经济成本(清理和安置)却相当大。而在许多发展中国家,由于缺少严格的环境法规,且希望将经济成本降到最低,因此其减少的成本必将转移到社会和环境成本中,而这些成本更是难以衡量和估计。

(2)社会成本。由危险品事故造成的直接医疗费用可以通过现有的统计数据可以估计出来。像所有的外部性产生的后果一样,其外部性所造成的间接后果仍然高于直接后果。然而,由于危险品事故后果具有确切性和规模性,因此这种关系对于其来说就没有那么重要了。

（3）环境成本。由于危险品事故都是确切的事件，因此其环境成本可以通过综合的方法进行评估。在这方面，有很多关于污染对环境系统产生的影响的案例可供学习。

可以看出，交通运输产生的环境外部性非常广泛，其中一些可以进行合理估量，而其他大多数只能进行判断。外部性还会产生于不同的地理范围内，而且不同的外部性可能在同一地点发生重合。因此，交通运输发展的底线是，既能实现能源高效利用，又能在对经济、社会和环境产生正的外部性。在应对所有环境问题的策略中，选择哪种策略仍然还是依靠主观性和普遍的社会观念。

8.4 交通运输、土地利用与环境

8.4.1 土地需求和消耗

城市化进程最显著的影响就是城市用地的扩张，这意味着 500 万人口的特大城市可横跨超越 100 千米（包括郊区和卫星城市），土地使用将超过 5000 平方千米。如果没有一个庞大复杂的交通系统，如此大规模的城市显然支撑不起来；而运输模式的选择则会对土地消耗产生重要的影响。对道路交通的偏好导致了大量空间的消耗，其中有 1.5%~2.0% 的总土地面积专门用于汽车服务，主要是道路和停车场。而在城区，道路设施占城区面积的比例更是达到 30%~60%。在对道路运输依赖性最极端的情况下，这一比例能高达 70%，如洛杉矶。然而，对于许多发展中国家，如中国和印度，机动化还处于起步阶段。就中国而言，其机动化水平和西欧类似，这意味着中国的机动化水平要高于世界平均水平。从土地需求的角度来看，全部实现机动化从技术上讲不大可能。

城市规模随着大量的用地而不断扩大，并沿着运输走廊逐步形成大都市或城市群。随着城市化和交通运输的日益合理化，广大农村用于开垦的土地转向其他用途。基础设施的不断兴建，使得土地需求不断增加，但其目的还是满足广大地区的流动性需求。然而，一些地区道路交通设施被过度使用，而其他地方却呈现出能力过剩的情况。

城市区域的面积增长并不与人口增长成比例，从而导致形成低密度空间，造成空间浪费。在世界各地这种现象并不以同样方式和同样比例发生，但其结果都会造成能源使用和浪费的增长。在发达国家，通常100万人口的城市每天会消耗60万吨水、1万吨燃料和2000吨粮食，但同时也会产生50万吨污水、2000吨垃圾和1000吨空气污染物（主要是二氧化碳和二氧化氮）。因此，城市土地利用与交通运输系统都加剧了城市的环境影响。

8.4.2 空间形态，布局与互动

城市用地结构对于运输的需求及其相应的供给能力有着很大的影响。它涉及三个方面，分别是对环境、交通和土地利用的影响：

（1）空间形态。指的是一个城市的空间排列，特别是在其流通的主轴线方向上。因此，根据此形态可以传递出城市不同的交通运输结构，如集中式和分散式。

（2）空间布局。指的是根据当地社会经济功能而对土地利用组织形式，如居住区、商业区和工业区等，都是土地利用的组织形式。

（3）空间互动。指的是由于城市土地利用而导致的流动属性和结构。

日常活动的空间位置，如居住、工作、购物、生产和消费等活动的空间位置，都能体现出出行需求和平均活动距离。随着土地利用的专业化和经济活动的空间分散化，空间的互动也成比例增加。以密度问题为基础来说明交通运输、土地利用和环境之间的关系就会相对简单。如，土地利用密度越大，人均能耗水平就越低，环境受到的影响也就相对较小。

而矛盾的是，城市的向外扩张和郊区化倾向于使用土地利用密度相对统一分布方式来进行，特别是那些以前密度就很低的城市。近几十年来，一些大型城市的平均密度下降了至少25%，这意味着将需要更多的交通运输工具来满足日益增长的由低密度产生的流动性需求。此外，居所与工作的分离程度越来越严重，且平均通勤距离也越来越长。因此，在有效成本内提供各种城市服务会变得越来越难。

城市用地的转型非常缓慢，年转换率低于2%，因此很难制定出能在短期内产生有效影响的合理的交通运输和土地利用战略。北美、澳大利亚和一些欧洲城市花费了30~50年的时间才达到现在的状态，因此要达到一个新的"平衡"状态可能还得需要这么长时间。总之，交通运输和土地利用对环境的影

响将在很长一段时间内继续存在。

8.4.3 土地利用的外部性

土地利用，作为一种空间结构，与很多外部性相关（见表8.5）。

表8.5 土地利用的外部性

类型	影响领域	影响程度
经济成本	城市布局和密度	平均通勤距离增加
		人口密度变化
		农业产量降低
	能源	人均汽油消耗增加
		单位旅客周转量能量消耗增加
	基础设施	道路密度增加
		公共事业成本增加
社会成本	社区干扰	环境负外部性增大
		设施使用性降低
环境成本	生态系统的危害	自然环境改造的土地增加

（1）经济成本。它们是指在土地利用特点基础上的维护城市的成本或费用。土地低密度的利用和分离会导致经济成本的增加，如平均通勤距离、公共事业成本和能源消耗。在一些情况下，城市的增长总是以损失农村生产力的方式进行。一旦土地从农村转到城市，那将别无他用。对城市公共交通的高额补助也是与土地利用的外部性相关。现在，想要提供足够的服务越来越难，特别是在郊区，那里用地密度很低（住宅和商业）难以支撑起能够盈利的公共交通系统。总之，土地利用的外部性会影响到城市地区的经济效益。

（2）社会成本。社区干扰由土地利用的密度、模式和相互关系所引起的一系列社会成本所组成。环境的外部性，如噪声、烟雾和臭味，更是加深了对生活质量的破坏。交通基础设施，特别是铁路和公路已经成为社区分隔和扰乱行人车辆出行的物理障碍。此外，为特殊的土地利用模式而设计的交通运输系统还限制了一些无法使用此交通工具出行的人，特别是对于那些没有汽车的人。

（3）环境成本。最显著的就是牺牲自然环境来换取大量的土地所带来的环境成本。此外,还必须考虑土地利用的功能,它可能是造成环境恶化的重要污染源,特别是工业用地(空气污染、水质污染、危险物质等)。

8.5 运输系统产生的空气污染物

8.5.1 局地和区域影响

空气污染的一维地理影响针对局地和区域,在这些地方其外部性能立即显现。下面是一些确定的与交通运输密切相关的污染物:

1. 一氧化碳(CO)

(1)一氧化碳是一种无色、无味、有毒的气体,其产生源于碳氢化合物的不完全燃烧。

(2)交通运输占到所有一氧化碳排放的70%至90%。因此,它是与交通运输最密切相关的空气污染物。一氧化碳常出现于繁忙的交通运输动脉,特别是在城市地区。

(3)当被人体吸入时,它将与人体内血红素结合形成碳氧血红蛋白,直接阻碍氧气的吸收,进而导致窒息。现已证明,含有0.5%一氧化碳的空气,不足半小时就可能置人于死亡,而在此期间人体有超过50%的血红素转化为致命的碳氧血红蛋白。低浓度的一氧化碳(3 ppm)就可引起中毒症状,从而削弱心脏、肺和循环系统等器官功能。此外,它还对植物的光合起到抑制作用。

(4)由于一氧化碳化学性质不是很稳定,因此对全球产生的直接影响非常有限(几乎不可能)。但从间接角度来看,它是形成温室气体的催化剂。

2. 氮氧化物(NO_x)

(1)氮氧化物(NO 或 NO_2)是化石燃料燃烧时,氮被氧化形成的化合物。

(2)交通运输占到氮氧化物总排放量的45%~50%。其他来源还有化工业生产(尤其是硝酸盐)和热力发电的化石燃料燃烧。

(3)氮氧化物(特别是NO)对人体危害不是很大,但如果是内燃机释放的高浓度氮氧化物则往往有毒。它会使呼吸系统和眼睛产生不适和受到感染。在高浓度的二氧化氮环境中,身体抵抗细菌感染的能力将会下降。此外,氮氧化物会抑制农作物的生长，从而降低农业产量。

（4）氮氧化物会对全球产生一些影响，它在过去的几十年中以每年平均0.2%的速度增长。它们是臭氧催化剂，也是酸雨和烟雾的组成成分。此外，氮氧化物的沉淀影响硝酸盐的循环，特别是它会影响到水中藻类的繁殖。

3. 烃/挥发性有机化合物（HC/VOC）

（1）烃（HC），即碳氢化合物，是一类仅由碳和氢组成的化合物。当处在气态时，烃被视为挥发性有机化合物（VOC）的一种。一些烃和挥发性有机化合物具有高分子量，且带有强烈刺激性气味的易挥发性物质。它们大多是汽油不完全燃烧的产物或石油化工产业的副产品。它们包括甲烷（CH_4）、汽油（C_8H_{18}）、柴油蒸气、苯（C_6H_6）、甲醛（CH_2O）、丁二烯（C_4H_6）和乙醛（CH_3CHO）。

（2）交通运输产生的排放量占到所有烃和挥发性有机化合物总排放量的40%～50%。其中，不完全燃烧排放占70%、加油时挥发10%、存储期间挥发（20%），特别是天然气储罐的挥发。例如，夏季在外停放过夜的汽车会大约挥发4克。其他的重要来源主要是石油化工产业（塑料和溶剂）。

（3）所有的烃和挥发性有机化合物都不同程度具有致癌性（与苯相关的白血病），当高浓度时甚至会致命，对作物具有毒害作用，且会在食品链（中毒）中不断累积。一般来说，重烃化合物（如苯）的致癌性远超过轻烃致癌性（如甲烷）。

（4）所有的碳氢化合物/挥发性有机化合物都具有全球性的影响。它们是烟雾的组成成分，也是臭氧及酸雨的催化剂成分。

4. 悬浮颗粒物

（1）悬浮颗粒物是指大气中的各种固体悬浮物，如烟尘、煤尘、灰尘和化石燃料不完全燃烧的产物。它们可能携带像烃和挥发性有机化合物等有毒物质。

（2）交通运输的排放量占到总排放量的约25%。其中，柴油发动机是主要排放者。其他的重要来源还有使用煤炭的火力发电厂。

（3）悬浮颗粒物是致癌物质。它们对肺脏组织具有伤害，且会加剧呼吸系统和心血管问题，尤其是当它们尺寸小于5微米时。悬浮颗粒物的沉降还会对建筑物产生美感破坏。

（4）悬浮颗粒物在大气中的累积和在植物叶枝的沉降会减缓植物的光合作用和生长。

5. 烟雾

（1）由一氧化碳、臭氧、烃/挥发性有机化合物、氮氧化物、硫氧化物、水、悬浮颗粒物和其他化学污染物组成的固体液体雾气和烟尘颗粒的混合物。光化学烟雾就是一种含有高浓度臭氧和烃/挥发性有机化合物的烟雾。

（2）烟雾与交通运输和工业活动密切相关，特别是在城市地区。在逆温时候烟雾的密度相当大。

（3）烟雾的影响在于它的多种成分的结合。根据对历史的观察（如20世纪50年代的伦敦），在逆温期间，患病人群（呼吸系统和心血管问题）的死亡人数大幅增加。

（4）一些拥有严重烟雾问题的大城市（如洛杉矶、东京和墨西哥城），其问题都已严重到必须采取相关政策才能解决。烟雾会大大削弱能见度，并且会带来不同的烦恼（气味、刺激等）。由于它的组成成分，使得它与酸雨和温室效应高度相关。

6. 铅（Pb）

（1）铅是一种有毒金属，主要被用于汽油抗爆剂（四乙基铅：$Pb(C_2H_5)_4$）和电池（二氧化铅作为阳极，铅作为阴极）。

（2）直到现在，四乙基铅都是发展中国家大气中铅排放的主要来源。不过已经开始下降，但仍占到总排放量的30%到40%。电池现已成为交通运输中铅的重要来源，但仅有非常有限的铅能被带到大气中。

（3）铅是极强毒性金属，会对新陈代谢产生影响，同时还会在生物组织中沉积。对于幼儿，可能引起贫血、智力低下等现象。例如，在墨西哥的一些地方，智力障碍的高发病率与铅中毒直接相关。吸入少量的铅，可能就会造成行为上的异常。

（4）铅会沉积在植物和动物体内，从而再次污染食物链。在环境中，它有极高的堆积性。铅也可能会被长距离地输送至大气中。

7. 气味

（1）气味是一种嗅觉的主观感受。它们以不同的气味"形状"存在，有愉快的、中性的或不愉快的气味。长时间的暴露于特殊气味中会对其感知能力下降。

（2）柴油和汽油发动机是交通运输中气味的主要来源。尤其是在烟雾条件下，气味相当普遍。气味最差的情况也就是给人带来烦恼，但是它们却与二氧化硫、臭氧和烃/挥发性有机化合物等空气有害污染物的存在紧密相连。人们往往会因为气味的呈现程度而选择去留。

8.5.2 全球影响

虽然以下污染物也会对局地和区域产生影响，但它们的影响更具有全球性。

1. 二氧化碳（CO_2）

（1）二氧化碳是一种无色、无味的气体，它占到大气成分的0.04%。一旦化石燃料燃烧时（氧化），就会有二氧化碳的释放。它是大气温度的调节器，并将大气温度保持在+15 ℃；但如果没有二氧化碳，大气温度就会下降至−15 ℃。

（2）在发达国家（占世界国家的15%），交通运输的二氧化碳排放量就占到总排放量的30%。

（3）由交通运输产生的二氧化碳中，大约有66%来源于汽油的燃烧，16%来源于柴油，15%来源于航空燃料。交通运输产生的二氧化碳排放呈现如下分布：载客汽车（43%）、轻型货车（20%）、重型货车（14%）、飞机（14%）、铁路和轮船（7%）和非汽油型交通工具（2%）。其他重要的二氧化碳来源还有火山喷发和生物体的呼吸代谢（包括分解）。

（4）二氧化碳是一种无害的气体，它是光合作用的基本要素。虽然有限浓度的二氧化碳对人体没有影响，但浓度过高时（5000 ppm）就会引起呼吸困难。大气中不断增加的二氧化碳，被认为与温室效应密切相关。在过去几十年里，二氧化碳的浓度以每年近0.4%的平均水平持续上涨。工业革命前（19世纪初），二氧化碳的浓度约为275 ppm，而到2002年则已达到372 ppm。通常认为400 pm 二氧化碳浓度的一个限定值，一旦超过，气候的变化就会更加严重，更难以估计。预计在21世纪中期，该值会达到600 ppm左右。

2. 二氧化硫（SO_2）

（1）二氧化硫是一种无色，且具有强烈刺激性气味的气体，是燃烧煤炭、石油等化石燃料的产物。

（2）交通运输的二氧化硫排放量大约占到总排放量的5%。相对于钢铁产业和石油化工产业所排放的量相比，交通运输产生的量要较少。最重要的一个人为来源是热电厂对低质煤的使用。火山喷发是产生二氧化硫的主要自然源头。

（3）二氧化硫会引发和恶化呼吸系统和心血管疾病。如果浓度过高，它会刺激眼睛，并引起不适（气味）。虽然硫是植物的一种必需营养物质，但二氧化硫却是生命活动的抑制剂。大多数受其影响的是那些具有高生理活性的植物，如农作物和商业材林。

（4）二氧化硫是酸雨的主要来源。它能通过阻碍长波辐射对温室气体产生反作用。因此，这种作用可以有效应用在温室气候的模型中。

3. 臭氧

（1）臭氧是一种具有特殊臭味和氧化作用的淡蓝色气体，是最常见的光化学氧化剂。天然臭氧形成于高层大气。在紫外线照射下，氧气分子被分解，分解后与另一氧气分子结合，进而形成臭氧分子。

（2）臭氧也可以通过大气底层的烃/挥发性有机化合物和氮氧化物混合物的光照作用形成。它与交通尾气排放直接相关，尤其是在城市地区。

（3）臭氧具有毒性，在浓度超过 0.15 ppm 时，它会抑制呼吸系统，并刺激眼睛。在地表层面，它的正常或天然浓度大约是 0.01 ppm。通过氧化作用，它会腐蚀建筑物（金属和混凝土）。此外，它还会损害农作物和植物，导致枝叶脱落。根据农作物和臭氧浓度的不同，它会使农作物的产量减少1%至20%。臭氧还会影响到能见度。

（4）臭氧在高层大气的存在是非常必要的，因为它能吸收光中的紫外线。臭氧浓度每下降5%，就可能会增加10%的皮肤癌和白内障发病率。同时，臭氧还是一种温室气体。

4. 酸雨和酸沉降——硫酸（H_2SO_4）和硝酸（HNO_3）

（1）硫酸是一种具有强腐蚀剂的油状无色液体，由硫氧化物与水蒸气混合而成。硝酸也是一种具有腐蚀性的无色液体，由氮氧化物和水蒸气混合而成。阳光的照射会使酸性（硝酸）受到影响。此外，它们还可以干燥的形式存在，叫作酸沉降。当与水混合时，硫酸和硝酸的 pH 值会下降。食用水的 pH 标准是 6.5 到 7.5 之间。

（2）由于交通运输占据了二氧化硫排放量的 5%，氮氧化物排放量的 45%，烃/挥发性有机化合物的 40%，因此会形成 10%~30% 的酸雨。在西欧地区，这一数字为 25%。

（3）众所周知，高浓度的硫酸和硝酸会破坏人造建筑物，特别是历史遗迹。当人体吸入雾状酸时，会对呼吸器官产生强烈刺激。

（4）它们通过对复杂有机物进行降解来实现土壤成分的改变。在少量的情况下，它是有益的，但如果过多，会造成农作物产量的降低。酸雨通过改变淡水的 pH 值，使湖泊和河流的生物遭到破坏。

（5）天气系统的变化会使硫酸和硝酸在很远的距离进行飘移，然后以雨或雾的形式落下。众所周知，酸雨和酸沉降会改变陆地生态系统的平衡，特别是在工业化地区。

5. 氟氯烃（CFCs）

（1）氟氯烃是无色无毒的气体（或液体）。它们性质非常稳定，不易燃，且不含有毒成分，被作为分散剂（气溶胶）或制冷剂（尤其是氟利昂，R12）广泛使用。

（2）在交通运输中，汽车空调系统是其主要来源，其约占所有氟氯烃排放总量的 20%。事实上，在其寿命期限内，空调系统将会向大气释放 100% 的氟氯烃。在发达国家，由于法律的限制，氟氯烃的排放量已大大减弱，但在发展中国家却还没有实现。

（3）由于其化学性质（稳定和无毒），没有发现氟氯烃对生物组织存在显著的影响。

（4）当前大气中氟氯烃的浓度已经达到 0.35 ppm 左右（所有类型的氟氯烃），但使用最广泛的类型——R12，以超过二氧化碳被红外线吸收能力的 2000 倍被其吸收。因此，一吨的氟利昂相当于 2000 余吨二氧化碳所产生的温室效应。氟氯烃减少了平流层中的臭氧浓度，而臭氧又能吸收有害的紫外线。由于其非常稳定性质，氯氟烃在大气中可停留 70 至 200 年。它们是空气中长期的组成成分。20 世纪 90 年代排放的氟氯烃可能将损害臭氧层 200 年。

（5）氟氯烃的间接影响（增加紫外线的射入）有增加皮肤癌和白内障等疾病的发病概率、损害农作物和植物的生长、降低免疫系统能力、增加地表的臭氧含量（通过光化学烟雾）。

尽管交通运输是空气污染物排放的主要来源，但新技术（催化式排气净化器）和新措施的应用和实施已经对污染物排放的降低产生显著的作用。

8.6 运输系统产生的水污染物

8.6.1 不同形态的影响

交通运输对水体的污染非常明显，且污染方式多种多样，从空气污染的沉降物到公路、铁路和港口等基础设施建设和维护过程中产生的污染。其中第一种影响主要与运输模式有关。

1. 空气污染沉降物

（1）沉降物产生主要发生在污染物从空气传播状态（气体、固体或液体）向溶液或胶体转化的时候。水是很多污染物的良好溶剂，尤其是对于酸沉降。在降雨的条件下，沉降可能会在某些地区出现加速和集中的情况。

（2）作为空气污染的重要源头——交通运输，它同样会产生很多沉降物。在一些地区，交通运输对水中氮沉降的贡献值可能高达 25%。据估计，在增加的酸性湖泊中，由酸雨引起的湖泊可能达到 75%以上。

（3）沉降是一个不断积累的过程，其影响会在水受到污染后的一段时间内才发生，它们对静水（湖泊、沼泽等）环境的影响比流水（河流等）大。最重要和最具破坏性的沉降物是硫酸和硝酸，当它们的浓度足够高时就可以改变水的 pH 值。美国东北部和加拿大东部的一些湖泊因为其酸性的升高，造成鱼类种群的大量死亡。它还会对森林造成危害，如减少植物光合作用（稀疏树叶）和酸化土壤（减少营养物）。氮氧化物可能会造成藻类大量繁殖从而影响海洋生态平衡。

（4）其他沉降物，如烃/挥发性有机物和铅等都含有毒性，它们会在水生食物链中不断积累，从而破坏海洋生物环境。对于颗粒型沉降物，当它们足够多时会造成水体的浑浊，降低水生植物的光合作用。各种形态的空气污染沉降物的长期积累会污染和破坏到整个水生生态系统。

2. 航运船只的清洗和泄漏

（1）当卸载了类似石油、煤炭、硝酸盐和矿产品等的散装货物后，船只通常都需要进行清洁。但由于许多港口和沿海区域禁止船只清洁，所以运营商只能行驶至公海进行清理。因此，石油残留是油轮清洗产生的重要污染源。

（2）据估计，每装载一百万吨石油，就会有一吨泄漏。更重要的是，一旦发生泄漏，将非常难以遏制。1989—1992年，全球共发生105起油轮泄漏事故，泄漏石油达99.1万吨。此外，每年平均有110万吨石油在清洗过程中被排出，有40万吨被泄漏。

（3）石油产品的危害最大，它会导致水生动植物和近海生态系统的破坏。由于大多数海洋生物都在浅海（大陆架）和海洋上层（小于100米深）区域活动，特别容易受到船只清洗所带来的侵害。埃克森公司瓦尔迪兹石油泄漏就属于这种情况。

8.6.2 交通运输基础设施的影响

交通运输基础设施是第二种影响类型，主要有：

1. 设施的融冰与径流

（1）盐（氯化钠）具有降低水熔点的特性，因此是保持零度环境以下道路安全的有效化合物。其他物质，如砂砾对冰也具有吸附作用。

（2）径流是指降雨及融水在重力作用下沿地表（尤其是路面）或地下流动的水流。交通基础设施（道路、停车场、机场等）几乎是环境中唯一依靠人工，并用盐来进行融冰的。盐主要来自矿产（岩盐）或少数的海水蒸发。其他诸如钙和镁的化合物也可被使用，但其融冰效率很低，且使用成本会增加十倍。

（3）润滑油（汽车发动机泄漏、制动系统和传动装置）、重金属（轮胎和刹车片磨损产生的锌、镉、铜、镍、铬、铁）和干性沉降物（HC/VOC、悬浮颗粒物）也是径流的有害物质来源。

（4）由于发达国家道路基础设施（停车场、道路、排水系统）占据了大量的地表面积，因此是径流产生的主要来源。例如，虽然公路只占了城市集水区的5%~8%，但却集中了多达50%的总悬浮固体，有16%的烃类总量和75%的金属总量会流入到河流中。

（5）高浓度盐，特别是氯离子，会破坏淡水环境的生物循环，甚至对一些生物幼虫产生致命影响。设施的径流会改变水的浊度和含氧水平（温水含氧量较少），并污染食物链。这一过程可能会导致湖泊富营养化，特别是在道路密集的休闲场所。此外，融冰盐会在路边冰雪和土壤中积累。早春期间，几乎所有积累的盐分都将被释放到水文系统，从而污染地下水并干扰植物生长和水生生物的繁殖周期。

（6）设施径流流入城市地区污水系统并汇聚形成高浓度的污染水质，从而影响到整个水文系统。值得注意的是大多数城市有30%至70%的表面被道路和停车空间占用，因此它们是重要的径流来源。

2. 基础设施的建设和维护

（1）一些交通运输基础设施在地域连接上具有重要作用。但当交通运输基础设施建立于水文环境之上时，如河流、湿地或沿海地区，就会对其产生破坏。

（2）交通基础设施的维护，特别是港口和航道（疏浚），也会对水环境产生重大影响。每种运输模式都有特定的设施来对水生系统进行干扰。

（3）道路基础设施是负责地域连接的最多的交通设施，如桥梁。铁路连接大陆的设施会对水生系统产生影响。海上运输由于本身就与水生系统相连，因此会有较多的干扰设施，如码头、运河、港口和终端。当机场修建于湿地时，会对水生系统产生影响。仅疏浚就占了80%的水生环境释放的废物。

（4）交通运输基础设施对水生系统最广泛的影响是会造成海岸沿线自然栖息地的被迫迁移，那些适合动植物生存的水陆交界地带大量减少。此外，水生环境的改变，特别是港口和航道的疏浚，会严重影响水的浑浊度和破坏动植物栖息地。道路和铁路通过湿地时，也会破坏湿地的完整性。因此，湿地的水资源的再生和净化能力下降，同时影响到水的流动。大型港口会占据海岸线大量的空间，其设施的建设和维护也会影响到水生生态系统。运河的建设也会因为水流方向的改变影响到区域的整个水生生态系统。

8.7 交通运输系统产生的噪声污染

1. 道路交通噪声

（1）在所有由交通运输产生的噪声污染中，道路大约占到70%。必须指出的是，不同的道路运输模式会产生不同的噪声污染。

（2）主要噪声源来自发动机和车辆与路面的摩擦。此外，行驶速度和行车强度也会直接关系到噪声强度。例如，一辆货车以 90 千米/小时移动，所产生的噪声与 28 辆以相同速度移动的小汽车相同。

（3）环境噪声是道路运输频繁在城市地区发生而产生的结果。所有由小汽车、货车和公共汽车产生的噪声形成的一个持久的环境噪声（范围从 45 分贝到 65 分贝）削弱了城市区域的生活质量，并使住宅的物业价值受到损失。公路干线附近的环境噪声由更直接的噪声和振动所取代。因此可以说，由周围环境（丘陵、建筑物、树木、空地等）产生的声音会缓解或恶化当地条件。

（4）噪声水平会随着速度的增长而增长。如一辆以 20 千米/小时行驶的汽车会产生 55 分贝的噪声，40 千米/小时为 65 分贝，80 千米/小时为 75 分贝，100 千米/小时为 80 分贝。现有证据表示，发达国家大约有 45%的人口生活在有道路运输产生的高强度噪声中（超过 55 分贝）。沿着城市主要公路干线区域，噪声的产生量可能会改变野生生物的生活环境。

2. 铁路交通噪声

（1）铁路运输占交通运输总噪声产生的 10%。噪声来自发动机（主要是柴油）、车轮铁轨摩擦和鸣笛。此外，当列车高速移动时，空气噪声就比其他噪声显得更重要。根据列车空气动力学，产生的噪声是列车速度对数值的 50~80 倍，当速度高于 200 千米/小时更为显著。

（2）当铁路与货车进行转运时，货车在铁路站场的聚集而产生的活动会造成额外的噪声。

（3）在 OECD 国家大约有 3%的人口可能暴露在高分贝噪声中。暴露的等级与铁路交通运输基础设施的重要性和位置有关。铁路运营最重要的噪声影响是转运活动对城市地区的影响。此外，铁路终端往往设置在城市中心或高密度地区。

3. 航空交通噪声

（1）航空运输占交通运输总噪声产生的 20%。由于航空运输在城际交通的重要性和喷气发动机的日益增强和广泛使用，它所产生的噪声影响日益增加，这成为机场附近的一个重要关注点。

（2）噪声主要来自喷气发动机、空气动力摩擦和落地飞机操作。即使是使用噪音最低的喷气涡轮技术，飞机也会在一些城市地区产生严重的噪声。众所周知，飞机所产生的噪音会直接影响机场周边地产价值。这种影响主要分布在主要助跑和起降跑道附近。

（3）主要城市之间航空线路的频繁使用，使其形成了噪声走廊。特别要指出的是，这些走廊常位于人口稠密地区。

8.8 绿色物流

8.8.1 绿色和物流

这两个词单独来看意义不大，但是结合起来就会形成一个特别有意义的术语。物流是现代运输系统的心脏，这意味着只有运用现代技术才能有效实现对货物流动的组织管理和控制。物流已经成为交通运输行业中最重要的发展之一。绿色是广泛环境问题关注中的核心内容，通常具有积极的意义。它被用来显示与环境的和谐性，因此像物流这类的事物是被看作有益的。当这两个词被一起提出来时，更是显示出了一个环保、高效的运输和配送体系。这种形式非常具有号召力，它被认为是最可取的方式。然而，当我们更细致地探索其概念和应用时，就会发现有许多的矛盾和不一致，这表明其应用可能比开始预期的更加困难。虽然有许多关于绿色物流有很多讨论，但是交通运输业发展却非常狭窄且非常利益化。

与许多其他人类努力尝试的领域一样，"绿色"成为20世纪80年代末和90年代初的交通运输行业的口号。它产生于日益加强的环境意识，特别是在环境问题的广为宣传下，如酸雨、氟氯烃和全球变暖问题。世界环境与发展委员会（1987），以建立环境可持续性发展作为国际行动目标，将"绿色"问题推入到政治和经济舞台。由于运输的模式、设施和交通工具，交通运输行业已经成为环境退化的重要力量。物流领域的发展为交通运输行业提供了一个展现更环保友好面貌的机会。

物流业所产生的环境益处是让其能够最清楚地认清新市场开拓的机会。而传统物流则是寻求组织先进的配送，即从生产者到消费者的运输、仓储、包装和库存管理。环境因素开辟了回收和处理的市场，并导致了一整全新的部门：逆向物流。逆向配送包括废弃物的运输和用旧材料的流动。逆向物流一词被广泛使用，但其他名字也被使用，如逆向配送、逆流物流和绿色物流。

随着嵌入式物流进入废弃材料（有毒和危险品）的回收和处理领域，意味着它已经成为一个新的重大市场。这主要有几种类型：

（1）客户驱动类型是其一个重要组成，即居民将生活垃圾堆放于住宅周边等待进行回收。这种形式在社区普遍存在，因为公众是这一过程的主要参与者。

（2）第二种类型是不可循环利用废弃物的回收，包括有害物质，它们必须被运到指定处理地点。由于城市周边可供填满的土地越来越少，因此只能被运送到远处的处理中心进行处理；

（3）逆向配送是一个连续的嵌入过程，其组织（制造商或分销商）不仅要负责产品的配送，还要负责回收。这意味着环境考虑将融入整个产品生命周期（生产、分配、消费和回收/处置）。

物流业对环保责任如何做出反应并不意外。因为考虑到商业和经济因素，它实际会忽视很多重要问题，如污染、交通拥堵、资源枯竭，也就是说物流业仍然不完全是绿色产业。

8.8.2 运输系统中绿色物流的矛盾性

如果对物流系统的基本特征进行分析，可以明显发现一些与环境不和谐的矛盾之处，如下所示：

（1）成本。物流的目的是降低成本，特别是运输成本。此外，时间经济和服务可靠性改善，包括灵活性都是进一步的目标。那些涉及货运配送的公司必须拥有很高的战略来支持它们降低成本来应对目前的竞争环境。在某些情况下，物流运营商采用的成本节约策略可能会基于环境的考虑而有所不同。环境成本往往都是具有外部性的。这意味着，虽然物流的效益通过用户被实现（如果效益能在整个供应链中体现，那么最终将给消费者带来好处），但却使环境承担了各种负担和成本。一般社会情况下，尤其是个人，都不愿意承担这些成本，所以压力就只能逐渐施加给政府和企业，它们必须在今后的生产活动中考虑大量的环境因素。

（2）时间/速度。在物流中，时间往往是至关重要的。通过减少流通时间，配送系统的速度得到增加，从而效率增加。而这种过程的实现往往都是通过污染最严重、耗能最高的运输模式来实现。航空货运和货车货运就是物流活动在时间限制下的结果。而时间限制本身却又是工业生产体系和零售业领域灵活性增强的结果。物流提供了"门对门"服务往往伴随着即时配送（零库存）服务。但是，其他模式却不能满足产生同等效率情况的需要，所以这导致了恶性循环。"门对门"服务和及时配送策略的应用越广泛，其交通就会产生更消极的环境后果。

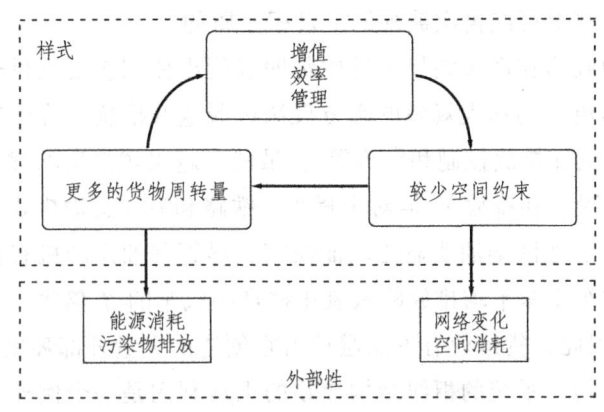

图 8.6 物流环境的恶性循环

（3）可靠性。物流的核心是可靠性，它具有压倒一切的重要性。它的成功基于在最小损失损坏的情况下的准时的货物交付能力。物流供应商往往会意识到这些目标的实现必须用最可靠的运输模式来完成。而那些污染最少的模式却通常在交货准时性、货物破损和安全方面被认为是最不可靠的。由于船舶和铁路在客户满意度方面声誉较差。因此，物流业常围绕航空和货车装运这两个最不环保的方式来建立。

（4）仓储。物流是促进全球化和国际商贸流动的一个重要因素。由于交货的速度和可靠性消除了贮存和储藏的需要，因此现代物流体系的基本原则就是将存货尽可能地减少。所以，仓储需求的减少是物流的优势之一。这意味着库存已在一定程度上已经转移到交通运输系统中，特别是道路。存货实际上处于运输途中，由此会进一步引起拥堵和污染。承担外部成本则是环境和社会，而不是物流运营商。但是并不是所有行业都表现出这种趋势。在一些领域，如计算机生产，制造过程越来越向垂直分化式发展，它们之间的连接成为物流链中的一部分。在生产者和消费者之间加入的一些中间的组装工厂，不仅为消费者定制产品的同时，也在产品线上增加了额外的产品生产。

（5）电子商务。信息高速公路的爆发已经引发了零售业的新层面。最具活力的市场之一是电子商务。这可以通过供应商、装配线和货运代理之间数据交换的集成供应链而成为可能。即使对于网上客户会出现自由流动交易，在线分配交易创造了可能比其他零售活动更多的能源消费。从电子商务中受益最多的是包裹快递公司的配送活动，如 UPS 和联邦快递，都是完全依赖于货车和航空运输。应用到物流中的与电子商务有关的信息技术具有明显的积极影响。所以情况可能再次被视为是自相矛盾的。

虽然各国政府在政策指导方针中都明确指出使用者要支付全额的设施使用成本，但物流活动却大规模的想方设法逃脱这些措施。许多环境政策的重点是私家车（例如排放控制和定价等）。虽然有越来越严格的规章制度被应用到航空运输（噪声和排放），但对于货车、铁路和海洋运输模式的控制却很缺乏。例如在许多地区柴油明显比汽油便宜，尽管柴油发动机有负面的环境影响。货车单位车千米平均排放的氮氧化物是小汽车的 7 倍多，而悬浮颗粒物更是 17 倍。因此，货运业有可能避免由它创造的大量外部环境问题。

支持许多物流系统的枢纽结构导致的土地利用是一个例外。机场、海港和铁路终端都是城市地区最大的土地消耗者。对于许多机场和港口，发展成本非常大，因为它们需要来自当地、地区和国家政府的补贴。港口的航道疏浚、位置提供和运营费用很少完全反映在用户成本中。在美国，例如当地疏浚费用，名义上是港口建设税的结果，但实际上是违法的，并且港口维护仍然由美国陆军工兵兵团机关管理。在欧洲，国家和区域政府补贴用于帮助提供基础设施和上层建筑。物流中朝向枢纽信息的趋势明显不是绿色的。

物流业务中涉及的行动者有着强烈的偏见将绿色物流看作是一种内部成本节约的方式，同时避免了外部成本问题。顶级的环境优先权通常会减少包装和浪费。这些观察支持了物流和环境间的矛盾关系并减少了成本，但不一定减少环境影响。

8.8.3 绿色物流蓝图

虽然环境不是行业本身主要关注的事，但逆向分配已经开辟了一个基于关注废弃物回收和处理的新市场。这里的环境效益是衍生的而不是直接的。交通运输业本身并没有绿色的一面，事实上逆向物流是进一步增加了交通负荷。制造商和国内废物生产商承担着实现环境信用的责任。来自多方面的压力促使所有经济活动参与者和领域都不断增加环境意识。在某些领域这种情况非常明显，而在其他领域，如物流业，处于潜伏状态。但问题是何时以何种形式得到实现。有三种情况，它们不相互排斥，并且每个都表现出不同的方法和意义：

（1）自上而下法。政府将"绿色"概念强加于物流产业。

（2）自下而上发。环境改善来自行业本身。

（3）折中法。政府和产业间相互妥协，特别是通过认证实现。

首先以自上而下的方法，政府采取行动迫使该行业将"绿色"提上议程。虽然这是对物流业最不理想的结果，但却明显显示出了政府通过立法干预更直接的环境问题。在欧洲，对外部成本收费的兴趣越来越大，为此欧洲制定了一个有效的价格政策，费用的大幅增加可能比更渐进的分阶段税收有更重要的影响。在北美，对道路收费的兴趣更大，有些私人新建的公路和桥梁重新开始收费。特别是在大都市地区，拥挤收费也开始出现。

定价只是政府干预的一个方面。立法控制危险货物的流动、减少包装废弃、规定产品的回收内容、强制收集和回收产品已经在大多数地区得到印证。事实上，正是这种立法才导致了逆向物流业的产生。货车安全、驾驶员教育、司机驾驶时间限制，都属于对物流业有潜在影响的各种政府行为。

对于政府干预的一个最大困难是其结果往往难以预测，尤其在像物流一样复杂的行业内，很多结果是意想不到且不必要的。环保激励政策可能对货运和客运产生不同影响，就像不同运输模式在共同监管下可能遇到的很多差别。有关绿色物流的问题超出了交通法规。终端和仓库的位置的选择对于推动行业的可持续发展至关重要，但这些往往受到政府低水平的土地利用和区域控制影响，其环境利益可能与国家和国际机构不同。

如果一个自上而下的办法不可避免，至少在某些方面，自下而上的解决方案将成为行业的偏好。它的领导者反对未来的方向由政府制定。自下而上的方法有很多种。逆向物流，就是行业在商业利益与环境利益相匹配的结果。这样的一个匹配还有物流业空车的流动。随着先进的车队管理和IT控制在调度和道路选择上日益增多的运用，未来将实现更大的进步。

虽然难以预测，但它却对产业的"绿色"实施起到很大的潜在影响，并可能改变物流业内外的态度认识。这些变化与回收的例子类似，国内对回收产生了明显的公众支持。这已经被企业通过成功实施"绿色"市场化战略得到扩展。企业发现通过宣传其对环境友好和环境标准的遵守，会使它们获得更多市场竞争优势。传统上，价格和质量特性形成了选择基础，但因为环境保护通常被看作是有力的因素；因此，绿色可以成为一种竞争优势。最后，来自行业内的压力就导致了更多的对环境遵守和意识的产生。那些不符合环保要求的企业将被淘汰。

介于自下而上和自上而下的办法是环境管理体系的实施。虽然各国政府在不同程度上参与了此活动，但仍然有许多自发的系统产生，特别是 ISO 14000 和 EMAS（环境管理和审核系统）。在这些系统中，企业收到针对企业的环境质量控制认证，并设立了环境监测程序。获得认证被看作是企业对环境承诺的表现，并被频繁作为公共关系、市场营销和政府关系的优势。这标志着企业参加环境评估和审计的基本承诺，代表了对传统做法重大改变。因此，效率、质量和成本评价非常普遍盛行。

可以认为绿色物流的矛盾使得物流业不可能变得更加绿色。环境可持续目标和对公路和航空运输的特殊偏好，使它们之间的不和谐变得不可调和。然而，推动物流业走向环保的内、外压力仍然不可动摇。绿色物流业可能出现的三个方向，将有助于未来产业的形成。

8.9 风险评估

8.9.1 交通运输安全

风险是不确定性和消极后果的组合。风险评估领域的发展起源于一系列毫不相关，却又非常重要的健康研究，它很大程度上基于概率论和科学方法的双重发展。风险评估包括三个步骤：危险源辨识、风险判断和危害评价。风险研究的第四个方面来自风险评估过程中的风险改善研究，此外还可以称之为风险响应、风险控制或风险管理。

交通运输安全是用于表达运输系统运行过程中如何避免人身伤害和财产损失的术语。但是该术语在常规使用中存在着矛盾，大多数相关陈述都是讨论现存风险的数量。事实上，安全通常指的是一个实体的特征或长期的平均风险。低水平风险也因此等同于安全的状况或系统。

政府设立了专门的机构用于维护数据库，它记载了各种运输模式的不安全事件的频率和性质。不同的模式有不同的指标，如空难、管道泄漏、船体倾覆、火车出轨和道路碰撞。并非所有的模式都具有相同的社会交通运输风险。事实上，世界上大多数国家，超过90%的死伤都是由道路交通事故引起。

8.9.2 道路安全

机动车事故并不是简单的刺激反应过程，而是多种因素相互作用造成的碰撞事件。有时候在原因调查阶段，往往是为了确定事故的法律责任（如酒后驾车、超速行驶）。然而，在大多数事故研究中，"原因"的概念已经被"作用因素"的概念所取代。作用因素这个词是指那些会改变事故危险的条件和变量。

首次正式对机动车碰撞事故因素的表述出现于20世纪40年代的公共卫生社团，它被称为哈顿矩阵。哈顿矩阵是组织规划危险因素和事故对策战略的有用概念框架。

由于存在许多影响机动车安全运行的潜在危险，因此风险分析往往会侧重于风险判断，即通过不同的驾驶员、车辆和环境组合来量化和比较事故发生率。

事故发生率可以通过以下公式计算：

$$事故发生率 = \frac{事故数量}{某出行环境下的度量} \times 100\% \tag{8.2}$$

根据研究重点的不同，事故数据可能是所有的事故报告数据，也有可能是其中一部分。例如，事故的严重程度、所涉及的机动车数量或事故前的操作等。

通常也关注特定的部分，如驾驶员（年龄或性别）、车辆（客车或货车）、道路（农村与城市道路、双车道与多车道）与驾驶条件（时间段、天气条件或行政管辖）。在这种情况下，事故和道路行车数据的相容性很重要。

8.9.3 出行环境的风险和事故率计算

1. 基于出行环境的度量

自从第二次世界大战以来，出行环境的概念已经成为道路安全分析的基本部分。虽然对它的定义有多种，但思想都非常直接，即无论在个人还是社会层面，事故频率会随着出行的增加而增加。因此，可以用出行环境来规范事故数据，以便进行比较。例如，如果驾驶员 A 驾驶 200 万千米发生 10 起事故，驾驶员 B 驾驶 20 万千米发生 5 起事故，由此可以得出结论，驾驶员 A 每千米的事故风险比较低，即驾驶员 A 较少卷入事故（驾驶员 A 事故卷入次数是 0.000 005 次/千米，而驾驶员 B 是 0.000 025 次/千米）。这种风险差异可能决定于驾驶员特征差异（如技能、经验、承担风险）、车辆特征（如大小、维修状态）或出行环境的质量（如在夜间、恶劣天气、高流量、城市地区和无隔离带公路中的行车比例）。

因为对出行环境的解释非常广泛，所以在道路安全领域有许多对它的度量方法，但最终的度量方法还是要取决于调查研究的内容。Byun 等人将出行环境概念化为四个方面：即基于时间、基于事件、基于活动和基于人口的度量。Chipman 等人认为出行环境的风险可以用人口、驾驶距离或驾驶时间来衡量。后者比较合适，因为出行环境产生于这三个维度。下表对每种度量类型列出了不同的例子。根据对文献的查阅，出行距离和出行时间是对驾驶员出行环境的最常用的度量。

表 8.6 基于出行环境的度量

出行环境维度	出行环境度量
空间	驾驶员/车辆 千米 乘客 千米
时间	驾驶员/车辆 小时 乘客 小时 平均每日交通量（ADT）
人口	持有执照驾驶员的数量 注册车辆的数量 出行数量 乘客数量 人口

2. 基于风险比率的度量

另一种比较事故发生率的方法是计算风险比率。例如：计算某地区每万个持有驾照的驾驶员中伤亡事故率，数据如表 8.7 所示。

表 8.7　某地区 2000 年和 2001 年的交通伤亡事故和驾照持有人数

	2000 年	2001 年
伤亡事故（起）	15 018	14 093
驾照持有人数（万人）	2101	2160

表 8.8　伤亡事故率和风险比率

	2000 年	2001 年
每万名驾照持有人伤亡事故率	15 018/2101=7.148	14 093/2160=6.525
风险比率（2001 年/2000 年）		6.525/7.148=0.913

由于该值小于 1，说明 2001 年的每万名驾驶员伤亡事故率比 2000 年要低。

8.9.4　出行环境的观测

为了很好地应用于风险分析，出行环境数据的来源必须可靠。目前，主要有三种广泛采用的数据收集方法：直接观测、技术性调查和感应式测量。还有一个不太常用的方法，是利用燃料的销售量来推断总体出行距离。以下是每种方法的优缺点。

直接观测的方法包括人为观测和机械计数。在卫生健康科学中，直接测量值可以通过实验室实验来获得。然而，在实验室中很难轻易模仿驾驶环境，不过可以通过人为观测获得驾驶行为信息。研究人员可以作为乘客或路边观察员来观测驾驶员行为。这些方法能使研究者在不同的情况下收集到不同的出行环境数据。很明显，直接观测非常费时，对于研究大量驾驶员或车辆时效率非常低。一种成本较低的直接观测方法是使用机械计数装置，它通过记录过路车辆的车轴数来统计车辆数。这个方法只对局部位置评估有用，但不适合大型车辆或群体性车辆的研究，并且它不能提供出行质量的有关信息。总体而言，直接观测的方法能够提供非常可靠的数据，但是这种方法反映出的关于驾驶员或出行特征的信息较少。

调查是在道路安全社团中最常用的收集有关驾驶员出行环境的方法。有两个关于出行环境数据库的例子，它们分别由 1988 年美国的"全国个人交通运输调查（NPTS）"和 1994 年安大略交通运输部的"安大略出行环境调查"的调查数据汇编而成。通常情况下，随机样本是从整个驾驶员群体和一定时间内收集的出行数据中抽取。然后以此推算出出行环境的信息，并根据此推断出不同的驾驶员子群。

通常有几种进行调查的方法。研究人员可使用个人访谈、自填问卷或回函调查。个人访谈包括路边调查或电话采访。采访者要尽可能地减少不完整的记录数量。对于自填问卷，研究者的存在可有可无。回函调查问卷通常提供的数据不如个人访谈完整。当驾驶员进行出行回顾时要尽可能地提出问题。此外，收集数据的季节可能会造成偏差。受访者通常会被要求提供一天或更多时期内的细节。在回函调查中，会在大样本空间内选择各种类型的样本进行数据收集。由于在区域、省或国家范围内进行驾驶员人群的研究成本很高，所以对出行行为的经验数据收集并不是每年都进行。

1964年，一种新的技术被引进，可以绕过传统的对收集驾驶员出行环境经验评估的需求。这项技术被称为诱导出行环境法，它建立在一定的假设条件基础上。通过对该方法的修改，它已经应用到很多研究中。理论上，这种方法允许在广泛的情况下进行风险比较。

另一种绕过收集出行环境数据的方法是对比的方法（也被称为抽样对比）。这种方法通常用于研究驾驶相关的天气灾害。

8.9.5　GIS 在道路安全研究的应用

GIS 早期的应用是为应急车辆确定最优路线。它可以在路网中匹配出到达拨打应急电话地址的最快路径。实施这样的系统成本巨大，主要是因为在创建范围内的准确数据库时需要消耗大量的时间，如应急车辆的应用。危险材料运输是 GIS 技术在安全研究领域又一项成功应用。这些研究针对给定道路分析出可能存在的不同风险，并以此确定最安全的运输路线。基于矢量的 GIS 拓扑结构非常适合于在 O-D 数据基础上进行路径分配。在检查不同的危险情况时，叠加分析和缓冲区分析特别有用。

近年来关于 GIS 在事故分析方面的研究文献数量逐渐增多。大多数研究在利用 GIS 方面比较有限，主要是利用其黑点分析。即当同一地点发生几次事故时，地图上会出现黑点。GIS 的使用使分析人员能够从视觉上对事故空间分布进行检验和对个别位置进行交互式查询。利用 GIS 还可以通过检查事故频率及其空间分布来对各种措施活动进行安全效益分析。可以看出，大多数研究只关注事故本身，而忽视了导致事故风险的社会因素。

因此，可以探索利用 GIS 跨过事故本身来专注于研究引起交通事故的出行。道路安全社团中的许多研究者因为对事故发生率的评价能力有限，往往获得的出行数据比较匮乏，尤其是对数据进行驾驶员个人和驾驶状况划分时。有两项研究说明了 GIS 在评价出行环境风险的作用。

（1）在第一项研究中，用 GIS 识别了具有高出行环境风险的道路，并调查研究了学生在上下学途中面临的风险。作者利用 GIS 能够看到特定线路沿线的事故，而不仅仅是个别位置的事故。更有趣的是，作者能够利用 GIS 调查学生的出行模式。他们使用 GIS 来对出行数据进行分解，然后使用统计分析包来研究所选变量间的关系。如果没有 GIS 的帮助，这种类型的研究不可能会轻易和全面地进行。

（2）在第二项研究中，将 GIS 作为一种评价驾驶员出行环境的新方法。这项研究基于安大略省滑铁卢区当局的数据。60 岁及以上的驾驶员是这项研究的对象，并且利用 O-D 数据对他们的出行模式进行了仿真。根据对该区域上年龄的驾驶员的偏好调查，收集到驾驶员行为的信息，并且这些信息被处理应用到 GIS 的网络设置。例如，左转一贯是最困难的转弯操作。因此，设计网络时会尽可能地避免左转。将 GIS 的出行环境结果与使用诱导出行环境方法得出的事故数据进行比较。有时候，出行可能会被高估或低估。尽管如此，GIS 和 O-D 数据的结合使用明显使得在对中等城市模拟特定驾驶员人群的集聚性出行模式中具有潜在的期望。

虽然上述研究发现 GIS 非常有用，但是 GIS 技术对出行数量的研究仍有一定的局限性。GIS 的数据结构过于简化了交通运输环境，这对大型城市交通建模的精度有着严重影响。此外，在使用 GIS 的网络配置程序来预测出行或出行需求时有两个基本问题。首先，大多数出行模型需要交通流或拥堵信息。这些值随着每次出行而改变，大多数 GIS 没有很好的工具能解决交通流不断变化的问题。其次，向量 GIS 使用的拓扑数据模型不能充分地解释在计算和预测城市交通需求时那些必要的无关地图功能间的"虚拟"关系。许多软件开发商已经认识到这些限制，并已生产了面向交通建模专家的 GIS 软件包（如 TransCAD，GIS-Trans）。

第 9 章

交通运输规划与政策

　　交通运输是现代社会的重要组成，能够产生巨大的效益，但其产生的负外部性也不可忽视，在进行运输规划和制定运输发展政策时，有必要从效益和损失方面权衡考虑，从而保证效益最大化和损失最小化。当前，可持续发展已经成为社会、经济发展的主题，交通运输作为社会经济系统的一部分，其可持续发展成为政策制定与运输规划的核心指导思想。因此，无论是公共部门还是私人机构，对交通运输基础设施和服务的布局、设计和建设必须要精心规划。

9.1 交通运输政策的性质

9.1.1 政策与规划的定义

"政策"和"规划"两词在使用上非常随意，并经常在许多的运输研究中互换。将它们混合在一起使用会给人产生误导，但它们却是整个政府或私人干预过程的独立部分。有很多情况是政策的发展不伴有任何直接的规划实施，并且规划的实施也不直接以任何政策环境为条件。然而，对它们进行准确的定义并不容易。关于政策的定义的，通常有这样认识：它可以是一系列指导决策或解决问题过程的原则，或是调节和控制运输供应的过程。

运输规划也面临着类似的定义问题："运输规划是指本着对社会服务的期望和关注，涉及的那些过去、现在及未来与发生在地区、国家和国际层面的人、商品和信息流动需求相关问题的分析和评价活动及基于对现在和未来经济、社会、环境、土地利用和技术发展认识的背景下的解决方案鉴别。"[运输规划学会，英国]。

"运输规划是指为满足现在和未来人与商品流动需求而开展的行动方案。运输研究要先于这个方案，并且包括必要的对各种运输模式的考虑。"[欧洲环境信息与观测网]。

因此，运输政策是公共和私人部门共同的努力尝试，但是政府是政策制定的最主要参与者，因为它们是主要运输系统的拥有者和管理者。由于政府提供了重要的公共服务，因此它们认为其应当担当起管理运输系统的职责。

公共政策是政府尝试协调社会、政治、经济和环境发展目标的手段和对现实社会的期望。这些目标和期望随着社会的发展而改变，因此政策的特点之一就是其不断变化的形式和特征。可以说，政策必须是动态和发展的。

运输规划设计用于解决具体问题的行动筹备和实施。规划和政策之间的主要区别是后者与法律具有更强的关系。政策通常（并不是全部）被纳入法律和其他法规用以干预发展规划。规划则并不一定涉及法律行为，但更关注实现特定目标的手段。

9.1.2 运输政策的产生

运输政策的产生是源于运输在国民生活中各个方面的重要性。作为经济发展的重要因素，运输被各种类型的政府所掌控，不管它是集权政府还是自由政府。运输被看作促进、发展并调整国民经济的重要机制。在私人投资或服务不到位的地方，政府还会不断试图促进和完善其交通运输基础设施和服务。此外，运输还涉及国家安全问题。运输政策的发展能够确保主权稳定和对国家边界的控制。例如，1956年艾森豪威尔总统以国家安全的理由提出了洲际公路法，确保了美国的高速公路网。

运输提出了许多关于公众安全和环境的问题。公共安全问题在很长一段时间内促进了政策的发展，如驾驶执照的要求、司机驾驶时间的限制、设备强制标准、限速制度的建立、公路编码、安全带和其他事故控制。为了应对运输对环境的影响，相关的环境标准和控制措施被制定。例如，禁止含铅汽油、强制汽车安装催化式排气净化器等。

运输政策的制定用于防止和控制各种运输模式的固有垄断倾向。失控的竞争会导致市场由某个公司控制，从而实现垄断力量。这种垄断会带来许多影响公共利益的问题，如使用权（港口中较小的航运公司将被排除）、可用性（较小的市场将由垄断运营商控制）和价格（垄断者将收取高昂的价格）。政策干预的其他原因还包括限制重要行业的外资所有权。例如，美国限制其国内航空公司外资股份上限为49%，最大控制权为25%。其他国家也有类似的限制。

9.1.3 政策工具

在运输政策执行方面，政府拥有大量的工具。一个极其重要的工具就是国有化。由国家直接控制交通运输是非常普遍的。最常见的是公共机构对运输基础设施的供给，如道路、港口、机场和运河。国有化还扩展到运输工具的运营。在许多国家，航空公司、铁路、轮渡和城市公共交通都是由公共机构拥有和经营。

补贴是一个用于追求政策目标的重要工具。许多运输模式和服务都是资本密集的，从而政策寻求促进那些私营部门不愿意或不能提供的服务或基础设施，它们可以依靠补贴援助来形成商业化。为了促进铁路服务发展，19世纪私营铁路公司受到了政府大量的土地和现金支持。美国的琼斯法案就是为了保护并维护美国的商船队,并资助美国船厂的船舶建造。许多国家在早期的商业飞行中通过邮件授权合同来为航空公司提供间接补贴。船运航道的疏浚和其他海运服务的提供,如引航和航行援助都会是一些促进航运的补贴形式。

国有化和补贴都代表了政府需要财政投入的工具。监管控制则是影响广泛使用的交通运输形成的一种手段。通过建立公共部门来监督运输业的特定部分,政府可以影响该行业的整个特征和运行表现。这些部门可以对设施出入施加控制,控制哪些公司可以以什么价格为哪个市场提供服务。因此,虽然实际服务可能由私人公司提供,但是实际上管理者起着决定性作用。美国的监管机构,如民用航空局在美国航空业形成的几十年中扮演了重要的角色。

其他政策工具不那么直接,但是在很多情况下与上文讨论的三个方面一样重要。许多国家是交通运输研究和发展的主要推动者。政府研究实验室是国家进行研发投资的直接产物,许多大学和产业研发都受到政府合同和项目的支持。这一研究的成果对于该行业非常重要,它是新技术创新和发展的源泉,如智能汽车和智能公路系统。

与就业、培训、认证条件有关的劳动法规对于运输的影响可能没有直接的针对性,但是作为一项政策它们可以在行业中发挥重要作用。安全和操作标准,如车速限制,可能产生类似的效果。限制货车司机驾驶时间的约束可能是出于安全和提高司机工作条件的原因,但是它们却决定了货车运输的经济。同样,速度的限制有助于固定司机每天可以出行的距离,从而形成了货运业的等级结构。

9.1.4 政策发展的趋势

公共政策反映了决策者的利益和他们解决运输问题的方法。这些利益和方法都有特定的空间(适用于特定的管辖区域)和特定的时间(用于反映运输条件和某个时间点预期的解决方案)。因此随着条件的变化和问题的认识程度不同,政策会不断地变化和发展。

1. 私营运输的发展

政策的动态特性可以通过多年来采用的政策手段得以体现。19世纪,在许多现代运输系统被开发的时候,正当流行自由放任主义的政治经济路线,它认为私营公司应该是运输服务和基础设施的提供者。私营运输供给包括：

（1）收费公路。18世纪第一条英国现代化公路委托于私人修建，其收入来自修建和维护道路的收费。这很可能是由大规模私人参与的第一个运输基础设施。

（2）运河。大多数早期的运河都是由私人筹资修建。帮助引发英国工业革命最早之一的运河——布里奇沃特运河，由布里奇沃特公爵于1761至1765年之间修建，目的是将煤炭从他的矿区拖运到不断发展的工业城市曼彻斯特市。

（3）城市公共交通。在大多数北美城市，公共交通由私营公司经营。最早的城市公共交通是行驶于城市街道上的马车。随着19世纪末电气化的实现，马车转化为有轨电车，网络也因此得到极大拓展。在20世纪，公共汽车被私营企业引入城市，并建立了大量的线路进行运营。

（4）船舶。大多数海运公司属于私营企业。其中，许多还是家族企业，它们很多都成了大公司，如英国丘纳德航运公司。政府方面主要参与的是海军和渡轮运输。

（5）铁路。铁路由私营公司于19世纪中期发展而来，包括著名的加拿大太平洋铁路公司和太平洋联盟铁路公司。

2."公益性"运输的发展

不过，这种情况并非完全没有公共政策的参与。大量授予美国和加拿大铁路系统的补贴就是国家干预的例子。20世纪早期铁路的过度供给、运营商的竞争和市场的失败共同导致了运输业许多部门的危机，特别是在1918年以后。这从而引起政府在运输业的参与程度越来越高，政府既要弥补市场失灵和协调管辖冲突，还要确保维持其服务的 "公益性"：

（1）加拿大北方铁路公司发展的失败和加拿大太平洋铁路公司垄断的威胁共同导致了加拿大联邦政府于1921年成立了加拿大国家铁路公司；

（2）20世纪30年代和40年代，许多城市的私人巴士公司被市政公共交通管理委员会接管；

（3）许多国家的航空业由国家公共运输公司控制，如法国航空公司、加拿大航空公司、英国海外航空公司；

（4）第二次世界大战后，欧洲的铁路实现国有化。在美国，在宾州中央铁路和一些其他铁路公司崩溃后，政府拨款筹建了公共客运系统，并建立了国有货运铁路公司。

除了运输模式的国有化，20世纪还逐渐出现了大量的监管控制。航空公司和货运业被有限地允许进入，路线和价格则被监管委员会所制定控制。同时，更好的安全法规被实施，而更好的劳动环境也因为《劳动法》的实施而逐渐形成。因此，到了20世纪60年代，公共政策的主观性开始不断左右交通运输，并对其产业和空间结构产生了重要的经济影响。

3. 管制的解除

在这一年代，有越来越多的证据表明国有化及其管理并不总能符合公众的利益。监管部门确定的交通运输成本都维持在必要的水平之上。研究表明，许多监管委员会已经被它们管理的事物所"俘虏"，因此它们经常所采取的行动是对该产业的保护而不是维护公众本身利益。与此同时，很多国家还出现了公共财政危机，运输运营成本难以维持。一些经济学家支持竞争性理论，该理论否定了关于垄断力量的传统经济学。竞争性理论认为，一个新加入者对垄断者实施的垄断价格具有足够的威胁能力。因此，关键是要放宽进入的门槛，允许新公司的正常启动。

这种迹象被政客们带入公共政策舞台，他们坚信市场导向的观点，特别是美国的里根总统和英国的撒切尔首相。虽然20世纪70年代中期卡特总统在美国已经开始了解除管制的第一步，但是到80年代的里根总统时期，对货车、航空业和铁路的大面积管制才开始解除。在英国，还出现了运输行业部门的大规模私有化运动，包括国有和大多数市政公交公司、国家航空公司、货车运输业、铁路、机场和大部分港口。

管制解除和私有化政策已经开始不均衡地向世界其他地区扩散。新西兰可能是运输政策最开放的国家，许多其他国家，如加拿大和澳大利亚在这个方向上也有着很大进步。在欧盟，管制解除和私有化的步伐进展得很不平衡。对国有运输公司的补贴已经终止，而许多航空公司也已经实现私有化。在法国、德国、意大利和西班牙，铁路仍然属于政府所有，但是轨道已经脱离牵引和铁路服务业务，并已向新的服务供应商开放。在拉丁美洲，大多数国有运输部门已经解除管制。而之前实施中央计划的国家也必须为更开放的市场经济做出更多的调整，如中国等国家已经开放了大部分运输业，并与外国民营企业成立了合资企业。在中国，许多新的公路和大部分主要港口都有私人资金参与开发。因此，在21世纪初，全世界内受到政府经济直接控制的交通运输公司比过去100年间任何时期都要少。

9.1.5 政策干预的不断变化

近来面向自由化和私有化趋势的运输政策并没有削弱政府的干预力度。垄断力量的管制仍然存在，即使是在经济最自由的资本主义国家——美国，都依然存在公共政策的干预，例如：

（1）港口和机场的所有权。终端枢纽所有权继续由国家（省/州、市）拥有。

（2）公路设施仍然是由公共资金支持的最重要和时间最长的设施。

（3）地面运输委员会是新成立的铁路监管机构。2002 年，它拒绝批准了加拿大国家铁路公司、伯林顿北方圣菲铁路公司的合并建议。这是 20 年来监管机构第一次拒绝合并申请。它引起了所有权集中的关注。

然而，政府的政策取向发生了改变。政府开始关注于对环境和安全方面的更大控制，而这些问题也取代了之前关注的经济问题。环境正成为政府干预的重要问题。由于美国的《海岸带管理法》，使得港口越来越难发展新的位置；空气质量则成为影响美国联邦资金在城市运输基础设施分配的重要因素。在欧洲，环境问题对运输政策的影响更大。欧盟委员会致力于推动以铁路和短途海运来替代道路货物运输。工程项目要在 CO_2 排放减少的基础上进行评估。所有的交通运输工程项目都要进行各方面的环境评估，所以哪怕是具有强大经济效益的项目也有可能被驳回。作为大气污染和环境恶化的主要来源，交通运输可以预见出许多政府环保干预政策。

安全一直也是一个政策问题。限速规定、安全带的强制使用和其他措施都是为了使行驶更加安全。最近，关于安全领域的措施越来越多。9.11 事件后，人员和货物的筛查成了最重要的安全考虑。美国政府和一些国际组织，如国际海事组织（IMO）和国际民用航空管理局（ICAL）都制定了运营方面的新措施，这意味着运输行业的成本将额外增加。

虽然涉及经济监管的政策已经减少，但与运输有关的公共政策依然影响力巨大。

9.2 交通运输政策的制定与实施

9.2.1 问题的确定

政策的制定不会凭空产生，它们来自对目前存在的问题或机遇的反应。

因此，政策制定的背景极为重要，它是形成各种行动考虑的关键因素。例如，谁确定了问题？它是整个社会公认的问题还是只是局部压力导致形成的问题？对于前者，可能比后者更容易被干涉，这取决于施压集团的政治力量。公共部门是否有兴趣或愿意做出回应？通常存在的问题比政策制定者愿意解决的问题更多，因此许多问题仍然难以解决。公共部门是否希望运用必要的手段来执行政策响应？很多问题可能是公认的，但是公共部门可能没有足够的能力来应对解决。有些问题，如环境问题，需要运用全球性的手段进行解决。时间怎么安排？问题有多紧迫？响应多久才能发生？众所周知，政策制定者倾向于尝试在短期内进行干预，因为他们的任期时间往往比较短。长期性的问题可能不会吸引政策制定者，因为其政治干预的结果可能会在几十年后才能出现。

这些疑问是正确认识问题和机遇要求的核心内容。如果没有对问题进行明确的认识，那么任何政策都不会做出有效的响应。在明确问题时需要进行以下考虑：

（1）问题由谁确定，为什么它会被视为问题？很多存在的问题很少被提出，这是因为它们没有进入公众的视野。

（2）在问题上是否达成协议？如果对存在的问题没有达成共识，则不可能很快出现强有力的政策反应。但如果问题及其产生原因得到广泛认同，则有可能制定出有效的政策。关于全球变暖的京都议定书存在的一个问题是美国的决策者还不能确信全球变暖问题的产生与人类的二氧化碳排放活动有关。

（3）它是否是一个可被公共政策解决的问题？石油价格被广泛视为一个重要问题，但许多国家却没有能力来影响这种商品的价格。

（4）政策的制定是否过早？这一争论产生于加利福尼亚州的游说过程，游说者反对实施更严格的车辆尾气排放控制，他们车辆可替代能源的技术还未达到成熟。

（5）不同价值观的群体看待该问题是否存在差异？环保主义者对许多运输问题的看法不同于其他利益集团。他们之间的意见分歧可能会影响到问题如何解决。

（6）问题是否充分被理解？我们是否已经了解解决方案的因果关系？运输与发展就是围绕争论的这样一种关系。

（7）形成问题的各个因素关系能否可以量化？当有可能对所涉及的问题进行规模度量时，问题就可以被更好地确定。

在确定问题或机遇，以及解决上述问题时，背景研究就变得非常有必要。对于事物的了解需要确定参与者、问题和可能的手段。为了确定问题是否有可能发生改变，趋势预测也非常重要。

9.2.2 政策的目标和方案

一项政策的最终成功取决于明确目标的建立。如果存在多个目标时，它们必须保持一致。在环境背景随着时间发生变化时，它们必须拥有足够的灵活性来应对。简单来说，目标必须：

（1）明确目前的条件和形势；
（2）表明要实现哪些目标；
（3）明确目标实现过程中面对的障碍；
（4）明确其他机构和私营部门需要什么；
（5）确定如何对成功进行判断和衡量；
（6）明确成功实现所需要采取的步骤。

在明确问题和目标后，相应的政策方案就必须被制定和评价。在许多情况下，政策的审议会考虑不止一种方案，而目标的实现也可以有多种途径。在其他区域的最佳实践可以认真考虑，同时还要考虑其他可能的解决方案。通过对方案进行评价，可以确定最适合当地情况的最佳的目标方案。这些评价类型被称为事前评价，因为在方案付诸实施之前要对方案产生的结果进行评价。虽然人们不可能完全预见不同政策方案的预期结果，但事前评价却有助于明确优选方案的发展结果。因此，当对未来政策进行评价时（事后），数据、报告和成功标准的鉴定可能已经提前预见并已通过事前的评价解决完成。

许多类型的评价方法都可用于事前和事后评价。它们包括成本效益分析、多标准分析、经济影响评价和德尔菲预测。因为评价发生在政策制定过程中，因此它被看作是极为重要的问题。融入政策制定管理的新思想涉及管理的绩效，它将评价过程构建于整个政策制定过程中。这意味着，在政策制定过程中，必须对目标、结果和受益情况的衡量给予大量关注。指标的选择必须在一开始就要由政策管理者协商确定。

9.2.3 政策的实施

方案的实施是政策制定实施过程中的关键环节。那些精心制定的政策可能由于不当的实施而效果甚微。由于社会经济环境的广泛性和政策的多样性，很难确定一个最优的实施程序。不过，可以考虑下面的十阶段政策实施模型：

（1）政策无法逾越不可克服的外部制约。这意味着政策不能超越机构的司法管辖和宪章限制。这个问题在联邦国家各州之间非常普遍，不同运输模式可能受控于不同管辖区域。由于国际边界而不能解决的运输问题。然而，跨国协议特别是欧盟，大大减少了运输政策实施中的外部约束。

（2）在政策实施过程中必须有足够的时间框架和资源。政策本身可能是合适的，但可能会因为实施时间过长或超出预算而失败。

（3）实施机构必须有足够的人手和资源来执行政策。但环境立法方面却出现一个日益严重的问题，那就是机构没有很好的办法确保行动准则和标准的执行。这一问题对于2004年加入欧盟的许多东欧国家尤为突出，它们必须采取比以往更严格的标准。

（4）政策和理论实施的前提是它们必须一致。曾经，公有制被看作是有效的政策选择。而今天在某些情况下它可能是理论上可行的选择，但在政治上却无法接受。

（5）政策的因果关系必须清晰和直接。一项成功的政策必须建立在明确和清楚的关系基础上。过于复杂的政策有可能被误解。

（6）依赖关系应该保持在最低限度。如果负责政策执行的机构必须依靠其他结构来开展，那么分散程度越高的将成为权威。执行机构将变得更加依赖其他不一定具有相同利益的部门。

（7）政策的基本目标需要协商一致并很好地理解。政策过程中的所有参与者必须对政策和执行的需求具有明确的理解，更不用说那些所涉及的人员。信息和培训是政策过程中的基本要素。

（8）任务必须在适当的顺序中指出。执行是一个从构思到结束的连续步骤过程。如果步骤不按正确的顺序进行，政策可能会失败。例如，评价不按照事先协商一致的指标进行。

（9）沟通与协调需要具有相同的思路。这些政策的实施必须具有相同的信息基础，要以相同的方式解释并彼此沟通。

（10）必须学会服从。政策实施中所涉及的部门必须服从于整体工作。很多时候虽然制定出了政策，但它们却缺乏服从。

9.2.4 政策的评价和维持

实施阶段并不是政策相关活动的最后一步。政策在实施一段时间后就需要对其效果进行评价，而这一步骤的实施主要是为了确保资源和手段能有效维持政策实施的成功。在过去这点往往被忽视，并且在一段时间后会被新政策所取代转移。不同目标的新措施频繁出现会造成长远的影响。

持续的项目评价是维持政策的重点。这对于管理者往往是一个困难的问题，他们发现用于评价项目的方法和数据当初并没有纳入政策体系。绩效管理已经成为政策评价的一个重要工具。在此系统中，评价被植入政策制定和实施的所有阶段，而相应的评价指标则由项目执行管理者和评价单元共同确定。

9.3 交通运输规划

9.3.1 传统的运输规划流程

运输规划通常集中于具体的问题或某一地区层面广泛关注的问题。它历来就是较低级别政府部门所关注的问题，如省/州或市。基于这一事实，运输规划主要集中发展于城市范围，并且在这里获得的经验最为丰富。不过，规划流程与政策流程有着很多的类似之处。如问题的确定、方案的探索和策略的实施都是规划的重要步骤。由于规划往往处理的是局部问题，因此运输规划中的解决方案通常比政策指导更准确更具体。

有很长一段时间，运输规划是交通工程师所主导的领域，他们赋予了它明显机械式的特征，其中规划过程被看作是一系列严格的步骤，并担当了衡量影响和提供工程方案的角色。它主要有四个步骤：出行生成、出行分布、运输模式划分和路线选择。并且涉及数学模型的使用，包括回归分析、最大熵模型和关键路径分析等。

对于为什么要谨慎对待这些模型结果的原因有很多：它们和处理的数据一样，很多时候并不准确或完整；它们基于变量之间数学关系保持不变的假设；它们可以被操控用来产生分析师或客户喜欢的结果；并且由于预测很少与结果评价一致，因此其有效性在很大程度上遭到质疑。

四阶段顺序产生的未来交通流预测用于明确规划方案。由于建模中最常见的能力现状预测无法应付交通的增长，因此就出现了满足能力扩张的规划方案的出现。这被称为"预测和适应"。这是 20 世纪 40 年代至 80 年代许多城市运输规划的典型解决方案。它促进了公路建设的大范围扩张，加强了汽车的主导地位。很少有对这些预测模型的事后分析，根据经验观察所了解到的需求产生问题与实际交通情况有着很大差异。

9.3.2 现代运输规划

尽管对城市交通运输进行了大量规划，但在过去的 50 年里城市交通问题还是越来越突出。因此，人们逐渐意识到规划可能已经失败，而之前提出的错误问题也开始受到质疑。与以前不断满足交通运输需求量的规划方法不同，现在需要的是侧重对运输系统更好管理的新规划方法。像城市规划需要大量的专家一样，运输规划也需要多学科的团队来帮助实现规划视野的拓展。规划仍然是一个多阶段的过程，但是在过去的 20 年里它已经发生了相当大的变化。

（1）目标。虽然对于传统运输政策来讲，可达性的改善依然有用，但它却必须在其他追求目标的背景下加以考虑。例如，提高安全和健康、减少车辆排放、促进社会公平、增加经济机遇、改善社区居住环境和推动流动性都是追求的目标。但由于不同的追求目标具有不同的规划过程，因此目标的确定就成为当代规划中非常复杂的阶段。越来越多的目标都已经转向管理需求考虑，而不是能力建设。

（2）方案。鉴于运输规划者必须考虑可能的目标范围，因此有必要提供一系列可能的方案。当有几个目标同时可取时，就要考虑它们意味着什么。此外，还要考虑各种可能的情况，它们是规划过程中的重要组成部分。

（3）明确参与者、机构、利益相关。考虑到运输规划可能会影响到社会经济福利、环境条件、社会融合，因此明确这些受影响的问题及其解决方案十分重要。由于所受的影响比交通运输活动本身产生的影响更广，所以需要更多的公众参与，并认识公众参与的重要作用。

（4）预测结果、确定收益和评估成本。对每个方案进行的结果预测都是规划过程的一个关键步骤。预测模型持续发挥着重要作用，但传统模型主要基于出行次数，而现在的越来越多的模型则正变得以活动为基础。运输要在家庭的时间空间决策安排中加以考虑。人口与社会数据被大量广泛使用，而数学模型也变得更加复杂。除此之外，其他类型的分析也具有一定作用，如非客观预测。预测结果必须作为他们的利益和成本来进行评价。它们可以表现为货币形式，但是在很多运输规划情况中需要通过其他方面进行测量，如视觉影响、环境影响和就业影响。

（5）选择行动方针。方案的评估必须从利益相关者和行动者频繁冲突的角度来考虑成本和效益。广泛的公众咨询可能也是必需的。信息必须公开和解释，以便于公众能够参与到讨论之中。虽然方案最终由政客们决定，但他们会被运输专家提出的有力论据所左右摇摆，并且对于公共争议事项还要忍受来自民间团体的压力。

9.3.3 交通需求管理

在摒弃之前的能力建设模式后，运输规划者开始向需求管理和运输系统管理逐渐转变。道路的修建产生了汽车导向型社会，从而导致了其他可替代运输模式难以与其共存。

汽车所有权超过了运输规划者所具有的直接控制能力。不过汽车的使用和所有权会受到土地利用和其密度的影响，因此规划者可以对这两个因素施加影响。特别是在密度人口很大的地区，人们往往偏爱于步行和对自行车、公共交通的使用。正因为如此，规划中大部分精力会关注于紧凑型一体化运输。这包括沿良好运输走廊的集中发展（公共交通导向型发展）和通过修复来增加地区交通运输密度。

运输需求的管理由大量小型干预措施组成，它们能聚集在一起对汽车使用产生影响，特别是能改善城市的居住。一个成功的和实践良好的干预样本应包括：

（1）停车换乘。停车场通常设置在高速公路附近，以方便驾驶人员可以换乘公共汽车前往市中心区域。这已经成为许多美国和英国城市外郊区的一个主要形式。然而，这种成功是会发生变化的。在英国，有证据表明停车换乘实际上可能会导致汽车使用的增加，那些曾经通常使用公共汽车服务的人现在都开始选择开车前往停车场。

（2）交通稳静化。指试图在城市地区降低车速的措施，如减速带和狭窄的街道。在住宅区街道，可以通过设置路障减少司机驾驶兴趣；对于城市大型街道，其目标是降低平均行驶速度。这些措施表明了在街道设计和布局中需要更加注意的方面。

（3）公交车道和高乘载车辆。在大型街道和高速公路中专门设置用于公共汽车、出租车和客车行驶的车道。在北美，这已经成为运输规划的一个重要特征，主要的公路扩建项目都会提供这样的车道。其目标是鼓励公共汽车和高乘载车辆的使用，当其他车辆处于拥堵状态时，这些车道仍然可以保证车辆高速行驶。

（4）轮流的工作日程。鼓励不同于朝九晚五的工作时间制度。交通运输规划的重点问题之一是两个主要的高峰时段集中的运输需求。过去，主要通过增加道路能力来满足运输需求，但事实上似乎永远无法满足，并还导致了每天道路使用时间达到20小时。推动实施灵活的工作时间表和鼓励远程办公是分散和减少运输需求的有效措施。

（5）自行车使用的推广。在一些国家，自行车是重要的出行方式。虽然它是一种绿色健康的出行模式，但在汽车依赖型城市，自行车并不容易能和货车及轿车共享道路资源。因此，鼓励更多的自行车使用需要进行大量的规划调整，如提供自行车车道和停放区。

（6）汽车共享。鼓励与邻居或同事共同使用汽车出行。

（7）扩大行人专用区。大多数城市，车辆占据了主要的街道。在许多高密度人口地区，生活质量（较高的安全性和较少的污染等）的提高和街道景观的展现可以通过完全禁止车辆通行或限制公共交通车辆的使用来实现。在欧洲许多城市的历史核心地区，这已经成为一种特色。

（8）改善公共交通。50多年来，许多城市的公共交通使用量都不同程度地出现下降。但由于公共交通是城市中唯一能替代汽车的交通方式，因此强化公共交通的使用已经成为一个主要的规划目标。公共交通的改善可以通过改进公共交通时刻表和提高客运车辆与车站的外观及舒适性来实现。同时还要努力扩大公共交通模式的范围，包括延长铁路通勤服务和建设轻轨和重轨等新系统。

（9）停车场管理。限制路边停车，制定更高的停车收费标准。

9.3.4 定价

虽然规划干预对于运输需求的形成可能产生积极的累积效应，但一些经济学家还是建议采取一个更直接的方法，即对汽车使用者强制施加更严格的成本措施。众所周知，汽车用户只支付了车辆使用实际成本的很小部分。而经济学家认为外部成本也应该由汽车使用者来承担。由于这一个观点可能是直观理性的，其应用中可能有几个问题：

（1）由于不同的评价研究具有相当大的差异，因此对于外部性的衡量具有一定的难度。不同类型汽车的使用、速度、发动机、车重和驾驶条件，使得难以产生广泛接受的取值。也由于外部成本的多样性，决策者很难同意进行收费征收。

（2）这些费用的收取存在一定的实际困难。最容易的方法之一（广泛采用）是收取燃油税。但这是一个粗略的办法，因为它没有对驾驶条件和发动机类型做出很好的区分。一辆燃油效率较高的汽车如果行驶在大城市或农村有可能成为"油老虎"。

（3）对公众施加这种额外成本存在一定的政治难度。特别是在北美，使用"免费"道路被认为是与生俱来的权利，并且任何新的税收形式都不会受到欢迎。

在香港，通过经济进行控制的效果非常显著。尽管居民收入水平很高，但是汽车的拥有和使用却处于非常低的水平，这主要归因于高昂的停车费用。一个更极端的例子是新加坡，那里采用极端的措施来限制汽车的使用，高昂的拥车证、公路电子收费和市中心限制区收费都有效控制了汽车的使用。

价格机制在其他国家很少使用，但是一些其他收费形式的应用却越来越广泛。限制区收费已经在许多区域广泛采用，特别是在挪威的奥斯陆、卑尔根和特隆赫姆。在限制区收费的模式下，进入某些区域是需要收费的，通常为中央商务区。最著名的应用是2003年初对进入伦敦市中心的私家车的收费决定，尽管遭到了大量的反对，但该项目最终被证明是成功的。

另一种收费形式是对新公路和桥梁征收费用。在北美，公众已经习惯了州际公路法中"免费"公路的概念，这些公路由国会资助。加拿大和美国的法律现在都允许私人公司修建并运营道路和桥梁，并通过收费来收回成本。同样，一些发展中国家也倾向使用这种方法。如中国，许多新建的道路和桥梁都是收费的。

此外，还有一种定价形式是拥堵或"公平"定价。公路的某些车道按浮动费率进行收费。当车流无障碍快速移动时，车道收费为零。但随着交通量的增长和速度的降低，保留车道的费用将会增加。费用的征收采用电子收费形式，司机通过大型显示牌来获得当前收费信息。因此，司机可以选择是继续免费在慢速车道行驶，还是支出一定的费用在快车道行驶，其费用与道路拥堵的程度成正比。

9.3.5 智能汽车和智能公路

技术被许多运输规划者视为解决大量交通问题的有效方法。尤其在美国，它是被广泛接受的做法，在那里对于城市交通问题的解决总是会试图寻求依靠工程的方法来实现。这些技术的使用包括智能交通系统（ITS），它能提供更好的信息服务，并能控制交通流和私家车的使用。除ITS外，许多涉及遥感技术的解决方法也被广泛使用。

最具前途的一种方法是交互式公路。它们是提供道路和司机进行交流的一种手段，会对接近的道路情况进行警示。警示内容包括利用电子信息板对驾驶人员提供可选的路线建议，以及指定无线电频率来对交通报告进行更新。该系统基于闭路电视系统（CCTV）来记录车道占用、交通量和速度等情况。同时坡道仪控可以实时记录进入公路的交通量。这一信息在控制中心被进行分析和处理，一旦发生事故可以派遣紧急设备，还可以通知其他司机以告知道路条件、事故、施工和延误情况。

另一个先进技术是应急信号优先系统。它是在拥堵地区为应急车辆和公共交通运输提供优先交通信号的一种手段。该系统在车辆上安装有红外信号发射器，通过该发射器将信号传送给交通路口探测器。当探测器接收到信息时，会保持现有绿灯状态或将红灯转变为绿灯，直到车辆通过为止。

ITS通过不断的创新被应用在许多应急车辆效率改善方面。例如，利用数学模型来预测在给定时间、交通量和天气情况下可能出现交通事故区域，从而确保救护车可以被及时分配到这些地区。一旦需要将车辆部署和分配到特定事件，它就可以为司机确定最优路线。当最早的响应确定了受伤的程度和类型时，信息就会被传至控制中心，而控制中心则将马上确定指派的医院、诊室、医生及护士，同时会利用最短时间模型来为救护车提供最佳路线。

ITS对道路收费问题提供了许多解决方案。目前，收费已经逐渐改为电子收费形式，车辆也无须再进行停车缴费。在最简单的形式中，车辆会装备一个发射器来发送车辆信息，从而不需要停车缴费就能通过收费通道。位于收费亭的接收器将车辆信息记录下来并将费用从车辆账户中扣除。这种形式已经成为限制区收费和大多数新安置收费系统的核心组成。

目前，这一技术正不断与全球定位系统（GPS）相融合，有可能会使车辆交通定价方式得到根本改变。这种技术的结合将会导致产生比道路征税更有效的道路定价方式的应用。汽车需要安装新的车载单元，包括 GPS 接收机、一套能显示行政区域的数字地图、可传输的里程表、一套距离收费系统和一个能上报账单数据的无线通信系统。在每次出行中 GPS 会确定行政区，而里程表则计算每个区域的通行距离，计算机将运行总费用制成表格，并定期将数据发送给收费单位。

9.3.6 货运规划

运输规划的巨大优势主要体现在城市层面，尤其是旅客运输。由于个人流动性是一个高度政治性的问题（驾驶员也是选民），因此汽车和公共交通问题成为规划者重点考虑的问题。货物运输是规划试图解决的重要问题之一。然而用于交通运输规划的模型和数据却与货物运输没有一点关系。例如，人口统计数据（如家庭规模）、旅客成分分析，都与货运无关。日常的两次交通流量高峰只适用于旅客，而货运则分布于 24 小时内的不同时期。

虽然货车只占了约 10%的道路车辆，但它们的尺寸、极低的机动性、噪声和高污染排放都使得特别令人反感。由于有限的停车位，货车在市中心的货物装载和发送问题尤为突出。同时货车对经济和社会福利发展至关重要。商业主要靠货运来支撑，特别是道路运输的物流业。垃圾清运、除雪、消防都是货车导向型的必要服务。

货运规划还处于起步阶段。由于大部分为私营部门活动，因此非常难以控制，并且许多影响汽车货运的决策都由行业自身制定。大量出现在城市外围区域的大型物流/配送中心也没有受到公共部门监督和管理。在欧洲，一些管理尝试被尝试，如通过建立公共货运村来推动货物运输的发展，但只取得了有限的成功。

由于压力的持续上升，一些城市正试图限制货运。在许多行政区域，重型货车已经限制驶入市区，对接送货物的次数也明确限制，在一些欧洲城市还扩展到了白天禁止所有货车驶入市区。对于城市货物流通的约束是否影响经济的发展，一直都是争议的问题。

所有这些步骤都只是从边缘上解决问题。许多城市没有货运交通的普查数据，因此有少数规划必然要靠运气。由于普遍认为货物运输非常重要，因此需要更多的关注于货运整体规划。

9.4 交通运输的可持续

9.4.1 可持续发展

近几十年来，关于全球经济发展如何适应持续的人口增长和资源消耗的问题得到日益关注。许多观点都断言，如果社会经济出现衰退和环境退化，世界将不能承受这样的增长。

可持续发展是一个有着多种解释的模糊概念，不可能导致任何切实的事物。它易于形成煽动力量，会导致对其属性、结果和恰当反应的混淆。然而，普遍认为一个可持续发展的社会是在不损坏后代福利的前提下，促进环境、经济、社会的可持续发展。但问题是如何界定和评估后代的福利，这一点非常难。但可以肯定的是，未来社会的条件将在很大程度上取决于当代社会所遗留的资源和环境。传给下一代的所有形式的资产（资金、房地产、基础设施、资源）至少应该具有相同的人均价值（效用）。总而言之，可持续发展的概念可以根据三点来定义：

（1）社会公平。它与当前一代根据相对生产力水平的资源分配有关。这意味着个人或机构可以自由地追求他们所选择的风险，并且收获承担风险的回报。社会公平不应与福利计划相混淆，福利计划中的具有劳动生产力的部门要同意或被强制支持非生产部门。这并不公平但却导致了资源的重新分配。因此，中央规划和社会主义对于社会公平的概念有着不同的理解。

（2）经济效率。主要关注如何依靠资源和劳动力来获得更高的经济效率。它侧重于生产的竞争力和灵活性，以及为满足市场需求而提供商品和服务。在这种情况下，生产要素应该自由分配。

（3）环境责任。要求发展不能超出环境的承载能力。也就是说资源的供给（食物、水、能源等）和产生的各种废弃物不能超过环境负荷。

另一个重要的争论涉及公共实体应发挥何种程度的作用。简单来说就是"可持续性"应该由政府强制执行还是由市场力量决定？环保人士倾向于强制执行，因为他们不信任任何市场力量，并且他们认为可持续发展是一个长期的过程，而企业只会进行集中的短期处理。一个相反的论点认为政府的时间范围也很短,特别是民主制度政府,很少有政府会积极响应环境的问题。由于政府无法灵活地适应可持续发展需求,所以企业会表现出其响应能力来转换战略以提供客户需求的产品(包括环保产品)。于是可以认为私营部门比公共部门更有可能实现可持续发展。

不同社会并不会付出相同的力量来应对环境问题。这从发达国家和发展中国家的对比中就可以了解,发达国家消费了70%世界能源、75%矿产和85%木材。可持续发展因此可以用两个空间层次来表示:全球,即支持人类活动的长期稳定的地球环境和可用资源;局部,局部的形式通常涉及城市就业、住房和环境污染方面。

由于全球城市化人口越来越多,因此可持续发展逐渐被城市地区所关注。城市需要多种多样的配套服务设施,包括能源、水、污水道和运输。因此,城市可持续发展的一个关键问题就关系到对城市大范围的基础设施的供应和维护。每个城市都具有特殊的基础设施和环境问题。例如,在发展中国家的城市最基本的基础设施供给长期不足,并且它们的环境条件也正在恶化。

基础设施可以为公共所有,也可以为私人所有。公共设施的优点是绝大多数人口可以以较低成本花销来使用它,但这样一来政府的维护费用(补贴)就会变得很高。私人设施通常会选择基建公司来服务较少的人口,并且会有利可图。随着收入水平的提高,一些基础设施问题得到解决,但同时又产生了一些环境问题。例如,收入的增长会伴随着更好的卫生条件和水资源供给,但是却换来了大量垃圾产生和二氧化碳排放的代价。

9.4.2 交通运输与可持续发展

作为社会经济系统发展和相互作用的核心部分,交通运输也是众多可持续发展研究的重点内容。尽管有大量的评价指标可以使用,但总结归纳起来可以分为五大类:能源和空气质量、水等资源和废弃物、土地和生物多样性、交通运输与宜居环境、人体舒适与健康。在一些文献中还经常涉及策略指标,包括 VMT(车·英里)、公共交通运输量和平均通勤距离,这些都是空间作用变量。

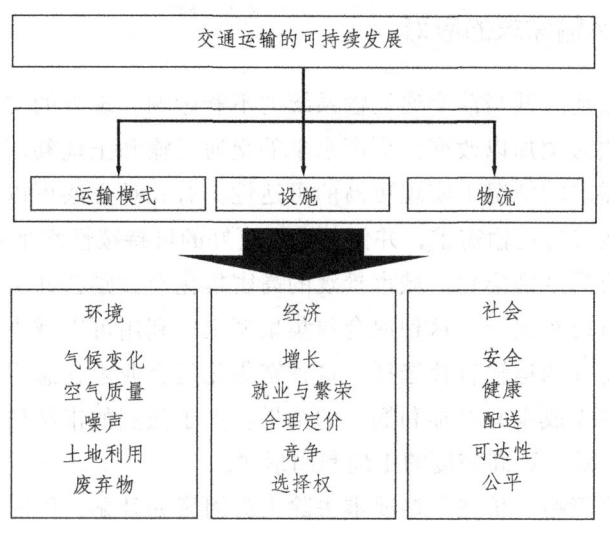

图 9.1　可持续的交通运输

大多数研究都认同汽车的依赖性与城市环境的不可持续性有关。但奇怪的是，一旦收入达到一定的水平，世界各地的绝大多数人都会做出选择购买汽车的决定。可以看出，与汽车的便利性相比，其他交通工具显得苍白无力。作为提供城市流动性的基础，个人汽车具有私密性和灵活性，因此不应因为"可持续发展"的理由而遭到遗弃。考虑到全球经济中原材料和商品贸易的大幅增长，货物运输的可持续发展也必须得以重视。事实上，货物运输更加依赖于更环保的运输模式，如铁路和海运。

尽管措施在推动运输可持续发展方面表现出的成功非常明显和突出，但是它也存在一定的局限性。紧凑型城市的形成必须在发展受限、资金缺乏的环境下与现存的城市建设环境抗衡。事实上，城市建设环境不可能迅速做出改变来解决大量与运输不可持续发展相关的问题。大多数的投资已经准备就绪，并且还会持续投资 50 年或更长时间，而新的投资（用于增加或改善基础设施）在减少交通拥堵和提高城市可达性方面也不会做出太多改变。因此，有必要创造出影响运输模式选择、运输服务供应以及在当前建设环境中吸引步行和自行车出行的条件。然而，政策、法规和规章往往会做出不当资源配置行动，而用户也会本能的对价格信号做出反应，并放弃那些不断涨价的运输模式（不可持续）。相比于国有化的运输系统，私人运营的系统更容易实现可持续发展。在任何情况下应对可持续发展的挑战，都倾向于在改善运输供给的同时解决好运输需求问题。

9.4.3 运输需求的应对

为了有效地降低当前交通运输系统的不利影响，现有的交通运输和土地利用发展模式必须加以改变。更高水平的交通运输和土地利用集成会在不增加汽车出行需求的情况下实现更高的可达性。有几种方法可以使交通运输系统能够很好地应付运输需求，并使其达到更好的可持续性水平：

（1）城市景观密集化。城市景观的高密集化会鼓励公共交通的使用以及促进步行或自行车出行。这种混合与集聚型土地利用可以减少汽车的出行，并会增加可持续的运输替代选择。这种密集化是企业家在意识到投资密集空间结构可以减少成本并增加利润后的结果。由于强烈的市场信号，土地经济往往要求更高效、更高密度的土地利用形式。

（2）价格策略。价格策略要求去除人为因素如补贴，同时让使用者来承担交通运输的实际成本。一旦交通运输的价格策略向使用者发送清晰的信号，使用者会根据自身能力来调整交通工具的使用。如果没有补贴的交通运输价格廉价（或价格正在下降），其可持续发展能力就强。而运输价格增加则意味着它的可持续发展能力弱。

这种策略的实施在很大程度上依赖于现有的空间结构和其土地利用与运输网络的分布。因此，将这种高密度形式与运输替代方案相结合使用对于减少交通拥堵和环境破坏具有至关重要的意义。所以，对于可持续发展城市交通综合战略的实施需要对整个城市区域的交通运输和土地利用关系进行很好地理解。

完全成本定价和交通禁令是一些有助于减少城市交通需求的最容易实施的政策。根据被实施的城市环境，每种策略都会产生不同的结果。

（1）完全成本定价。是指对由各级政府投资的用于道路网络建设、维护和运营的所有（或部分）公共投资的成本回收。它包括道路定价、污染税费制定和停车管理。汽车司机使用特定道路会被征收浮动的费用（取决于高峰期和非高峰期需求的变化）。此外，还可以通过多种技术手段来实施，如收取过路费或上路许可费。这一策略的主要目标是抑制高峰时段的汽车使用，并促进其他运输模式的使用。

（2）税收和污染收费。它们是交通运输成本回收的另外几种方式，同时还有助于减少繁重的交通负荷。它们主要通过增加汽车和燃料购置税的形式来收取，此外还可以对能源利用效率低的车辆车主进行征收。但是，由于税收是一种强制手段，因此对它的使用依然存在疑问。这些措施执行起来会非常矛盾，因为随着政府可持续控制的加强，个人的自由权利将会遭到限制。

这种策略除了有益于减少交通拥堵，还有益于提高发展中国家城市对空气污染的关注。然而，由于这些策略以收费为基础，所以不太可能成功应用于发展中国家。下列是更多基于约束而非收费的策略：

（1）停车管理。要么提高停车费用，要么减少停车区域数量。它们都可以用于抑制私家车在高停车需求区域的数量。这一策略目的在于鼓励（或强制）人们选择更便宜的出行方式，如公共交通或拼车出行。

（2）交通禁令是更直接的用于减少交通需求的方法。通过交通禁令（以牌照数量限制的形式），负责地区或市级机构将根据运输供求函数或对承载能力的估计来对城区内车辆进行控制限制。然而，由于政府拥有规定车辆数量和分配许可证的权利，因此很有可能产生腐败现象。

这种强制策略将会限制流通车辆的数量，并相应地减少拥堵和空气污染，同时还会促进其他可替代交通运输方式的发展。但它们的不足是政府对城市交通问题的解决方案往往基于假设层面（如停车位的合适数量），因此难以做出最准确的方案。

9.4.4 运输供给的改善

以需求为导向的政策和机制的实施是促进运输可持续发展的重要组成，这些措施与运输供给的改善一起都具有均等的效果。交通运输基础设施要不断地扩大以适应快速增长的运输需求和连接不断扩张的城市区域。在扩大和改善交通运输供给方面所面临的挑战巨大，如道路、人行道、自行车道、铁路、公交车道、地铁网络等，相比之下汽车却比较稳定。因此，为了有效地实施运输供应扩容政策，快速、高效、可靠性强和便利的运输可选方案必须给予。

这一点可以通过扩大公共交通基础设施、提高现有公共交通服务水平和建设步行和非机动车辆的友好型城市来实现。考虑到汽车在世界范围内所具有的突出地位，这一目标的实现非常困难。必须承认这种突出的产生源于汽车的众多积极因素，如灵活性、便利性和相对较低的成本。因此，汽车的依赖性是消费者偏好的市场力量的结果。尽管有"规划者"主张的所有观点，但缓解这种趋势的行为仍然非常鲁莽。因此，如果能有证据表明这些替代方

案具有很高的成本效率,并具有商机,那么它们就可以被提供。它们可能包括:

(1)公共和个人运输的协调,这两种交通运输形式都有履行职责的义务。不管付出多大的努力来推动公共交通的发展,从长期趋势来看个人运输仍然会不断地持续增长。北美就是这样一个失败的例子。因此,公共交通作为这两种运输方式中灵活性较差的运输方式,应该发挥的是其补充的作用。公共运输系统的扩张和发展不仅要满足商机的需求,还要充分利用城市空间来顺应各种大量要素,包括城市形态、密度和运输模式偏好。在这样做时,车队和网络必须确保最佳水平的灵活性,同时还需确保减少单位乘客污染水平和交通拥堵成本。相比之下,改善和升级现有公共交通服务的方法应该包括服务覆盖范围的扩大和质量的提升,以及加大需求地点和时间内的服务频率(在高峰期)。另外,公共交通系统选择的模式,无论是公共汽车、轻轨、地铁、电车、出租车还是两种以上的组合,都应该以能维持成本效率和促进它们的互补性和互换性为目标来设计、实施和运营。但大多数情况下,这种目标只是一厢情愿的想法。

(2)在城市运输系统改善过程中最重要,也最容易被忽视的一个要素是为城市人口提供安全、宽敞的非机动运输模式的能力。如果该能力能够被恰当地推动和提高,那么将会对越来越多的非机动化出行人群提供更便捷的购物、上学和工作出行条件。此外,对于挣扎于严重交通拥堵和空气污染的城市,非机动化运输应该被看作是私家车的一个必需且有益的选择,同时它还可以起到连接公共交通系统的重要作用。

那些在城市交通方面表现出贫困、交通拥堵、机动车排放污染严重和正努力改善运输供给特点的城市应该重点需要通过扩展和改善大众公共交通和鼓励增加非机动化出行方式的方法来减少汽车的数量。然而,这一目标与许多城市的实际模式选择存在反差,特别是那些正在经历快速发展的城市。可持续运输的问题因此仍然遥遥无期。

9.5 规划工具:成本效益分析

1. 基本框架

成本效益分析(CBA 或 COBA)是进行项目评估的一个主要工具。它为研究者从经济角度确定项目的可行性提供了一系列有用的价值。它的概念很简单，其结果很容易被决策者理解，因此在项目评价中被广泛使用。该过程的最终产品用"收益/成本"比值来进行总期望收益和总预计成本的对比。在实际的操作中，成本效益分析相当复杂，因为它需要进行大量的假设和时间框架的确定，在衡量效益和成本过程中还会涉及很多技术问题。

在进行任何有意义的分析之前，制定一个适当的框架非常必要。其中，对评估空间范围的确定更是一个极其重要的问题。从近距离范围来讲运输项目往往具有负面效应，但随着地域范围的扩大，项目的益处会越来越明显。机场跑道的延长可能会对当地居民产生严重的噪声影响，因此如果基于这样的一个狭窄区域内进行评价，其成本很容易超过任何效益。另一方面，如果将区域定义得过大，也会造成虚假效益的产生。因此，研究区域的范围应该是交通流量、成本或时间会发生显著变化的所有运输网络。

由于运输项目会产生长期的影响，且其分析基于现实情况，因此必须使用特定的和事先确定的参数进行成本和效益评估。例如：项目的起始日期和结束日期为何时？考核时间为何时？以及在评估时期将使用什么贴现率来确定成本和效益的贬值？所有的这些参数必须达成一致，并且成本和效益的评估还需要考虑通货膨胀等因素。由于大多数运输项目需要进行30年的评估，所以采用不同的贴现率将会对结果产生不同的影响。

图 9.2　1800—2011 年美元价值（2009 年的 100 美元价值）

2. 成本和效益

与项目相关的成本通常比效益更容易确定和衡量。它们包括投资和运营成本。投资成本包括用于设计和规划的规划成本、项目位置需要的土地和资产购置成本，以及包括材料、人工等的建设成本。运营成本主要是项目每年的维护费用，同时还可能包括其他的额外运营成本，如运营一个新轻轨系统的费用。

效益相对来说非常难以衡量，特别是对运输项目，这主要是因为它们分散过广的原因。安全是一个需要进行评估的效益，它会牵扯到许多复杂的问题。许多成本效益分析研究都使用单位交通事故财产损失和事故人员伤亡对财政的影响标准度量来衡量。作为项目实施的目标来说，最重要的效益之一就是效率的增长。这些效率的获得可以通过对时间节省或能力增加的评估来确定。

3. 其他成本和效益的衡量

许多与社会影响、美观、健康和环境相关的其他要素更是难以衡量。特别是环境，它是现代项目评价的主要因素，通常需要对环境影响进行独立的分析。如果可能的话成本效益分析必须考虑这些因素，有各种各样的指标都可以用来替代环境效益和成本进行衡量。例如，可以利用居住地破坏和财产损失来进行评估；紧邻机场和远离机场的地产价值可以被用来衡量噪声成本。

4. 结果

通常可以利用成本效益分析中的三个独立的指标来帮助决策：

（1）净现值（NPV）。是指投资方案所产生的现金净流量以资金成本为贴现率折现之后与原始投资额现值的差额。净现值为负表示该项目应该被否决。

（2）效益成本比。贴现效益除以贴现成本的值。当值大于 1 时，表明该项目有益。

（3）内部收益率（IRR）。项目投资期内的投资成本平均回报率。

前两种大体类似，但也存在显著差异。一个项目可能有较高的效益成本比，但却可能净现值很低。因此，结果应该进行灵敏度分析。在分析过程中，还要考虑成本和效益预测的可靠性，以及预测的不确定性分析。如果某些要素被证明经常受各种变量（通货膨胀、燃油价格上涨等）变化的影响，那么所有情况就要进行重新准备，而且成本/效益值也将被重新评估。

9.6 规划工具：交通量统计和交通调查

9.6.1 交通量统计方法

各级的运输规划都需要对实际情况进行了解。这包括对车辆或行人数量、车型、车速、车重以及出行距离、出行目的和出行频率信息的确定。前一组数据与车辆和行人流动有关，它们通过交通计数的方法取得。如果需要对出行的出发地和目的地进行了解，则需要更详细的调查。

可使用的计数方法很多。最常使用的有侵入式和非侵入式方法。前者包括在路基里设置安放传感器计数系统；后者则是利用远程观测技术。一般而言侵入式方法应用最为广泛，因为它使用起来相对简单，并且其应用已超过几十年。唯一被广泛使用的非侵入性方法是手工计数，它因为简便而被广泛使用。然而，侵入式方法在最近的十年中并没有取得太大的发展。但在美国，由于联邦运输政策强调了 IT 解决方案在交通管理中的应用，因此非侵入式方法正在不断取得发展。

1. 主要的侵入式方法

（1）弯板式传感器。是一种嵌入在道路中用于测量轴重和速度的附着在金属板上的测重垫。该仪器造价昂贵，其使用必须进行路基改造。

（2）气压管型道路车辆检测器。它是一种横穿于车道的橡胶管。路边的计数器通过它的压力改变来记录车轴的运动数量。其缺点是它覆盖的车道有限，并会产生移位，当使用除雪机时它还可能会脱落。

（3）压电传感器。是一种放置于车道切槽内的一种设备。这种电子计数器可以用来测量重量和速度。路基的切断会影响路基的完整性并会减少路面的使用寿命。

（4）感应线圈。它是一种嵌入在道路内的方形线圈，它能产生磁场并将信息传达给路边的计数装置。由于重型车辆的碾压，其寿命通常很短。此外，它在安装过程中极易出现错误。

2. 主要的非侵入式方法

（1）人工观测。人工观测是一种非常传统的方法，它需要指派观察员在特定的位置记录车辆和行人的流动情况。其中，最简单的形式是观察员使用计数单来记录数字，另外还可以利用机械和电子计数板来记录，事件每被观察到一次，观察员就打孔一次。这种记录方法可以用来记录车辆数量、类型和行驶方向。

（2）被动和主动红外探测器。它通过测量探测区域辐射的红外线能量来探测车辆的经过、速度和类型。通常情况下设备被安装在桥上或电缆塔上。其主要的性能不足时易受恶劣天气的影响，并且只能覆盖有限的车道。

（3）被动式磁力传感器。磁力传感器安装于路基底部或顶部，用于车辆数量、速度和类型的计数。在实际的操作中，它很难区分紧密间隔的车辆。

（4）微波多普勒探测器/雷达。安装于空中，用于记录车辆移动和速度。除了雷达，这些设备很难探测出紧密间隔的车辆，并且还不能探测出静止车辆。它们不受天气影响。

（5）超声波和被动声定位系统。这些设备利用声波或声能量来探测车辆。它们安装于空中用来探测车辆的经过，易受气温和湍流的影响。声定位装置安放于路边，能够对车辆数量和车型进行探测。

（6）视频图像监测。利用空中摄像头来记录车辆数量、类型和速度。图像的分析依赖于各种软件的支持。天气可能会限制其准确性。

9.6.2 调查

虽然交通量计数可以提供关于车辆数目、类型、重量或速度的精确信息，但它们却不能提供另一些运输规划中必要的数据，例如出行目的、线路、出行时间等。收集这些数据需要更广泛的调查工具。这些工具包括：

（1）邮寄问卷。它可以包括各种各样的问题。虽然准备过程可能费用昂贵，但对大量人群执行起来却相对便宜。另外，它还存在回应率低的普遍问题。

（2）出行日志。征求受访者持续记录出行、时间、用途、模式等日志；这是一种非常有用的工具，但很大程度上取决于愿意完成这项任务的人群数量。

（3）电话调查。通过自动拨号功能可以实现更广范围的调查，但其回应率较低。

（4）面对面家庭访问。它可以克服很多在邮件调查中存在的错误问题，如对问题的误解，但是其非常耗时和昂贵。

大范围的交通调查开始发展于 20 世纪 50 年代。最早之一的调查是 1956 年在芝加哥地区开展的芝加哥交通运输研究（CATS），为它提供了关于出行距离、出行目的和出行模式的详细 O-D 数据。随后在 1960 年的美国人口普查首次尝试了在市区收集通勤出行数据的工作。这类调查得到广泛的支持，它对迅速适应汽车的城市出行活动和新的出行行为提供了全面的介绍。这对运输规划是一个福音。大多数关于城市出行活动的学术理解都源于这些调查。由于许多国家的国民调查都提供了近十年的出行调查数据，因此许多规划机构只需要根据本地的国民调查来对结果进行更新和扩展。

所有的调查技术都对调查目标、可用资源、调查范围和数据收集等方面做出了协调。调查工具的使用很大程度上取决于可用的资源。即使是国家机构也会发现进行全国性调查成本巨大。邮寄问卷是最常见的调查方式，它向被选家庭寄送了介绍信、问卷、说明书以及提醒函，并且会对个人电话回访来核实他们的信息。

大多数出行调查方法所要求的详细程度都依赖于采用的样本，即使是最大的机构。调查一般选取家庭为目标，因为家庭能够很好地预测出行行为。样本大小的确定是一个非常重要的问题。样本大小决定了结果可靠程度，但样本又取决于现有可用的资源和所用的调查工具。例如，在家庭调查中，认为每个地区只要回收到 400 份完整的问卷就可以达到统计学要求的样本。但由于问卷调查只有 20%的回复率，因此每个地区需要分配 2000 份问卷。而在国家统计调查中，由于国家调查可能无法像个别省州或规划机构那样获取足够的可靠或详细的数据，因此在进行全国性调查时就需要这些机构在各自的区域开展统计。

在交通调查中主要会遇到以下问题：

（1）调查可比性。通常，对不同时间的调查结果进行对比非常重要。但由于样本规模、问卷、回复率和调查区域的不同，这项工作很难进行。这也是对不同机构调查结果进行对比所常见的问题。

（2）回复率偏差。调查中所取得的回复率有着显著变化。回复率越低，结果的可靠性就越低，60%的回复率通常被看作是一个门槛。通常调查都不能达到很高的回复率。

（3）调查范围偏向。这种调查工具通常含有隐秘的偏向。例如，自动拨号调查就排除了手机和那些没有本地线路连接的用户。

（4）未报告的出行。研究表明调查和出行日记可能会遗漏一些出行。

9.7 运输的度量与规划

  交通运输部门行政官员常常以每百万车千米的交通事故和伤亡率来衡量交通安全。从这一角度来看道路风险正在下降，并且当前的交通安全努力是成功的，应该继续下去。然而，这种安全性的增加主要来源于道路里程的增加。因此，尽管在道路和车辆安全方面进行了大量的投资，增加了安全带和其他安全装置的使用，以及减少了酒后驾车和改善了应急响应和伤员护理，但事故的平均损失却几乎没有下降。基于这些考虑因素，应该实现更小的伤亡损失。交通事故依然是导致青壮年死亡和残疾的最大原因。从这个角度看，行车安全仍然是一个主要问题，当前的安全尝试已完全失败，因此需要新的办法来切实改善道路安全。目前，北美地区仍然是世界上平均交通事故死亡率最高的地区之一。其他国家和地区，如中国，随着私人轿车数量的不断增加，道路交通事故也呈现上升态势。

  尽管道路风险基于里程来衡量，但里程的增加却不能被视为风险因素，而出行的减少也不能被视为安全策略。从这个角度看，如果里程相对增加，总事故数量的增加就不是一个问题。如果事故发生在相对安全的条件下（例如分层公路），车辆出行的增加甚至可以被视为一个安全策略，因为更多的安全里程会减少单位里程的事故率和伤亡率。

  基于里程的事故率分析会促进公路安全项目的实施，由此来促进车辆出行的增加。单位车英里的道路风险衡量容易造成对流动性管理安全策略的忽视（如从汽车到公共交通的转乘，以及可达性更高的土地利用模式）。人均事故率分析有助于流动性管理战略的实施，它将总车辆出行减少视为道路安全的一项重要计划。

  1. 学校交通运输规划

  当根据车辆交通量来评估交通运输的时候，拥有大量土地和停车空间的位于主要公路匝道或干线交汇口旁的地方就成为学校的最好位置。而当根据流动性来评估交通运输的时候，最好的学校位置则是毗邻于繁忙主干道，且拥有公共交通和自行车道的地方。基于可达性的评估允许大量的涉及流动性和可达性的方案被加以考虑。从这一角度来看，最好的学校位置可能位于社区中央，虽然汽车在进入和驻停方面可能不太方便，但步行和自行车却提供了很好的便利性。从这点来看，将大量小型学校分散于区域内可以有效提高其可达性水平，这一水平的实现还可以通过提供流动性替代品的方式来完成，如提供远程教育资源。

2. 出行替代和土地利用管理

基于交通量和流动性的交通运输评估对于实施出行替代和土地利用管理策略价值较低，因为这些策略的目的在于减少物理出行需求。从这点来看，高密度集群式发展被认为是不利的，因为它会增加拥堵并降低道路服务水平，哪怕可以通过减少人均车辆行驶和拥堵延迟进行抵消。因此，只有通过衡量运输的可达性才可以考虑所有影响和运输改进方案，如表 9.1 所示。基于可达性的交通运输衡量有助于更好地认识可达性更高的土地利用模式和用于解决交通运输问题的流动性管理策略的全部价值。

当以车辆交通量来衡量交通运输的时候，解决交通运输问题的主要方法就是扩大道路通行能力。而以流动性来衡量时，公共交通、拼车共享和非机动化交通运输的改善可能是有效的解决办法。当以可达性来衡量时，其所可以考虑的解决方案最为广泛，它可以包括那些取代物理出行的策略。

表 9.1 交通运输改善策略

交通运输改善策略	交通量	流动性	可达性
道路扩建	×	×	×
公共交通改善		×	×
拼车共享		×	×
步行和自行车出行改善		×	×
快递服务			×
电子通道			×
精确定位发展			×

参考文献

[1] 杨吾扬, 张国伍, 等. 交通运输地理学[M]. 北京: 商务印书馆, 1986.

[2] 王德荣. 交通运输布局[M]. 北京: 人民交通出版社, 1988.

[3] 荣朝和. 论经济地理研究中的运输化问题[J]. 地理研究. 1992（2）.

[4] 彭镇伟. 区域研究与区域规划[M]. 上海: 同济大学出版社, 1998.

[5] 胡思继. 综合运输工程学[M]. 北京: 北京交通大学出版社, 2005.

[6] 李平华, 陆玉麟. 可达性研究的回顾与展望[J]. 地理科学进展. 2005, 24（3）.

[7] （美）韦斯特. 图论引导[M]. 李建中, 骆吉洲, 译. 北京: 机械工业出版社, 2006.

[8] 曹小曙, 薛德升, 阎小培. 城市交通运输地理发展趋势[J]. 地理科学. 2006, 26（1）.

[9] 张国伍. 交通运输系统分析[M]. 成都: 西南交通大学出版社, 2008.

[10] 谢海红, 罗江浩, 贾元华. 交通项目评估与管理[M]. 北京: 人民交通出版社, 2008.

[11] 金凤君, 王成金, 王姣娥, 等. 新中国交通运输地理学的发展与贡献[J]. 2009, 29（10）.

[12] 张康聪. 地理信息系统导论（第五版）[M]. 陈健飞, 张筱林, 译. 北京: 科学出版社, 2010.

[13] 李岳林. 交通运输环境污染与控制（第二版）[M]. 北京: 机械工业出版社, 2010.

[14] 刘生龙, 胡鞍钢. 交通基础设施与经济增长: 中国区域差距的视角[J]. 中国工业经济, 2010（4）.

[15] 刘勇. 交通基础设施投资、区域经济增长及空间溢出作用——基于公路、水运交通的面板数据分析[J]. 中国工业经济, 2010（12）.

[16] （美）沃尔特·艾萨德. 区位与空间经济: 关于产业区位、市场区、土地利用和城市结构的一般理论[M]. 杨开忠, 沈体雁, 方森, 王滔, 等,

译. 北京：北京大学出版社, 2011.

[17] 贾顺平. 交通运输经济学[M]. 北京：人民交通出版社, 2011.

[18] 刘卫东, 金凤君, 张文忠, 等. 中国经济地理学研究进展与展望[J]. 地理科学进展, 2011, 30（12）.

[19] 雷黎, 李宝文, 黄爱玲. 交通政策法规环境与可持续发展[M]. 北京：北京交通大学出版社, 2012.

[20] Janelle, D. Spatial Reorganization: A Model and Concept[J]. Annals of the Association of American Geographers. 1969, (59).

[21] Briggs, K, Introducing Transportation Networks[M]. London: University of London Press Ltd, 1972.

[22] Wilson, A. G, Urban and Regional Models in Geography and Planning [M]. London: Wiley, 1974.

[23] Leinbach, T. Networks and Flows[J]. Progress in Human Geography, 1976, (8).

[24] Colwell, P. F. Central place theory and the simple economic foundations of the gravity model[J]. Journal of Regional Science. 1982, 22(4).

[25] Fotheringham, A.S. and M. E. O'Kelly, Spatial Interaction Models: Formulations and Applications [M]. London: Kluwer Academic, 1989.

[26] Banister, D. and K. Button (eds), Transport, the Environment, and Sustainable Development [M].London: Spon Press, 1993.

[27] Tolley, R. and B. Turton, Transport Systems, Policy and Planning: A Geographical Approach [M]. Burnt Mill, Harlow, Essex: Longman, 1995.

[28] Newman, P. and J. Kenworthy The Land Use-Transport Connection: An Overview[J]. Land Use Policy.1996, 13(1).

[29] Harvey, J, Urban Land Economics[M]. Houndsmills: Macmillan, 1996.

[30] Fujita, M., P. Krugman and A.J. Venables, The Spatial Economy: Cities, Regions and International Trade [M]. Cambridge: MIT Press, 1999.

[31] Airriess, C. A. The regionalization of Hutchison Port Holdings in Mainland China[J]. Journal of Transport Geography. 2001, 9 (4).

[32] Shaw, S-L. Book Review: Geographic Information Systems in Transportation Research[J]. Journal of Regional Science. 2002, 42(2).

[33] Black, W, Transportation: A Geographical Analysis[M]. New York: Guilford, 2003.

[34] Hesse, M. and J-P Rodrigue. The Transport Geography of Logistics and Freight Distribution[J]. Journal of Transport Geography. 2004, 12(3).

[35] Slack, B. and A. Fremont. Transformation of Port Terminal Operations: From the Local to the Global[J]. Transport Reviews,. 2005, 25(1).

[36] Chan, Y, Location, Transport and Land-Use: Modelling Spatial-Temporal Information[M]. New York: Springer, 2005.

[37] Stroh, M, A Practical Guide to Transportation and Logistics, Third Edition [M]. Dumont, NJ: Logistics Networks, 2006.

[38] Woxenius, J. Temporal Elements in the Spatial Extension of Production Networks[J]. Growth and Change. 2006, 37(4).

[39] Knowles, R.D. Transport shaping space: the differential collapse of time/space[J]. Journal of Transport Geography.2006, 14(6).

[40] Ducruet, C. and S.W. Lee. Frontline soldiers of globalization: port-city evolution and regional competition[J]. GeoJournal, 2006, 67(2).

[41] Coe, N.M., P.F. Kelly, H.W.C. Yeung, Economic Geography: A Contemporary Introduction[M]. Oxford: Blackwell Publishing, 2007.

[42] Clark, G, A Farewell to Alms: A Brief Economic History of the World [M]. Princeton: Princeton University Press, 2008.

[43] Keeling, D. J. Transportation Geography-New Regional Mobilities[J]. Progress in Human Geography. 2008, 32(2).

[44] Black, W. R, Sustainable Transportation: Problems and Solutions [M]. New York: The Guilford Press, 2010.

[45] O'Connor, K. Global City Regions and the Location of Logistics Activity [J]. Journal of Transport Geography.2010,18(3).

[46] Lakshmanan, T. R The broader economic consequences of transport infrastructure investments[J]. Journal of Transport Geography. 2011, 19(1).